中国旗袍

坐在椅子上的汉服女子

中国服饰美学元素

汉代长安人流行服饰图鉴

大袖衫

戴幅巾的人

隋代仕女服饰

宋代女子服饰

清代头品文官仙鹤补服

清代女子服饰

民国女子服饰

民国男子服饰

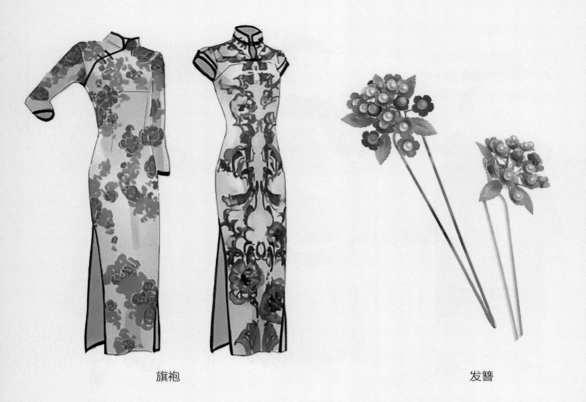

旗袍

发簪

复古元素

浪漫风格——清纯风

中国传统服饰文化系列丛书

河北省社科基金一般项目（HB23YS012）

设计赋能河北乡村产业振兴的创新路径研究

中国传统服饰文化的历史传承与时代创新

周福芹　刘连元　孟　方　著

中国纺织出版社有限公司

内 容 提 要

本书以中国传统服饰文化的历史传承为切入点，系统探讨了中国传统服饰文化概述、中国传统服饰文化的历史演变脉络，中国传统服饰文化对当代服装设计的影响及传承；重点论述了中国传统服饰的艺术风格与表现手法、中国传统服饰的原生态保护和现代创意设计，剖析了乡村振兴战略背景下中国传统民族服饰的创新设计及中国非遗服饰文化的传承与创新。

本书内容丰富多彩，涉及的知识点比较广泛，对我国传统服饰文化的历史传承与时代创新具有重要的参考意义。

图书在版编目（CIP）数据

中国传统服饰文化的历史传承与时代创新 / 周福芹，刘连元，孟方著. -- 北京：中国纺织出版社有限公司，2024．7. --（中国传统服饰文化系列丛书）. -- ISBN 978-7-5229-1966-9

Ⅰ．TS941.742.2

中国国家版本馆 CIP 数据核字第 2024XC6030 号

责任编辑：宗 静 郭 沫　责任校对：高 涵
责任印制：王艳丽

中国纺织出版社有限公司出版发行
地址：北京市朝阳区百子湾东里 A407 号楼　邮政编码：100124
销售电话：010—67004422　传真：010—87155801
http://www.c-textilep.com
中国纺织出版社天猫旗舰店
官方微博 http://weibo.com/2119887771
三河市宏盛印务有限公司印刷　各地新华书店经销
2024 年 7 月第 1 版第 1 次印刷
开本：710×1000　1/16　印张：16　插页：4
字数：306 千字　定价：88.00 元

编委会成员

周福芹 刘连元 孟 方 著

降向端 参著

前言 PREFACE

　　中国传统服饰是中国传统文化的一个重要组成部分，是中华民族乃至人类社会创造的宝贵财富，是构成一个民族外部特征的必要因素，故而不同的时代、不同的民族、不同的地域都有各自独特的服饰文化，以及其各自的风格和服饰风俗。正是因为这种差异，为我们在现代的服装设计中提供了广阔的思路和丰富多彩的设计元素、设计题材。

　　在现今世界文化如此频繁的相互影响下，中国现代服饰更是呈现出多元、创新、强烈的民族风格，成为当今服装的名片。保留传统民族特色基础，重视服饰文化艺术多元性，追求国际化，应是服装设计师、服饰文化研究者的共同目标。弘扬中华服饰文化的优秀传统，是提高民族服饰新文化的根本。

　　中华民族的服饰文化历经几千年，无论在服装式样上，还是在服饰观念与着装方式上，都呈现出千姿百态的景象。在服饰文化发展的漫长岁月里，既有传承延续，又不断地推陈出新，传承之中包含着变异。符合时代审美意义和传统内涵的精髓被不断地传承延续下来，糟粕的东西被舍弃，逐渐在岁月的流逝中形成了中华民族独有的服饰文化特征。

　　本书包含七章，第一章为中国传统服饰文化概述，阐述了中国传统服饰的艺术文化、美学文化、礼仪文化以及影响服饰文化发展的主要背景因素。第二章系统阐述了中国传统服饰文化的历史演变脉络。第三章为中国传统服饰文化对当代服装设计的影响及传承。第四章为中国传统服饰的艺术风格与表现手法，重点阐述了中国传统服饰的艺术风格在现代艺术中的应用。第五章系统阐述了中国传统服饰的原生态保护和现代创意设计。第六章重点阐述了乡村振兴战略背景下中国传统民族服饰的创新设计。第七章为乡村振兴战略背景下中国非遗服饰文化的传承与创新，重点阐述了中国非遗服饰文化的传承路径及中国非遗服饰文化与现代服饰的融合创新。第一章至第三章由周福芹撰写，第四章、第五章由刘连元撰写，第六章、第七章由孟方撰写。

　　本书内容丰富多彩，涉及的知识点比较广泛，对我国传统服饰文化对现代服装设计的影响进行了多方位的探索。本书在撰写过程中参考和借鉴了多位学者的研究成果,在此对其作者表示诚挚的感谢。由于笔者水平有限，书中难免存在不足之处，望广大读者批评指教!

周福芹

2024年3月

目录 CONTENTS

第一章

中国传统服饰文化概述

中国服饰是中华传统文化的重要组成部分，不仅因其汇聚了多民族的创造智慧而璀璨夺目，也由于其在世界服饰史上拥有十分重要的地位而独树一帜。服饰文化是历史发展过程中的产物，是人类通过生产劳动美化自身的一种表现，并始终伴随着人类对自身和自然统一性认识的深化过程；也是人类表达力量、意志和审美意识的一种方式，所以中国服饰文化有其历史的延续性和局限性。总体来讲，人们的装束是所处时代现实生活的综合反映，离不开本民族特殊文化的影响，同时折射出时代发展中积淀的文化成果的光芒。

从披着兽皮和树叶，到穿戴精致的冠冕服饰，人类的祖先创造了一部灿烂的中国服装史。中国服装作为东方服装体系的主体，在世界服装之林占据极其重要的位置。中国服装源远流长，影响深远。早在旧石器时代晚期的北京"山顶洞人"时期，就出现了最原始的缝纫工具——骨针，在7000年前，我国先民就已经能纺纱织布。中国是世界上最早使用丝绸的国家，早在4700年前，我们的祖先就有了丝织衣物。2000多年前开创的"丝绸之路"，使中国古老的文化走向世界，并对世界服装发展产生了重要的影响。时至今日，中国服饰文化对世界服装的影响更为显著。

中国历史悠久，民族众多，在一国疆域之内，可以同时出现丰富多彩、风格迥异的民族服饰。中国历代服饰以独特的形式、精湛的工艺和鲜艳的色彩闻名于世。从完备的冠服制度到巧夺天工的制作工艺，无不表现出中华民族服饰文化的博大精深。中国历代服饰是中国各族人民智慧的结晶，是彰显中华民族精神的独特语言。

中国服装发展的历史流程长、地域跨度大、内容含量多，学习中国服装史要把握其基本特征。

第一，强调服装与人、环境的和谐统一。"天人合一"的思想强调人与环境的统一，着装必须和天地（乾坤）相统一，于是产生了代表天的上衣和代表地的下裳。繁缛、严格的冠服制度要求服装必须与人的身份、地位、性别、年龄等相符。除此之外，服装自身的组合搭配也有严格规定。

第二，注重服装的精神功能，并将其道德化、政治化。中国服装在形成初期，统治者就将其纳入"礼"的范畴，并用来规范人们的衣着行为，维护其统治利益，致使服装成为"严内外、辨亲疏"的政治工具。

第三，中国历代服饰是多民族融合的结果。从战国赵武灵王的"胡服骑射"，汉代的丝绸之路，魏晋南北朝的民族迁移，隋唐的"胡服之风"，辽金元清的各民族服饰，一直到近代的改良旗袍，都体现出中国服装发展的多民族融合特征。在中国服装史上，因多民族融合产生了五次重大的服饰变革。第一次是在战国时期，即赵武灵王的"胡服骑射"之举。这次变革出于政治和军事的目的，将西北狩猎民族的裤褶、带钩、靴等服饰引入中原，令军中官兵改去下裳而着裤。第二次是在魏晋南北朝时期，民族间的频繁交流、融合促进了各民族服饰的大融合。第三次是在唐朝，唐朝是中国历史上最繁荣、最开放的历史时期，也是中国服装史上广泛吸纳异族服装的时期。各种频繁的对外交流促成了服饰的丰富多彩，胡服和受西域影响的服饰极大地丰富了唐代服饰。第四次是在清朝。由满族贵族建立的清王朝，从一开始就将剃发改装作为政治统治与压迫的手段，通过严酷措施，使汉族男子穿上了满族服装，蓄了辫子，进而使满族服饰成为中国服饰的主流，清朝的长袍、马褂、凉帽也成为大多数西方人眼里的中国服饰。第五次是辛亥革命之后，一时兴起的西方服饰被"拿来"作为中国礼服。这是中国服装史上影响最深刻的一次变革，西方服饰文化极大地冲击了中国传统服饰文化并影响至今。纵观中国服装的发展历程可以看到，中国的服饰文化并非一直是封闭、保守的，我们的祖先曾不断地吸收外来文化，并用异族服饰丰富和完善华夏服饰文化。

第四，中国服装绵延数千年，服饰文化一脉相承。在古老的华夏大地上，无论朝代如何更替，社会如何变迁，服装的形式如何演变，中国服装的内在实质始终未变，显示出独特的传承性。21世纪以来，中国传统服饰文化精髓仍以崭新的面貌大放异彩。

第一节
中国传统服饰的艺术文化

一、服饰艺术概述

一般而言，人们对服饰的追求因两方面影响而不断发展延伸，一是服饰的实用功能，二是服饰的审美功能。相对来说，实用功能由于大多与常规的保暖、舒适、结实、方便、护体、遮羞等相关，故较易实现相对满足，当然也有不断改进和完善的极大余地；审美功能是人们对服饰美观的要求，它因时代的发展、时尚的转变及人们审美水准的不断提高，体现为永无止境的追求，很难实现持久的、真正的满足。正因如此，服饰才有了永久发展的动力，也才有可能因审美需求的牵引而不断发展，从而成为一种艺术形式（图1-1）。

图1-1　中国旗袍

任何时代，在世界任何地区，凡被视为最华美的服饰，大都具备优越的实用功能或审美功能，甚至两种功能兼备。然而在实际生活中，能够真正穿着这些"顶级"服饰的，毕竟只是社会中那些具备相当财势的极少数人。有鉴于此，设法安抚人们浮躁的心灵，劝诫人们不要成为一味追求华服美饰的"奴隶"，就成了世间一些哲人常论的主题。

当开始孕育和发展时，服饰就迈出了其实用功利化和艺术审美化的前进步伐。如何使服装结实、保暖、方便等，就是其实用功利化要解决的问题。自从有了服饰，有了人类文化及文明的不断演进，人类才练就了一个感知服饰的冷暖、轻重、薄厚及舒适与否的身体，更使人类练就了一双选择审视、挑剔评点服饰的眼睛，这让人们懂得了在生活实践中如何穿戴和鉴赏服饰。由此，人类服饰的艺术化发展越来越明显，人与动物的区别也越来越大。

服饰艺术的起源，有其客观缘由和过程，这在考古及时论中也有一定的说法。因此，探讨服饰艺术，只能以一种开放的、动态的、全面的、科学的态度来进行，既要关注服饰本身的因素，又要关注服饰以外的因素。

中国服饰艺术是人类服饰艺术成果一种典范性、特色性、鲜活性、诗意性的体现。中国素有"衣冠古国"的美誉，因此可以说，中国的历史既是一部反映中华民族搏击自然、克服患乱、发展壮大的历史，又是一部以服饰艺术为其景致之一，客观展示人类文明成果的地域性社会风俗史。

在服饰艺术发展史上，对于究竟是非审美功利性先产生，还是审美功利性先产生，抑或两者几近同时出现，恐怕还很难做出肯定的考证。如果按照马斯洛（Abraham H.Maslow）的需求层次理论来看，也许在服饰艺术的发生过程中，非审美的功利性欲求应当产生在前。因为依马斯洛需求层次理论来看，对人而言，人的生存和安全需要是人的第一层次的需要，而人的生存和安全绝对少不了吃喝及护体，护体就离不开对身体的包裹，包裹身体是远古时期原始人最初的服饰穿着目的。在马斯洛需求层次理论中，审美的需要不过是人在充分或基本满足生存及安全需要以后的某一层次的需要，它是人类需要在闲暇惬意中的一种扩张。从某种意义来看，推断服饰艺术是非审美功利性启发在前，而审美功利性生发在后，好像具有较大可信度。即便如此，人们也不能说事实就一定是这样。

"服饰艺术"实际上是近现代才出现的概念，但服饰艺术的内容在远古时代出现原始人时就开始发展了。从世界各地的人类考古发现来看，大约在旧石器时代（一百多万年前至一万年前），地球上就出现了由类人猿进化而来的原始人，随着这一时代的逐渐演进，原始人已学会了群居、用火及制造工具。其中在工具类制造活动中，与服饰密切相关的就是骨针、项链串的制造等，如在北京周口店山顶洞人生活遗址、山西朔州峙峪人生活遗址及河北阳原虎头梁人生活遗址，人们就发掘出了用兽骨制成的各种骨针；在捷克共和国出土了用猛犸牙、蜗牛壳、狐狸牙、狼牙及熊牙等制作的项链串；在俄罗斯莫斯科附近发掘出了缀有猛犸牙珠子的衣物、猛犸牙手镯及饰环。类似的考古发现在世界许多地区都出现过。这足以证明，人类祖先早在数万年前，就已学会了缝补及装饰。换句话说，人类在旧石器时代就已经有了服饰艺术的萌芽。及至新石器时代和原始公社时期，人类服饰艺术的发展已经具备了一定的基础、体系、规模和档次。这仅在中国就可以得到印证。在五六千年以前的原始社会时期，当时的中国尚处于母系氏族公社的繁荣阶段，以种植庄稼、蓄养牲畜及采集野生果植为主的原始农业，以生产加工日常生活用品为主的各类手工业，都有了一定的发展。这一时期的农业和手工业是最适合女性发挥天赋能力的行业，也正因为女性在这些行业里具有不可替代的主导作用，加上女性具有繁衍后代的能力，于是女性自然而然地成了社会的主宰。

二、服饰艺术的起源

（一）模仿说

有学者认为服饰艺术起源于模仿。模仿是人的一种本能，人通过模仿自然事物及他人的外在表现形式，来获得艺术审美实践。关于模仿的学说，早在古希腊时期就已比较流行。柏拉图（Plato）、亚里士多德（Aristotle）等都是模仿说的笃信者。直到18世纪末，现实主义理论一直都没有超出过模仿说。虽然模仿说越往近现代发展，越显出其论定艺术起源之缘由的空虚乏力，但谁也不能否认这样一个事实，即模仿的确是艺术实践中一种不可缺少的手段，在艺术中它几乎无处不在。实际上模仿不独在一般艺术中存在，其在服饰艺术中的存在也是十分引人注目的。

（二）现实需要说

有学者认为服饰艺术起源于人表现情感及交流思想的现实需要。这种观点虽然产生于近现代，但有不少人都认同它。英国诗人雪莱（Shelley）、俄国作家列夫·托尔斯泰等，都莫不如此。托尔斯泰认为，艺术起源于一个人为了把自己体验过的感情传达给别人，以便重新唤起这种感情，获得感染自己也感染别人的激动，艺术的目的不但在于表现感情，而且在于传达感情，它势必要借助某种外在的标志。如果说模仿具有再现的特征，则现实需要说的鲜明特征就在于表现。可以肯定，"表现"在艺术发展中具有举足轻重的作用，因为艺术说到底是一种极富创造性的审美活动，单纯地模仿自然事物及人类社会，只能制造一个个现实的影子，唯有表现才可能使艺术别有洞天。然而，单单以现实需要说来解释艺术的起源，显得有些不够周全。不过当人们以现实需要说来审视服饰艺术时，却可以发现，"表现"对于服饰艺术同样具有不容忽视的意义。

（三）劳动说

有学者认为服饰艺术起源于劳动。有不少学者都认为，劳动中的号子、节奏、动作等对诗歌、音乐、舞蹈等的出现具有直接决定的价值。这种说法可能有些道理，但其是否更为有力，还需要辩证地看。假如从高屋建瓴的层面评价劳动，人们很容易发现劳动不仅是艺术的起源，它实际上是整个人类的起源，劳动不但为人类所有的艺术奠定了起源的基础，而且很有可能直接促成了某些艺术样式的产生。

三、服饰艺术透视

（一）中华文化的"活化石"

中国素有"衣冠礼仪之邦"之誉，这显然有溢美之意。其实，作为一个拥有五千多年历史的文明古国，中国所具有的地域、人口、民族、历史尤其是文化上的特殊性，在很大意义上成了人类文明的一个最富典型性和代表性的组成部分。如今，人们只要用心考察人类的历史文化，就断然少不了对中国的历史文化进行深入的研究，否则，任何有关人类文明的描述都有可能是不全面的。要考察中国的历史文化，恐怕有两个方面的日常生活内容是不应当忽略的。其一是中国饮食文化，饮食文化在中国的发达程度，世界上任何一个国家都无法望其项背；其二是中国服饰艺术，这是中国最具有民族性、地域性、人文性及审美性的日常文明。

中国拥有深厚的人文传统，服饰艺术为人文传统中极其重要的组成部分。中国历史文化中相当丰富的内容被凝聚和浓缩于服饰艺术。从某种意义来说，中国服饰艺术是记录中国传统文化许多重要信息的"活化石"，要了解和掌握中国传统文化，就不能不对这一组"活化石"做综合细致的考察。正因如此，人们在考察中国服饰艺术时，没有理由只停留在物质技术操作层面，应当尝试采用一种全方位的、综合的、审美的视角，而且必须遵循一些必要的原则，其中包括静态性与动态性相结合的原则，历史性与现实性相结合的原则，实用性与审美性相结合的原则，一般性与特殊性相结合的原则，物质性与精神性相结合的原则，空间性与时间性相结合的原则等。

（二）历史演变

人类的服饰艺术是在时间中存在的，它是有历史的，中国的服饰艺术也不例外。因此，对服饰艺术的发展历程进行时间性的观照，以客观反映中国服饰艺术不同时期的形制状态为目的，揭示出代与代之间的服饰艺术差异，勾画出一条贯通古今的服饰艺术发展线索，力求以客观描述的方式来恢复中国服饰艺术在历史上的外在本相。总之，突出时间性或者历史性是这一考察视角可以展开和完成的主要任务。从对服饰艺术的历史观照中，人们很容易看到，尽管服饰艺术在起源上或许是"服"在前、"饰"在后，或许是"饰"在前、"服"在后，或许是"服"与"饰"同步，但及至服饰艺术发展到比较成熟的时期，受人们审美追求的影响，"饰"实际上成了一个具有一定的自我独立性的纯审美系统。

（三）经济表现

服饰艺术首先是物质存在，它有质量、色泽、形式，是人类社会生产创造的结果，因此服饰艺术实际上和人类社会经济有着最直接、最密切的关系。人类社会生产力的发展水平决定着服饰艺术的发展水平，个人的经济状况决定着人们的日常服饰行为。不同阶段、不同民族的经济活动，大多以一种具象概括的方式反映在具体服饰的质料、色彩、形制及纹饰中。中国服饰艺术历经人类社会不同的经济发展阶段，体现出不同的物质材料、工艺技术、消费水平。对个人来说，大多数人的人生基本奋斗目标是经济地位的不断改善和提高，而经济地位的不断改善和提高的最明显标志，就是"吃饭"与"穿衣"的水准由差变好。同样，由于受经济的制约，在大多数人的观念中，服饰穿着的审美境界就是所谓的穿着贵重的、新颖的服饰。

（四）现实表达

服饰艺术是一种现实化、感性化、日常化的存在，必须以活生生的人为载体，必须诉诸具体的物质形态。

在现实中，服饰艺术往往超出日常生活的限制，以一种文艺化、娱乐化、鉴赏化及演示化的方式反映和表达出来。如服饰艺术在小说、散文、诗歌中的出现，在戏剧、舞蹈、雕塑、壁画、国画中的出现等，就完全属于这种情况。与此同时，服饰艺术作为传统文化的一部分，它也会以指导现实服饰生活的实用理念方式表达出来，这种实用化的表达可以体现为对服饰生活实际有借鉴指导作用的思想，从而见之于衣规服制或文献典籍，也可以直接表达为在时下服饰生活中的应用。首先，由于传统服饰是伴随着这些文艺及娱乐中的主角出现的，所以其既源于现实生活又超于现实生活，具有一定的理想化、虚构化、浪漫化色彩，在很大程度上体现了现实中人们对理想服饰的想象、对反面服饰的厌恶。其次，由于某些传统服饰是以现实指导和现实应用的方式出现的，所以它既可能表现为与现实有机结合，也可能表现为与现实时尚格格不入。人们从过去的小说及戏剧等文艺作品中可以发现，主人公的服饰并不是无足轻重的，它们对作者塑造人物形象往往有着极为重要的作用，因此作者一般总是先在人物的服饰扮相上动些脑筋，而读者或观众也总是先从服饰扮相上认识主人公。最后，文艺中的服饰服务于审美需求，体现了人们的服饰艺术观念。同样，传统服饰的现实实用表达由于受时代因素的影响，既要承担对服饰艺术发展气脉的延续和传播，又要经历与服饰艺术新潮的相互磨合。

（五）审美特征

中国服饰艺术是以独立的艺术格调存在于世界文化宝典中的，因此，它具有完全不同于世界其他国家、地区的异域风格，颇具中华民族审美特征。中国人自古崇尚并憧憬"天人合一"的至高境界，因而与美的本源具有一种精神及实践上的亲和性。另外，中国作为"礼仪之邦"，"以礼治天下"是其最突出的特征。这一原则贯彻到服饰艺术中，就有了以等级秩序来规约人们日常服饰消费的衣规服制。衣规服制的存在，使中国人的服饰艺术审美流露出很强的政治伦理功利色彩。于是，代表帝王、圣人、政体之意志（天）的"天人合一"就成了衣规服制的基本要求。显然，这使中国服饰艺术的审美又具体地表现出追求等级秩序之美、以"审善"掩盖甚至置换"审美"、以社会集体审美代替个性审美的倾向。就实际情况而言，儒家特定的审美观对古代中国人的服饰艺术审美产生了深刻的影响。但是，社会中潜存的个性审美意识在道家、禅宗等多重因素的影响下，表现出了一些体制外的审美特点。魏晋、明末的服饰风格就多多少少地体现了这些特点。进入20世纪以后，中国人的服饰艺术审美逐渐获得了解放，及至20世纪80年代以后，一种服饰艺术审美自由化、个性化、开放化的时代格局正式建立起来。这无疑为中国服饰艺术的审美化发展开辟了一片崭新的天地。

（六）鉴赏实用

中国服饰艺术自成体系，有历史的部分，更有现实的部分。历史的部分基本上成了一种历史成果的积淀，一种记录中国人文明过程的物象景观。现实的部分是人们目前的物质文明消费系统，它是一种随着时尚、观念、交流及生活发展而不断发生变化的时代人文的标志体系。尽管如此，历史和现实并不是全然隔绝的。历史的部分不但成了人们今天认识中国传统文化的重要媒介，而且成了人们弘扬中华文明、创造新时期服饰之民族特色的重要源泉。有鉴于此，对中国传统服饰艺术给予一定的研究和关注是必需的。

上述只是人们认识中国服饰艺术可资利用的若干个切入点和获知文化信息的视角。服饰艺术从本质上看是一种综合性极强的文化事项，没有多元的视角，就不可能全面地了解服饰艺术。换句话说，服饰艺术的文化性质，决定了其势必由以下三个层面的内容组成：其一是物质的、器具的、操作的层面；其二是精神的、观念的、交流的层面；其三是制度的、秩序的、传统的层面。这三个层面互相联系、互相影响、互为因果。一般而言，"物质层面"与"观念层面"几乎是同步发展、相互促进的，"制度层面"的出现稍稍晚于前两者。

四、服饰艺术的环境影响

（一）自然地理环境

自然地理环境是由人们生活在地球上的不同的经纬度方位来区分彼此的。生活在南方与生活在北方有很大的不同，生活在东方与生活在西方也有很大不同。由于经纬度不同，各地的日照、降水及临风时间不同，因此自然气候有相当大的区别。南方越接近赤道、海洋的地区，降水越多，气温越高，四季界限越不分明；北方则因为远离赤道、海洋，深居内陆腹地，空气干燥，气候寒冷，四季界限分明。此外，不同经纬度的地理地质形态也有很大的不同，有的是高原沙漠，有的是平原丘陵，有的则是海岛丛林；有的土地肥沃、物产丰富、资源富足，有的则没有这方面的先天优势。表现在服饰上，由于环境不同，人们对服饰的需求有很大的差异，如南方的服饰整体色彩淡雅、质地轻薄，而北方的服饰多数厚重、颜色深沉等。

（二）社会角色环境

人是自然界高度发展的产物，其与动物的重大区别之一就在于，人通过改造自然及自身的劳动实践，推动了文明的发展和演进，缔造了"社会"这个专属于人类的特殊环境。从根本上来说，社会是人类文明唯一的组织形式和呈现方式，其以秩序的、逻辑的、理性的、科学的形态，将人类的一切物质文明成果及精神文明成果容纳其中，从而为人类文明的不断进步创造了必要条件。按照社会学的理论，一个人自降生之日起，就开始了其逐步实现"社会化"的过程，也就是开始了他从一个自然人、生物人向文明人、社会人转变的过程。在这个社会化过程中，他必须从生到死扮演无以计数的各类社会角色，只有比较顺利和基本胜任地完成自己在不同时期、不同场位的角色定位，才算真正实现和完成了社会化。

对自然环境和社会环境来说，它们各自还可以做这样的内部划分，即同一时间里的不同环境，同一环境里的不同时间，因人的社会角色的不同和不断变化而表现出各种服饰着装的需求。正因如此，中国服饰文化呈现出不同的艺术形态特征。

第二节
中国传统服饰的美学文化

一、服饰美学概述

服装最初以实用为目的，在漫长的发展道路上，被注入了各种各样的自然与非自然因素。服装美学属于社会科学的范畴，与政治、法律、哲学、心理学、教育学、文学艺术理论、伦理道德、风俗习惯、宗教等有着直接的关系。服装美学还包含科学、技术、经济学等自然科学。服装美学以真、善、美为核心，以假、丑、恶为批判对象（图1-2）。

图1-2　中国服饰美学元素

（一）服装美学与哲学关系密切

服装美学最根本的研究对象是服装美的本质。服装美学是美学的一个分支，其具有自身发展的特殊性，因此，一般的美学理论不能完全代替服装美学。美学是属于哲学范畴的科学，研究服装美学要以哲学为理论基础，探究服装审美意识、服装审美规律和服装美学史观。哲学是关于世界观的研究科学，哲学研究的主要课题是思维和存在、精神和物质的关系问题。服装美学正是从这一根本问题着手进行研究的。

（二）服装美学与心理学有着非常重要的关系

服装美学是一个多学科的课题，心理学在其中占据相当重要的位置。人类在群体中生活，基于政治、经济、人际关系等多方面因素产生了心理作用。如穿衣服的动机和需要、服装态度的形成、个性和服装的关系、服装的象征性、社会角色和服装的关系等。

（三）服装是实用品，也是艺术品

艺术的创作规律一般都能运用于服装创作。因此，艺术理论对于认识服装美学极为重要，但是艺术理论不能代替服装创作理论。艺术是指用形象来反映现实，但比现实有典型的社会意识形态，这是社会意识和人类活动的特殊形式。艺术从一定的审美理想出发，对现实予以形象的创造，这是艺术理论的基础。服装创作可以借鉴艺术创作理论，但服装毕竟是从实用出发的，然后才是艺术品。服装的欣赏性一定要和人的审美观相结合，才能体现服装的美，才能说是一件艺术品。一幅中国画是反映现实的作品，任何人都可以欣赏，只是由于每个人的审美水平、审美意识不一样，因此所产生的感受也不一样。服装与一般的艺术品不一样，一套服装不是什么人都能穿的，有年龄、性别、职业、地位等区别。艺术创作都有自己的感性外观，这种外观是受创作"材料"制约的。

（四）服装美学形成的社会背景

服装是由于社会角色的需要而产生的，要研究服装美的本质，必须从社会群体和社会角色出发。服装美学是社会实践的产物，反映了当代政治、经济、伦理、道德等问题。

（五）服饰文化的发展状态

服饰文化是整体文化的一部分，在整体文化中居于从属地位，随着整体文化的发展而发展。随着社会经济的发展，人们的生活发生根本的变化，物质文明及精神文明也有所改变。高水平服装设计师必须满足人们在物质文明基础上的精神文明需要。

（六）服饰文化的民族性

每个民族都有自身具有的特征，民族特征是各族人民在长期的群体生活中逐渐达成的共识。这些民族特征是由生活方式、风俗习惯、生产劳动方式、环境气候等因素形成的。服装设计师必须以艺术修养分析、理解这些民族特征，以便更好地创作出既有民族性又有时代感的服饰艺术作品。服装设计师具有的世界观、知识水平、审美特点、创作方法、市场观念等，能通过服装艺术作品反映其艺术审美能力。服装的社会角色是服装设计的重要内容。服装艺术设计必须为社会角色服务，社会角色是服饰群体的细胞。人的地位、职业、性别、个性等都要通过服装来体现，也就是通过这些因素来表现社会角色，揭示社会角色的特性。

（七）服装美学与风俗习惯有着不可分割的关系

人们由于精神生活的需要，产生了诸多美好期望，如长寿、吉祥、喜庆、福禄、百年和好、多子多孙、花开富贵等，这些期望很自然地反映到服装上。

（八）服装美学与地理环境、气候、宗教信仰的关系

基于地理环境、气候、宗教信仰等不同的因素，人们形成了不同的生活习惯，因此对服装审美的要求和观念有很大的不同，如西藏与新疆的穿衣风俗、寒冷地区与炎热地区的穿衣风俗大不相同。因此，服装美学的研究，一定要注重不同地区的民间风俗的历史、现状和未来发展。

（九）服装美学与伦理道德的关系

伦理道德是中国的传统，服装与伦理是服装审美的重要内容。对于人际关系的吸引，人与人相处的各种道德标准的实现，服装起着不可忽视的作用。自古以来，中国在服装与伦理的关系上就有严格的要求。如古代的"冠服制"就贯穿了统治阶级的审美观念。

综上所述，服装美学的研究从各个方面入手，因为服装产生于人类的实践，因而服装美学的研究也应从实践出发。实践的内容是从服装的核心"真善美"入手进行探索。是美学的一个分支，有着自己的特殊对象。服装美学研究的最主要任务是人和服装共同展示的美，服装是穿在人身上的，这就涉及人的体型、地位、性格、身处的环境等。在研究服装美学时，要充分地运用理论联系实际的方法。从服装史的角度来看，从古至今，无论是官方还是民间，都有着十分丰富的理论经验，服饰审美都是从服装穿着的实践过程中一点一滴地总结出来的。为官者有为官者的要求，民间有民间的朴素想法。

二、服饰美学的秩序与效果

（一）静与动的统一

服装的实用首先是适体，人的体型各有不同，有的人体型比较标准，有

的人有明显的缺陷，如驼背体、肥胖凸肚体等。因此，服饰必须与人体配合好，比较标准的体型使其更加完美；有缺陷的体型可以使其某些缺陷被掩饰。人体处于活动状态，而服饰本身是静止的，静止的服装穿在人的身上，如果不符合人体活动的规律，就失去了服饰的作用。怎样使静止的服装符合活动的人体的需求，使静与动统一起来，需要研究服装与人体的结构关系。静与动的统一，必须是有秩序的，这个秩序就是符合人的体型。首先，人的头部活动比较频繁，也是表现情感的主要因素，即使是坐着或站着不动，头部的动感也是很强的。头的转动靠脖子来支撑，因此，脖子与服装的关系显得很重要。其次，面部是人的内在感情与服饰相统一的重要结合部。其次是人体的多处活动部位，如腿、腰、腹、臀、肩、胸、臂、手、脚等。颈与衣服的领子关系密切，无论是领线还是领型都必须适应脖子的倾斜度、粗、细、长、短。脖子的活动范围虽然不太大，但它是头部和身躯的连接部位，身躯的转动受头部活动的指挥，因此需根据这些因素来确定领子和领线的造型。如西服、中山服用于某些正式场合，领子就要挺括，适应脖子不大幅度转动的需求；运动服要便于穿着者活动，领线需要开阔，领子需要柔软，适应脖子大幅度转动的需求。一般来说，胖人的脖子比较短，采用较深的V型、匙型或U型领线，在视觉上感觉脖子被拉长了一点。如果脖子比较长，应该用圆领、高领、玳瑁领或中式企领。常规来看，服装的领子是与衣身连接不移动的，但是如果与动的脖子配合不好，就使整体的服饰美感大打折扣。

（二）内在与外在的统一

穿衣的问题，看似是一件很平常的事情，其实是人们生活中最基本的物质需要。穿衣虽然是最基本的物质需要，但每个人都有各自的穿衣"格调"。这是什么原因呢？构成"格调"的基础是穿衣的"风度"，风度是什么？风度是一个人的仪表举止、行立坐卧的姿态。风度的构成，内在因素包括人的语言行为、生活习惯、性格特征、思想境界、职业地位等；外在因素包括人的举止姿态、待人接物、性别年龄、体型容貌、服饰打扮等。风度和服饰的关系很密切，但不是唯一的因素，除上述内在因素和外在因素之外，还必须具有时代特征。

服饰的"可读性"具体内容是什么？这要看能否"读"出内因和外因的

结合程度。这并不是说，对每个人的服饰都一定要"读"出其内涵，只能是揣测而已，这实际上是"以貌取人"。但这种"读"的方法，不仅是"以貌取人"，而是从"貌"推进到灵魂。虽然不能"读"得进入人的心灵深处，但也能揣想到一般。

1. 服饰面料

服饰面料给人的印象是第一位的。同样的色彩，但面料的好坏给人的印象是不一样的，可以从中看出一个人的经济状况。如中山服可以用棉布，也可以用化学纤维，更可以用高级毛料。料子不同，其光洁度、悬垂度、挺括度完全不同。服饰面料的质地可决定面料的档次，面料肌理与色彩相结合决定服饰的等级，如色彩柔和或较暗的颜色显得档次高；生物（包括动物、植物）成分越高，档次也越高，如羊毛、真丝、动物毛和皮、棉花、麻等。化学纤维往往被看作低档面料。可从服饰面料读懂一个人穿衣的经济基础，从经济状况进一步地揣测其他方面。

2. 服饰色彩

色彩是面料质地的有机组成部分，其往往代表人的爱好、性格。读懂服饰色彩，可以进一步探索人的内在因素，例如，现在社会中上阶层往往喜爱藏蓝色或深色着装，如公司老板、政府官员等；知识分子往往喜好中性的色彩，如深灰、烟灰、咖啡色等；年轻女性都喜欢追逐时尚潮流，因此在色彩选择上常常不是很稳定，这要看她的性格取向，活泼的性格喜爱艳丽的色彩，沉静的性格喜爱中性的色彩，豪放的性格喜爱对比强烈的色彩。

3. 服装款式

其实服装款式并没有什么特殊的要求，无非服装的搭配和配套。会穿衣服的人能够更科学、更恰当地彰显个性。从服装的款式上，我们就可以读懂着装人的身份。同样穿着西服的人，是知识分子还是企业老板，一看便知，这是什么原因？这从他们的生活习惯、待人接物的方式就可以区分开。

4. 服饰的整洁度

整洁这个问题是比较复杂的，其实整洁度可以看出一个人的职业、爱好和性格，尤其是在工作时间内，可以从服饰的整洁度了解一个人的职业修养。

三、服饰美学与视觉艺术

（一）服饰的结构

"结构"在词典里的解释是"各个组成部分的搭配和排列"。从视觉角度来研究结构，主要是知觉心理。当人们欣赏服饰时，目测它的结构往往遵循整体性、装饰性原则。在这个视觉范围内，服装结构中的承重力、悬垂性都是香奈儿（Chanel）观察的重点。服装的承重力主要指的是服装的支点，人体的支点有肩膀、腰、臀、膝、臂等。根据人体形成的总体高、衣长、胸围、腰围、臀围、总肩宽、袖长、领围、裤长、脚口、前腰节、后腰节等是形成服装结构的基础。服装衣片的形状和衣片形成的各种直线、曲线、弧形线、圆线等线条的连接、排列、缝纫等，都是结构的基础。褶、省、缝线等是满足人的视觉美感与结构之间的桥梁。人们说服装的构件就是衣片，从视觉审美角度看，服装就是衣片组成的服装结构。只有服装与人体结合，才能显示出服装的结构，而服装结构又是为了体现人体的美，其本身必定具有很强的装饰性（图1-3）。

服装结构的实用价值立足于"穿"，因此在人们的视觉中的服装结构，必须是能"穿"在人身上的结构。脱离了穿的功能，结构再完美也不符合人的视觉审美习惯。"和谐性"是服装结构的灵魂，与人体和谐当然很重要，但服装本身的和谐与服装结构

图1-3　坐在椅子上的汉服女子

是相辅相成的。大衣与插肩袖是和谐的、连衣裙与灯笼袖是和谐的、中山服的翻领与贴袋是和谐的、旗袍与中式企领是和谐的、西服与驳领是和谐的，与此相反就显得不和谐了。这是因为人们的视觉美感受到一定的审美经验的限制，设计师在服装创作中，必须在结构的和谐上满足人们的审美习惯。服装结构的魅力在于各部分的组合关系，如排列、衔接、空间等。服装裁剪的工艺过程也是服装结构排列组合必不可少的，如撇势、起翘、止口、搭门、挂面、驳头、育克、褶裥、省量、缝份、颈肩点、胸宽点等。服装结构的概括性在于省略和提炼，也就是说服装以完整为前提，即使是装饰也要做到恰如其分。

（二）服饰的色彩

自从人类懂得了运用色彩，色彩的象征意义就伴随着人们的生活而存在，服装色彩的象征意义更是如此。色彩的象征意义主要来自人们的生活经验和联想，也与人们的情感密不可分。人一生下来就接触色彩，可以说，色彩是服饰不可或缺的重要组成部分。色彩与人们的日常生活息息相关，色彩给人们带来的感觉多种多样，同样，对人的生理和心理也有很大的影响。色彩的位置不同，给人的感受也不一样，色彩的形态不一样，所表现的感情也不一样。色彩附着在不同的形象上，所表现的质感不一样，给人的感觉也不一样。用眼睛看是知觉的最好方法，因此可以说，视觉是知觉的窗户。如果说知觉的价值就是审美的价值，那么色彩通过视觉才能体现其在人们审美中的地位。各种色彩在审美方面有不同的价值，不同的价值产生不同的效果，这与色彩所处的环境有很大的关系。

如蓝色用于冷饮包装，给人神清气爽的感觉，如果用于咖啡的包装，就显得不太协调。服装的格调除取决于款式、穿着方式、搭配技巧之外，色彩是至关重要的。有人说灰色系、深色系，如蓝灰色、藏青色显得高雅。但这不是绝对的还要看场合。假设办公时穿了一套紫色的套装，从场合上看不合时宜，但是紫色在某些场合也许是高雅的。

（三）服饰的质感

"质感"的定义为：织物经纬之排列，织物、表皮、外壳、木头等表面或实体经触摸观看所得之稠密或疏松程度；质地松散、精细、粗糙之程度；表皮岩石、文学作品等构成成分及结构之排列；艺术作品中物体表面的描写；在生物学上，意为组织、组织之结构，源于拉丁文即"纹理"。质感与颜色关系密切，天然的肌理比人造肌理显得自然。前面提到的紫色如果是动物的皮毛，就比普通的棉布显得高档。一切产品都是由材料构成的，设计师的设计工作实际上是对材料的运用，因此材料表现出的美感，是通过材料的质地体现出来的。材料美的载体是由具体的形象构成的。现代书籍的材料是纸张，如果仍像古代的书籍，使用竹木类材料，只会给人留下笨重的印象。

时代在进步，纺织科学领域不断突破，新材料不断涌现，因此材料美也充满了时代因素。材料美的条件有很多，如质地、色彩、肌理、光泽、形式、功能等。"质地"是材料的结构性质，有自然形成的，也有人造的，如木材的密度、纹理、韧性等。柔软性、光泽性、挺括性、悬垂性、成型性组成了服装面料的质地。

材料的质感还包括材料的肌理，"肌理"是物体上呈线状或网状的纹理。在现代社会，出现一种非天然的人造纹理，如花纹、漆纹、织纹、人造革、合成革、纸纹、水泥、塑料等。每一种纹理都存在多种多样的加工方法，如织纹可分为缎纹、平纹、斜纹等。肌理要与物体的形式相结合，才能充分发挥其美感。"肌理美"是质感的窗口，绸缎的肌理必须使绸缎的织纹与光泽、柔软、花色、悬垂结合起来，才能表现绸缎的肌理美；家具如果是用木材制作的，材料的肌理必须与坚韧、挺拔、平整等因素结合起来。光滑、发亮、平整、洁净、细腻、粗犷等特性总是给人以舒心、畅快的感受。用棉布制成的桌布总是比塑料桌布显得高贵；实木家具总是比三合板家具显得高档；真丝服装总是比人造丝服装显得自然。人们欣赏肌理美的趣味，随着时代潮流的发展、科学的发达、产品的更新换代，不断地调整、更新。

服装材料的质感是在各种纺织品的基础上形成的，如棉织物、丝织物、毛织物、化纤织物、非纺织纤维等。服装材料的质地与色彩、款式、线形等有密切的关系，如果用帆布设计一件衬衫显然是不可行的；用塔夫绸做一件大衣也不合适。从这一点出发，对服装质感的欣赏，必须结合形象。在设计问题上，考虑造型、款式、色彩、实用等因素非常重要，但材料是更重要的，因此，设计服装造型时必须先考虑材料。材料的质感不是单一的，往往两种以上材料才能使质感更突出。互相组合的材料，借用两者的不同属性，互相衬托、互相制约。如软硬组合的材料，其软与硬是两种完全相反的性质，既互相排斥，又互相作用。皮带围在腰间，必须使用软材料，但是皮带头一定使用金属等硬材料；一块桌布只有铺在桌上才能显示它那美丽的质感和造型。其他使质感更突出的、互相制约的材料因素，包括光泽的对比、粗犷与细腻的对比、透明与不透明的对比、柔软与坚硬的对比等。形式效果由材料效果奠定基础，没有材料效果的质感，很难体现形式效果。

（四）服饰的"错视觉"

在视觉范围内，人的眼睛看东西常常出现错觉，这种错觉实际上是一种主观现象，每个人产生的错觉不一定相同。视觉思维除眼睛看到的东西外，还与人的生活经验有关系。如果看到的图形在原图形的基础上不断地变化，那么错觉量也随着它的变化而变化。错觉往往和背景有关，线条长和短的对比、物体和光线的关系、物体和空间的关系、色彩的深浅浓淡等。众所周知的横线、竖线对比时的错觉，角度大与小对比的错觉等，是通过实验手段实现的。在生活中这种现象比比皆是，有些错视现象不仅能欺骗人们的眼睛，还可能被其利用，使人们上当受骗。

如何应用错觉，使错觉为人们的服饰服务，是服装设计师的责任。服装运用的"错觉"现象，主要是通过图案、面料的肌理、服饰的配套等手段实施的。一般来说，错觉都是在对比情况下产生的，有明才有暗，有粗才有细，有上才有下，有大才有小，有了透视才有层次等。在造型、图案、服饰的设计上运用"点"的变化错觉，是由于有了辅助线才使人对点有了错觉；"线"有了交叉点，才使人对线有了错觉；"面"有了层次、透视，才使人对面有了错觉。因此，人们说错觉是从对比中产生的，形象错觉的对比关系是"相生相克"的关系。线的长短、角度的大小、面积的大小、形象的远近、横竖的轻重、物体的高低、分割的尺寸、位置的移动、光的明暗等都是"相生相克"的关系。色彩的轻重、距离、冷暖、明度的高低、饱和度、光照的变化等存在"相辅相成"的关系。在服饰设计上还经常用"顺"的方法，这种方法是顺着人的视线，引诱人的视线上下左右移动，使人的视线发生拉长或展宽的感觉。"影"的方法能达到"以假隐真"或"以真隐假"的错觉，辅助线或辅助面像影子一样跟着主题形象，影子的出现形成了对比关系，使人产生错误的判断。利用光线的对比关系，在款式、色彩的设计上，诱导人的视线注意明亮的、鲜艳的色彩，从而不注意暗面，使人体上某些不合比例的部位在暗面中隐去。总之，错觉的应用使设计更生动，更能满足人的视觉美的要求。

第三节
中国传统服饰的礼仪文化

礼仪服装在一定的历史范畴中，作为社会文化及审美观念的载体，受社会规范形成的风俗、习惯、道德、仪礼的制约，具有一定的继承性、延续性。在原始社会，人们受礼仪惯例的约束与影响，是出于对某种事物的禁忌与畏惧，而文明开化的现代人的礼仪服装与其世界观、伦理观、审美观、情趣、心态及拥有的财产有关。礼仪服装使人与人之间按一定的社会关系和睦相处，具有维护一定的社会生活秩序的特性。当某种服装被作为社会礼仪规范固定下来时，就相应地被赋予了一定程度的社会强制力，而成为社会中全体成员普遍接受和拥戴的生活方式、行为方式。

礼仪服装的产生与人类早期的各种祭祀庆典等礼仪活动有关。我国早在殷商时代就已有穿用礼仪服装的记载，如周代在祭祀、会盟、朝见、阅师、宴饮、田猎、婚娶、丧葬等场合对所穿用的礼仪服装形成制度化规范。各朝各代在沿袭祖先传下来的礼服规则的同时，又根据实际情况对祭服、朝服等礼仪服装进行修改、调整，制定出一整套繁缛、森严、不可逾越的服装礼规。

服装礼规的产生大致有两种途径：一是自然形成，二是人为设定。前者是人们长期生活中自然形成的常规，表现为一种风俗，是约定俗成的；后者是统治阶级为维护某种社会秩序及等级制度，以法律、制度或规章的形式特意设定的。

礼仪服装中蕴含着人们的信仰与观念、理想与情趣及生活态度与生活方式，其包含的内容是复杂且有章可循的。在迎来送往、致意慰问、婚丧庆典、特殊仪式等生活常见场合中，人们穿用的如新娘礼服、学究长袍、军官礼服、法官长袍等，都是相对保守、不轻易变动的。人们正是通过礼仪服装的规范、限定，形成了一定的人间秩序及人与人复杂多变的关系。

礼仪服装反映着装人的气质与教养，是人内心世界的外在表现。人的思想、观念、情趣、习惯、好恶都会通过服装展露无遗。在不同的时代、不同的民族、不同的地域环境中，因历史、文化、经济等生存条件的限定及变化，人们对礼仪服装有着相应的要求与定义。

一、礼仪服装的种类

礼仪服装简称礼服，通常分为女式礼服和男式礼服。

（一）女式礼服

女式正式礼服是在一些特定的隆重场合的交际活动中女士穿用的服装，其搭配组合严谨、规范，从发式、化妆到服饰都要整体设计，是在一种极严格的限定中，充分强调个性的装束。准礼服或略礼服是正式礼服的略装形式，虽然也是正式场合穿用的礼服，但较正式礼服在造型、用料、配饰上都有一定区别。日常礼服是在日常的非正式场合穿用的礼服，形式多样，可自由选择搭配。另外，婚礼服、丧服这两种特定时间、场合穿用的礼服也是不容忽视的。

女式礼服较男式礼服受传统礼规的限定较小，新材料、新工艺、新造型、新配饰常常首先被女式礼服采纳，在保持传统模式及穿用方式与规矩的前提下，女式礼服不断融合新思潮、接纳新元素，将时代的烙印记录于其发展演变的每一个过程中。在女式礼服中，婚礼服、丧服相对于其他礼服显得保守，多沿袭、保留传统的形式，表现人们对古典情调的追忆与缅怀。

（二）男式礼服

1. 大礼服

大礼服可分为夜间穿用和白天穿用。

2. 正式礼服

男式正式礼服通常是大礼服的简略形式，因此又称为略礼服、简礼服。凡是比较隆重的场合，男士多穿戴正式礼服。

二、礼仪服装的搭配与组合

出席正式的社交场合，要能够得体、适度地展现个人风姿，只有漂亮华美的衣服是远远不够的。如何搭配才能与环境相协调，与周围的人相协调？如何通过仪容、仪表既展现自我，又与他人共同营造健康的社会气氛？这是社交礼仪服装装扮过程中最难把握的部分。

服装的搭配是一种修养，需要用心观察、积累。"品位"服装就是人和环境与服装相适应。服装搭配追求的不仅仅是物与物、人与物的简单堆积组合，而是通过物与物、人与物的组合构成某种情趣与格调，是将看不见的精神感受具体化、物化以便于人们理解。"品位"在服饰搭配中是十分重要的，不同的搭配使人产生不同的感受。服装的品位不仅体现在衣服、配饰等具体的衣物上，更重要的是它与穿着者融为一体时，表现出的人的精神气质、文化修养。歌德说："人是一个整体，一个多方面内在联系着的统一体。"服装、配饰与人的结合使之构成一个整体，因此，要使自己的装束符合社交礼仪规范。除了要懂得服装、服饰的作用外，还必须加强内在素养的提高与修炼，"秀外而慧中"，才能彰显不凡的气质。衣服与配饰是为人服务的，而人首先要有情调、有气度承担起衣饰的陪衬。否则就会"金玉其外败絮其中"，让人反感和讨厌。对服装蕴含的品位，只能靠自己用心体会和感受。追求什么样的服装品位，心中一定要有数，每套服装的组合与搭配只能突出地表现一种品格、一种情调，要分清主次，不可大杂烩般什么都要、什么都有，然后整体组合后什么也没表达好。

对服装品位的追求，是一个人整体素养的具体反映，是人的修养与审美鉴赏力的综合表现。服装的选择与搭配过程就是训练和提高自己的审美鉴赏能力的过程。要善于观察、综合分析，以便更深入地总结审美经验，理解更高审美境界的妙处，从而在整体上进行完美的组合与搭配，随心所欲地驾驭衣服配饰，更好地诠释自我。

第四节
影响服饰文化发展的主要背景因素

　　服饰是人类文明的象征。服饰作为一种"深深根植于特定文化模式中的社会活动的一种表现形式"，有着与社会背景相对应的现象。服饰的形成与发展标志着人类由蒙昧经历野蛮而走向文明的漫漫历程，和人类有着其他物品无法比拟的亲密关系。因此，在历史的长河中，每一个时期的服饰无不关系着当时的政治、经济、文化和社会风俗等各个方面。正如有些评论家指出的那样，服饰的变化不完全是任性的、不可捉摸的，它反映着一个时代的思想，是时代的一面忠实的镜子。服饰从它诞生之日起就不像饮食那样出于维系生命的本能，也不像居住那样出于防护自身之必需，一开始就是一种带有浪漫色彩的文化创造。以下对影响服饰文化发展的主要背景因素进行分析。

一、政治因素

　　服装对于人类来说，蔽体御寒是其首要功能。但是人类服装文明走出了唯一实用目的的时代以后，它的功能就复杂了。在古代中国，服装制度是君王施政的重要制度之一。服装成为一种符号，一种身份地位的象征，它代表个人的政治地位和社会地位，使人人恪守本分，不得逾越。因此，自古国君为政之道，服装是很重要的一项，服装制度得以完成，政治秩序也就完成了一部分。所以，在中国传统中，服装是政治的一部分，其重要性远远超出了服装在现代社会的地位。

　　各个国家各个时代的政治变革，都会给服饰文化的变化带来很大的影响。如中国封建社会等级制度森严，虽然这种等级主要体现为政治地位的高低，但也渗透到了人们赖以生存的衣、食、住、行中。衣是脸面，是包装，是身份的体现。正如人们常说的："身命（指衣服是第二生命）要齐，脸目要壮。"因此，人类经历的每个社会里，服饰是用来辨别一个人阶级关系的较为直观的线索，并产生不同阶层的服饰文化。在贾谊的《新书》中就有"天下见其服而知贵贱""贵贱有级，服位有等"的阐述，充分显示了服饰的这种特殊作用——标示性作用。这种等级标示从古至今都是通过国家法律、法规来运作的，都曾有为穿什么衣服而颁布的法令，从服饰造型到服装色彩、服装材料的运用等方面都进行了强制性规定。

我国近代也有一系列对中国社会具有重大影响的服装事件，不断塑造或改变不同时代的中国民众穿戴。服装成为一种改造人们世界观的最直接、最形象、最明确的工具和标签。如满清入关的"剃头令""改官易服"制度；太平天国的"蓄发令"和"太平天国服制"等。辛亥革命后，颁布了"服制条约""剪辫通令"，而后，那些追随孙中山先生革命理想的人都穿上了"中山装"，其服装款式和局部装饰，皆被烙上了政治印记，如上衣的四个明袋，代表礼、义、廉、耻，五粒纽扣象征"五权分立"，三粒袖扣隐喻"三民主义"。

二、经济因素

经济是指作为人类共同生活之基础的物质财富的生产、分配、消费等行为和过程，以及由此形成的人与人之间的社会关系的总体。与人息息相关的服饰的发展在很大程度上受到经济条件的制约，因此，经济基础决定了人们的服饰消费能力和水平。

在原始社会，人们的经济状态是自给自足，利用大自然中的原材料供给自己生活必需的衣料。随着生产力水平的提高，交换经济方式得以发展，有关衣料的经济行为就变得复杂了。

中华人民共和国成立后，从服饰的发展变化也可以看出经济条件的制约作用。中华人民共和国成立初期，由于经济刚刚起步，服装表现出朴实、整洁的风格，面料、色彩、款式都较单一；到1956年，经济开始繁荣，沿海地区和大城市出现了服饰多样化的转变，各高等院校甚至鼓励学生穿花衣服；20世纪60年代，国家遭受自然灾害，粮食、棉花大量减产，人们买服装、棉布、日用纺织品都要凭票，为了尽可能地节约，服装一般选择结实的布料和耐脏的颜色。这种贫穷落后的现状，使当时的中国人，只能无奈地选择那些季节不分、男女无异的蓝、灰、黑色服装式样。

实行改革开放以后，我国现代工业经济得到了空前的发展，喇叭裤最先在年轻人中间流行，街头五彩缤纷的时装代替了"老三装"（中山装、军便装、青年装），其中经济因素起到极大的推动作用。

如今，全球经济和文化一体化，以及交通、通信等信息业的飞速发展，使服装界呈现出多民族、多文化、多风格的局面，如全世界流行的"中国风"。由此可见，经济发展正日益推动服饰文化的发展。

三、战争因素

在历史上，战争对女性服饰式样的影响深广。在战争时期，妇女被拉入了战时轨道，女服也因时而变，不但变得更简朴、经济、暗淡，而且服饰上所有等级区别的迹象全都消失了，连女性用的胭脂、香水、首饰及其他化妆品都消失得无影无踪。战争时期的服装总是有其特色的。在第一次世界大战爆发后，为了适应战时的紧张生活之需，无论是爱讲究穿戴的女性还是男性都不赶"时髦"了，而是穿上了方便、耐磨的衣服：很多妇女为了生活和工作，穿上了短裙、宽松的外衣，干又脏又重的工作的妇女索性穿上了马裤，和男工一样，这是实用至上的要求。因为战争的需要，先前用来制造妇女服饰的钢圈，被紧急用于生产军用缆绳。同时，由于战争的影响，妇女的社会作用日益显现，地位不断提高，从20世纪20年代起，女性在穿着方面更加开放，体现更自强、自信、自立的风貌。20世纪30年代的经济萧条等诸多因素带来了第二次世界大战，时装业又一次受到战争的摧残，浪漫和女性的风格被战争期间的特别要求——实用、耐磨、经济、方便取代。战争带来了物质短缺，尤其是面料的配给影响了服装的裁剪和式样。为了节省面料，裙子变得更加合身，裙长也缩短到了膝盖。便装明显受到军服的影响，呈现出帅气和简练的特点。

四、艺术思潮因素

从人类服饰文化的发展途径来看，服饰的变化通常由所处时代的主要艺术潮流来决定，并起到主导作用。反过来，服饰的变化又直接反映着流行于那个时代的各种艺术思潮和当时人们的处世哲学。

各种艺术思潮如文学、音乐、美术、体育、建筑、戏曲等，以不同的表现形式影响当时服饰的特征。如20世纪60年代，风靡全球的甲壳虫乐队以其特有的水管裤引导服装潮流，另外，喇叭裤、大花衬衣、天鹅绒上衣和围巾等都十分流行。在我国，2007年发行的一首《青花瓷》，给服装设计师带来了

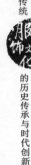

中国传统**服饰**文化的历史传承与时代创新

许多灵感，在款式上没有用太多烦琐的装饰，而是简单大方地表现出了中国的韵味，其中立领、灯笼型的设计，盘扣的采用，中国传统花卉的点缀都可表现出浓浓的中国情。在颜色上，设计师借鉴了青花瓷固有的色彩，使整套服装活像一组灵动的青花瓷。在工艺上，设计师采用了绘画这种时尚的表现手法来展现美丽的青花。在面料上，设计师大胆地采用了蓝色牛仔和白色缎子的搭配，不仅使其在颜色上形成对比，在面料的质感上也很好地形成了反差，而且寓意着东西方文化的融合。

第二章

中国传统服饰文化的

历史演变脉络

中国传统服饰的文化内涵极其丰富，具有明快的风格与和谐统一的心理追求。褒衣博带、宽衣大袖的服饰特点体现了传统中国"天人合一"的世界观和儒家、佛家、道家相融合的文化特色；对衣冠的重视突显了古代中国极具政治伦理色彩的礼仪观；烦琐的衣规服制则与复杂严格的等级制度相适应，这些都成为中国传统服饰文化的基调。本章将重点论述我国历代服饰文化，包括夏、商、西周、春秋战国，秦、汉、魏晋南北朝，隋、唐、五代时期，宋、辽、金、元以及明、清时期的服饰文化。

第一节
夏、商、西周、春秋战国时期的服饰文化

一、夏代服饰文化

夏代（前2070—前1600年）是我国历史上的第一个朝代。夏代服饰的主要特点是：第一，服饰从防寒护体的原始功能发展为被统治者利用的政治工具；第二，服饰中出现明显的等级分化；第三，祭祀礼仪服装受到高度重视。夏代服装的主要式样，目前可知的有礼冠称为"收"，礼服是纯衣，常服的首服是"毋追"。夏代，中国纺织技术有了质的飞跃，现代意义上的衣料出现，夏代贵族服饰的衣料以麻布和平纹丝织品为主（图2-1）。

图2-1 夏禹像

（一）夏代服饰的历史背景

中国进入父系氏族公社，农业成为主要的社会劳动，手工业逐渐与农业

分离而出现剩余商品的交换，形成了私有制。父系氏族公社后期出现阶级分化，到公元前21世纪进入奴隶社会，出现了我国历史上第一个王位世袭的夏王朝。

史传夏朝第一位君主夏禹，曾经领导人民战胜洪水灾害。在治水过程中，他三次经过家门而不入，其提倡节俭，崇尚黑色。但是到了他的子孙后代统治时，就变得十分奢靡残暴。公元前1600年夏被商汤所灭。

（二）夏代服饰的主要特点

1. 统治者的政治工具

服饰从防寒护体的原始功能发展为被统治者利用的政治工具。随着国家的诞生，社会上许多物质生活形式不可避免地发生变化，甚至被赋予了政治的色彩，服饰便是其中之一。

2. 服饰中出现明显的等级分化

在属于夏代纪年范围的晋南襄汾（今山西省临汾市）陶寺遗址的考古过程中，考古学家们发现了夏朝服饰的品类两分现象。在晋南襄汾陶寺遗址中，总共发现了1000多座墓葬，绝大多数为小型墓，大、中型墓仅占总数的13%。小墓葬几乎没有任何随葬品，而大、中型墓室的随葬品十分丰厚，墓主人骨架上都有衣装和饰品的遗存。其中一个中型墓的墓主人，衣服数量之多和华贵程度令考古专家瞠目结舌。墓主人上身穿白衣，下身穿灰衣，脚穿橙黄色的鞋子，其服装的面料为平纹织物。他身下铺着厚约1厘米的网状麻类编织物，织物外撒满了朱砂。墓主人骨架上也摆放着麻类编织物，这块编织物反复折叠达12层之多，几乎和棺口盖板持平，棺盖上还盖有一层麻类编织物，足见墓主人生前身份极为显赫。这些大、中型墓墓主人的饰品也都非常奢华，有玉臂环、玉琮、玉瑗、玉钺、玉梳、石梳等，还有经过精工制作、镶嵌有绿松石和蚌片的饰物等。其中，一座墓的墓主人戴的项链最引人注目，用1164枚精工制作的骨环编成，绕颈多圈进行装饰。

夏代服饰品类的等次之分，在河南偃师二里头遗址的考古发掘中也有很好的体现。1980年发现的一座4号墓，即使在被盗掘后，还有200余件绿松石管和绿松石片的饰品出土，可见墓主人身份当为高级贵族。1981年，在4号高级贵族墓中发现，墓主颈部佩戴两件精工磨制的绿松石管串饰，胸前有一件镶嵌绿松石片的精致铜兽面牌饰，背面黏附着麻布纹，可能原先是衣服上的装饰，应该是显赫身份的象征。考古工作者通过墓室中出土的实物，就可以判断墓主人的身份等级。他们发现中等贵族的服饰和高级贵族相比，虽然没有兽面纹牌饰的饰品，但一般比较注重颈、胸部的装饰。普通贵族的装饰品与高级、中等贵族相比就大为逊色了。1981年发现的一座漆棺小墓中，墓主人仅有一件用于束发的骨笄随葬。至于大量的平民墓，则难得有饰品出土。到1987年为止，河南偃师二里头遗址总共发掘了56座墓葬，其中绝大多数无饰品，当属平民墓。其实，这种服饰品类的两分现象，早在夏代立国之前就已存在，只不过在夏代更为明显。

3. 祭祀礼仪服装受到高度重视

在夏代初期的重要仪式上，服装的形式在整个祭祀仪式活动中占有十分重要的地位。如果从服装的实用和使用率方面来看，供国家或者其他礼仪仪式使用的礼服利用的时间相对较短，但它的豪华程度及被重视程度远远高于一般的日常服装，这是由于人类自远古形成的对天地等的自然崇拜。在夏代，祭祀天地神灵的活动仪式已成为初时国家的重要活动。子曰："禹，吾无间然矣！菲饮食而致孝乎鬼神，恶衣服而致美乎黻冕。"孔子认为：大禹日常吃得很差，却对鬼神祀以丰盛的食物；日常穿得很差，却把用于祭祀天地鬼神的衣装做得十分华美，以此表示对天地鬼神的崇敬。

（三）夏代的服装样式

夏代服装的种类和具体样式，由于时隔久远，相关文物难以流传至今，加之文献记载稀疏，难以对其详细描述，只能根据现有资料做部分说明。

1. 礼冠：收

收，是夏代的礼冠，其作用与后世常见的重要礼冠——冕冠是一致的。《史记·五帝本纪》载："（尧）黄收纯衣。"裴骃《集解》引《太古冕冠图》说："夏名冕曰收。"司马贞《史记索隐》："收，冕名。其色黄，故曰黄收，象古质素也。"

2. 礼服：纯衣

纯衣，是古代的礼服之一。裴骃在《集解》中对"纯衣"进行解释时引用《礼记》郑玄注说："纯衣，士之祭服。"司马贞《史记索隐》载："纯，读曰缩。"由此可以大概知道夏代或者更早些时候，人们戴的礼冠是黄色的收，所穿的衣服是黑色的礼服。

3. 常服首服：毋追

除了礼服之外，日常生活中穿的当是常服。常服又称燕服，即燕居之服。毋追是与常服相配的首服，其形状呈丘堆状。《礼记·郊特牲》载："毋追，夏后氏之道也。"郑玄注："（毋追）行道之冠也。"孔颖达注："行道，谓养老燕饮、燕居之服。"

（四）夏代的衣料

时至夏代，中国纺织技术有了质的飞跃，现代意义上的衣料出现。关于夏代衣料的质地，在保留下来的文献中多有记载。如《说苑》中说禹时有"衣裳细布"，《盐铁论·力耕》中说"桀女乐充宫室，文绣衣裳"，另外，还有《诗经》《礼记》等，都有相关记载。虽然记载颇多，但还是不如出土实物更为形象。1975年，在河南偃师二里头夏代遗址的一座贵族墓内，出土了一件蒙有至少6层粗细不同的4种织物的圆铜器，这些织物除了最细的一种未确定性质外，其余都是麻布。夏代贵族服饰的衣料以麻布和平纹丝织品为主。

二、商代服饰文化

（一）商代服饰文化概述

商代（前1600—前1046年）是中国历史上的第二个王朝，拥有重要的地位。商代在政治、经济及科学等各方面都比夏代有了长足的进步，已完全脱离原始部落的生活方式。在殷墟遗址出土的占卜龟甲上发现的甲骨文，是今天我们可以识别的最早的中国象形文字，为我们研究商代文化提供了有力的依据。商代手工业颇为发达，已初具规模，商代的纺织技术水平比夏代大大提高，品种增多，已经掌握了提花技术。商代的服饰与夏代相比有了明显的变化，中华服饰文化中的上衣下裳制，交领右衽，大带、蔽膝等服饰特征已经有所体现。商代的头衣较以往有了明显的发展，冠的种类开始向着多元化的方向发展，出现了一些造型独特的新样式。

商代由"汤"灭"桀"而立，与夏、周并称为中国的"三代"。商汤灭夏，在南亳（今河南省商丘市）建都；后来在盘庚时迁都到殷（今河南省安阳市小屯村），所以商代一直被称作殷商。商代的政治理念是神权观念笼罩下的政治思想，其统治者"尚鬼""尊神"，奉行的最高政治原则就是依据鬼神的意志治理国家。

从殷墟遗址的出土文物来看，商代已完全脱离了原始部落的生活方式。商代处于奴隶制兴盛时期，奴隶主贵族是统治阶级，形成了庞大的官僚统治机构和军队。在殷墟遗址出土了大量的占卜龟甲及精美的青铜器、玉器等物品。商代的手工业全部由官府管理、分工细、规模巨、产量大、种类多、工艺水平高，青铜器的铸造技术发展到高峰，成为商代文明的象征。

（二）商代服饰

1. 商代的服装

从安阳殷墟妇好墓发现的玉石人雕像得知，商代衣着通常为上衣下裳制，上穿交领右衽窄袖短衣，衣服上织绣各种花纹，领子的边缘和袖口装饰花边，以宽带系于腰间，腹前佩有一块上狭下宽的斧形装饰，称为韦韠（bì）。下身配穿裙裳。这就是殷商时期贵族的整体着装形象。韦韠（bì），也就是后来文献常说的"蔽膝"，蔽膝最初用于保护人的身体，后来成为权威的象征。

2. 商代的冠式

商代的头衣较以往有了明显的发展，冠的种类开始向着多元化的方向发展，出现了一些造型独特的样式，从外观上大致可分为高冠和矮冠两大类。

（1）高冠。商代以前流行的冠式多为比较平缓的扁平类冠。鲜有高式冠。高式冠是商代首服的一种创新。高式冠的出现，为以后冠类的多样化发展奠定了基础，也为后世以首服区分身份等级提供了条件。比较典型地体现商代高冠形象的文物是现藏美国哈佛大学福格艺术博物馆的一件商代玉人。玉人头戴一顶似巾的高冠，正面宽广，侧面窄锐，稍作前倾的冠峨被分成4层，冠的整体造型呈前高广、后低卑的缓斜式。

（2）矮平冠。商代矮冠是在承袭前代的基础上发展演变而来的，以实用为主，兼具美观。较典型地体现商代矮冠形象的文物是1976年河南安阳殷墟妇好墓出土的考古编号为371的玉石人。玉石人头戴矮平冠，冠额前饰有一横卧的圆筒，筒饰略宽于头，冠不设顶，直接露发。身着交领衣（或鸡心领衣），不施领缘，窄袖。腰饰宽带，下垂蔽膝。

3. 商代的发式

商代人物的发型、发式逐渐丰富，造型多达数十种。根据其造型特点可归纳为3类，即结发、辫发和垂发。

（1）结发。商代结发方式比较独特，不是直接将头发盘起，而是以盘辫结合的方式来完成。以殷墟妇好墓出土的考古编号为371和376的两件玉石人的发式为例，它们都是先将头发顺拢于脑后的右侧，在右耳后侧拧成辫，往上盘至头顶，绕至左耳后侧，再至右耳后，辫梢塞在辫根下，形成一个既编又盘的发式。与这种发式相似的还有四川广汉三星堆出土的一件铜人头像，其发式是先将头发分成两股，然后相合捻为一股绳状，再盘于头上形成发髻。商代儿童的结发呈丫角状，被后世称作"总角"。总角是一种分有左右两角的发髻，主要用于未成年男女。殷墟妇好墓出土的考古编号为373的玉石人，头上所饰之髻就是总角。玉石人呈淡灰色裸体状，正反两面分别表现为男和女，头发被装饰为左右各一的总角发式。

（2）垂发。垂发是商代的发式之一，是在披发的基础上发展而来的一种发式。披发与垂发的主要区别是披发对头发的主体不加改变，任其自然下垂；垂发是对头发的主体部分做某些改变后再使之下垂。

（3）辫发。辫发在商代是比较常见的发式之一。殷墟妇好墓出土的辫发玉石人，其发式是将所有的头发归拢于头顶再编辫子，辫子很短，仅至脑后，未及颈部。

4. 商代的足衣

商代已经形成了与体衣、头衣统一为一种系统的足衣。《诗经·魏风·葛屦》："纠纠葛屦，可以履霜。"当时制作屦的材料大部分为葛藤，也有用草编成的草鞋。从安阳出土的玉俑隐约可以看出当时鞋的形制应为平头鞋和尖头鞋。商代的高级奴隶主贵族穿翘尖鞋，中小贵族穿屦。

5. 商代的饰品

从商代出土的文物来看，商代人在注重发式的同时，也十分重视利用饰品装饰美化自己。商代饰品的种类主要有头笄、耳饰、玉梳、项饰、玉镯、金钏等。

（1）笄。商代笄的种类繁多，制作精细，在先秦各个朝代中独占鳌头。笄的造型有许多是用几何造型手法雕刻的各种规矩整齐的飞禽走兽。

（2）梳。商代的梳子具有明显的时代特征，一般用动物造型装饰。殷墟妇好墓出土的考古编号为512的梳子，梳柄用透雕手法装饰一对头头相对的鹦鹉，梳齿细密，共有15个梳齿，其中3个已经折断，齿形略呈扇面状排列。

（三）商代的衣料

商代的衣料基本以麻、丝织品为主，编织技巧比夏代大大地提高，品种也有所增多。殷墟妇好墓中，在50余件铜礼器的表面，黏附有单层的，有的甚至是多层的纺织品残片。经过鉴定，这些纺织品残片主要有6种，为麻织品、丝织物（以平纹绢类居多）、用朱砂涂染的平纹丝（绢）织物、单经双纬和双经双纬的平纹变化组织、回形纹绮（这种花纹可在妇好墓的玉石人中找到原形，其花纹与妇好墓中出土的372号玉石人衣袖上的纹饰有相似之处）、纱罗组织的大孔罗。大孔罗是迄今为止我国出土的最早的机织罗。

河北藁城台西商代中期遗址发现了一卷已经炭化的麻织物残片，经鉴定为大麻纤维，属平纹组织，残留的胶质明显比原始社会时期出土的麻布少，这说明商代已经掌握一定的韧皮纤维脱胶技术。另外，在出土的麻布中还意外发现了山羊绒毛。在台西墓的许多青铜器和武器上也发现丝织品的痕迹，基本可以辨认出5种规格的丝织物，有平纹的"纨"、平纹纱类、平纹绉丝的"縠"、绞纱类的纱罗等。这些说明商代人已经掌握了相当成熟的蚕丝纺织技术。正如《中国衣经》中所说："商代，人们已能熟练掌握丝帛的纺织工艺，改进了织机，发明了提花装置，能在丝织品的表面织造出精美的图纹。"除了上面提到的衣料，在商代还有皮革衣料和棉织物的出现。由此可见，商代衣料的种类非常齐全，这与当时的经济发展密切相连。

商代衣料用色厚重，除了使用丹砂等矿物颜料外，许多野生植物如槐花、黄栀子、栎豆和种植的蓝草、茜草、紫草等也被用作染料，为服装材料和纹饰的发展提供了空前丰富的物质条件（图2-2）。

图2-2 商代服饰：上着衣下穿裳

三、西周服饰文化

西周（前1046—前771年）时期，社会生产力大大发展，物质明显丰富起来，社会秩序也走向条理化，各项规章制度逐步完备。中国的冠服制度，在经历夏、商的初步发展之后，到西周时期已经完备完善，西周最大的贡献以及对后世的影响就是礼服制度（也叫冠服制度）的完善。西周以分封制度建国，以严密的阶级制度巩固帝国，制定了一套详尽周密的礼仪制度来规范社会、安定天下。

（一）西周服饰的历史背景

约公元前11世纪，周武王伐纣，建立西周，至公元前771年，周幽王被申侯和犬戎所杀为止，共经历275年。服饰作为社会的物质文化和精神文化，被纳入"礼治"范围，服饰的功能被提高到突出的地位，从而被赋予了强烈的阶级内容。服装是每个人所处阶级的标志，服装制度是立政的基础之一，所以西周对服饰资料的生产、管理、分配、使用都极为重视，并有严格的规定。

（二）西周服饰资料的主要特点

西周设有官工作坊从事服饰资料的生产，并设有专门管理皇室服饰生活资料的官吏，凡是比较高级的染织品、刺绣品及装饰用品，从原料、成品的征收、加工制作及分配使用，都受到奴隶主政权的严格控制。

1. 天官冢宰下属

玉府：管理皇室燕居之服（常服）和玉器。

司裘：管理国王的各种祭礼、射礼所穿的裘皮服装。

掌皮：管理裘皮、毛毡的加工。

典丝：管理丝绸的生产。

典枲：管理麻类纺织生产。

内司服：管理王后的六种礼服。

追师：管理王后的首服（头饰）等。

缝人：管理王宫缝纫加工。

屦人：管理国王、王后所穿的鞋靴。

染人：管理染练丝帛。

官人、幂人和幕人：管理宫寝帷幕及陈设用布和装饰用布。

2. 地官司徒下属

闾师：管理征收布帛。

羽人：管理征收羽毛。当时盔帽、车、旗等均以染色的羽毛为饰。

掌葛：管理征收麻布、葛布。

掌染草：管理征收染草染料。

3. 春官宗伯下属

典瑞：管理王官服饰玉器。

司服：管理国王各种吉、凶礼服。

巾车：管理国王、王后各种公车的装饰。

司常：管理国王、诸侯、公卿的旗帜。

家宗人：管理家祭礼节及衣服、官室、车旗的禁令。

4. 夏官司马下属

弁师：管理国王在不同场合所戴的冕冠、弁帽。

5. 秋官司寇下属

大行人：管理公、侯、伯、子、男在各种场合的服饰制度。

小行人：管理接待国家宾客的礼节。

（三）西周趋于完备的冠服制度

西周时期，统治阶级为了稳定阶级内部秩序，制定了严格的等级制度和相应的冠服制度。以冕服为首的冠服体系在西周礼制社会中扮演着重要角色，并对后世产生重要影响。冕服在西周形成以后，在历代沿袭中虽有所损益，但其等级意义被完整保留下来。冕服是中国古代服装史的重要组成部分，主要由3部分组成，即冕冠、冕服和配饰附件。

1. 冕冠

冕冠是周代礼冠中最尊贵的一种，穿着起来威严华丽、仪表堂堂，专供天子、诸侯和卿大夫等各级统治者在参加各种祭祀典礼活动时穿着，成语"冠冕堂皇"一词就是从这里引申出来的。冕冠由冕板和冠两部分组成，冕板是设在筒形冠顶上的一块长方形木板。冕板用细布帛包裹，上下颜色不同，上面用玄色，喻天，下面用缥色，喻地。冕板宽八寸，长一尺六寸，前圆后方，象征天圆地方。冕板固定在冠顶之上时，必须使其前低后高，呈前倾之势。这样设计的用意，据说是为了警示戴冠者，即便身居显位，也要谦卑恭让，同时也含有为官应关怀百姓之意。冕板的前后沿都垂有用彩色丝线串联成的珠串，也各有称谓，彩色丝线叫作"藻"或"缫"；丝线上穿缀的珠饰叫作"旒"，合称为"玉藻"或"冕旒"。每颗玉珠之间要留有一定的间距（约一寸），为使珠玉串叠在一起，采用在丝线的适当距离部位打结固珠的办法，两节之间称为"就"。所用彩色丝线和玉珠也有讲究，如天子位尊，用最多的青、赤、黄、白、黑5种色彩合成的缫（藻）和串有朱、白、苍、黄、玄5种色彩的玉珠共同组成的玉藻，每旒所用玉珠可用数量最多的十二珠为饰。诸侯只能用朱、白、苍三色组成的九旒玉藻。这里用五色丝线和五色玉珠按顺序排列，象征着五行生克及岁月流转。悬挂在冕沿上的冕旒犹如一幅帘子，刚好遮挡了一部分视线。这样设计的目的，据说是要求戴冠者对周围发生的一些事情要有所忽视，"视而不见"一语就由此而生。冕板下面是筒状的冠体，冠体两侧对称部位各有一个小圆孔，叫"纽"。它的用途是，当冠戴在头上后，用玉笄顺着纽孔横向穿过对面的纽孔，起固冠的作用。从玉笄两端垂蛀纩（黄色丝绵做成的球状装饰）于两耳旁边，也有人称其为"填"或"充耳"，表示帝王不能轻信谗言，成语"充耳不闻"就是由此引申而来。这也是《汉书·东方朔传》所讲的"冕而前旒，所以蔽明；粒纩充耳，所以塞聪"。从冠上横贯左右而下的是一条纮，即长长的天河带。冕冠的形制世代传承，历代帝王在承袭古制的前提下各有局部创新。

2. 冕服

（1）冕服。冕服采用上衣下裳的基本形制，即上为玄衣，玄指带赤的黑色或泛指黑色，象征未明之天；下为纁裳，纁指浅红色（赤与黄即纁色），表示黄昏之地。

（2）王权的标志："十二章"服饰纹样。在冕服的玄衣纁裳上要绘、绣十二章纹样，前六章作绘，后六章缔绣。十二章纹样不仅本身带有深刻的意义，其纹样的章数还带有鲜明的阶级区别，与其他西周服装元素共同构成中国古代冕服的基本形制。十二章纹样是帝王在最隆重的场合所穿的礼服上装饰的纹样，依次为日、月、星辰、山、龙、华虫、宗彝、藻、火、粉米、黼和黻，分别象征天地之间十二种德行。所用章纹均有取义：日、月、星辰，取其照临；山，取其稳重；龙，取其应变；华虫（一种雉鸟），取其文丽；宗彝（一种祭祀礼器，后来在其中绘一虎），取其忠孝；藻（水草），取其洁净；火，取其光明；粉米（白米），取其滋养；黼（斧形），取其决断；黻（常作"亚"形或两兽相背形），取其明辨。

（3）冕服的附件。冕服的附件主要包括中单、芾、革带、大带、佩绶和舄等。

①中单：是衬于冕服内的素纱衬衣。

②芾：又作韨，即蔽膝，由商代奴隶主的腰间韦鞸发展而来，系于革带之上而垂于膝前。由于最早衣服的形成是蔽前之衣，因此加之于冕服之上有不忘古之意。天子用直，色朱，绘龙、火、山三章；公侯芾的形状为方形，用黄朱，绘火、山二章；卿、大夫绘山一章。

③革带：宽二寸，前以系黼，后面系绶。

④大带：是系于腰间的丝帛宽带。以素色为主，等级区别以带上的装

饰为标志：天子素带朱里，诸侯不用朱里。大带之下垂有绅，博四寸，用以束腰。

⑤佩绶：天子佩白玉而玄组绶，诸侯佩山玄玉而朱组绶，大夫佩水苍玉而纯组绶等。

⑥舄：是与冕服配套使用的一种复底礼鞋。分为底和帮两部分：底的上层为皮或帛，下层为木质；帮以帛为之。

（4）冕服的种类。周天子在举行各种祭祀时，要根据典礼的轻重，分别穿用6种不同的冕服，总称六冕。

①大裘冕（帝王祭祀天地之礼服）：为冕与中单、大裘、玄衣、纁裳配套。纁即黄赤色，玄即青黑色，玄与纁象征天与地的色彩，上衣绘日、月、星辰、山、龙、华虫六章花纹，下裳绣宗彝、藻、火、粉米、黼、黻六章花纹，共十二章。

②衮冕（王之吉服）：为冕与中单、玄衣、纁裳配套，上衣绘龙、山、华虫、火、宗彝五章花纹，下裳绣藻、粉米、黼、黻四章花纹，共九章。

③鷩冕（王祭先公与飨射的礼服）：与中单、玄衣、纁裳配套，上衣绘华虫、火、宗彝三章花纹，下裳绣藻、粉米、黼、黻四章花纹，共七章。

④毳冕（王祀四望山川的礼服）：与中单、玄衣、纁裳配套，上衣绘宗彝、藻、粉米三章花纹，下裳绣黼、黻二章花纹，共五章。

⑤绨冕（王祭社稷先王的礼服）：与中单、玄衣、纁裳配套，上衣绣粉米一章花纹，下裳绣黼、黻二章花纹。

⑥玄冕（王祭群小即祀林泽坟衍四方百物的礼服）：与中单、玄衣、纁裳配套，上衣不加章饰，下裳绣黻一章花纹。

周代王后的礼服与周天子的礼服相配衬，也和帝王的冕服一样分成六种规格。《周礼·天官下·内司服》载："内司服掌王后之六服，袆衣、揄狄（或作翟）、阙狄、鞠衣、襢衣、褖衣。"其中前三种为祭服，袆衣是玄色加彩绘的衣服，揄狄为青色，阙狄为赤色，鞠衣为桑黄色，襢衣为白色，褖衣为黑色。揄狄和阙狄是用彩绢刻成雉鸡之形，加以彩绘，缝于衣上作装饰。六种衣服都以素纱内衣为配。女性的礼服采用上衣与下裳不分的袍式，表示妇女贵情感专一。

（四）西周时期的一般服饰及其他

1. 西周时期的一般服饰

西周时期，统治者不仅对
冕服做了严格的规定，对一
般服饰也有严格规定。西周时
期的一般服饰主要有深衣、玄
端、袍、襦、裘等（图2-3）。

（1）深衣。西周时期出现
了一款新样式——深衣。深衣
含有被体深邃之意，故得名。
周代以前的服装采用上衣下裳
制，那时候衣服不分男女，全
都做成两截——穿在上身的那
截叫"衣"，穿在下身的那截

图2-3　西周服饰示例

称"裳"。深衣是上衣与下裳连成一体的上下连属制长衣，一般为交领右衽、
续衽钩边、下摆不开衩，分为曲裾和直裾两种。为了体现传统的"上衣下裳"
观念，在裁剪时仍把上衣与下裳分开，然后又缝接成长衣，以表示尊重祖宗
的法度。下裳用6幅，每幅又分解为二，共裁成12幅，以对应每年有12个月的
含义。这12幅有的是斜角对裁的，裁片一头宽、一头窄，窄的一头叫作"有
杀"。在裳的右衽上，用斜裁的裁片缝接，接出一个斜三角形，穿的时候围向
后绕于腰间并用腰带系扎，称为"续衽钩边"。据《礼记·深衣》记载，深衣
是君王、诸侯、文臣、武将、士大夫们都能穿着的，诸侯在参加夕祭时不穿
朝服而穿深衣。深衣被儒家赋予了很多理念与意义，说深衣的袖圆似规，领
方似矩，背后垂直如绳，下摆平衡似权，符合规、矩、绳、权、衡五种原理，
所以深衣是比朝服次一等的服装。庶人则将它当作"吉服"来穿。深衣最早
出现于西周时期，盛行于春秋战国时期。

（2）玄端。玄端衣袂和衣长都是二尺二，正幅正裁，玄色，无纹饰，以
其端正，故名为玄端。玄端属于国家的法服，天子和士人可以穿。诸侯祭宗
庙也可以穿玄端，大夫、士人早上入庙或叩见父母时也穿这种衣服，诸侯的

玄端与玄冠、素裳相配，上士亦配素裳，中士配黄裳，下士配前玄后黄的杂裳。

（3）袍。袍是上衣和下裳连成一体的长衣服，但有夹层，夹层里装有御寒的棉絮。袍根据内装棉絮的新旧而有不同的名称：如果夹层内装的是新棉絮，称为"茧"；若装的是劣质的絮头或细碎枲麻充数，称为"绲"。在周代，袍是作为一种生活便装，而不作为礼服。

（4）襦。襦是比袍短的棉衣。如果是质料很粗陋的襦衣，称为"褐"。褐是劳动人民的服装，《诗经·豳风·七月》曰："无衣无褐，何以卒岁。"

（5）裘。我们的祖先最早用来御寒的衣服就是兽皮，使用兽皮做衣服已有几十万年的历史。原始的兽皮未经硝化处理，皮质发硬而且有臭味，西周时不仅已经掌握熟皮的方法，而且懂得各种兽皮的性质。例如，天子的大裘采用黑羔皮来做，贵族穿锦衣狐裘。《诗经·秦风·终南》曰"君子至止，锦衣狐裘。"狐裘中又以白狐裘最为珍贵，其次为黄狐裘、青狐裘、麑裘、虎裘、貉裘；再次为狼皮、狗皮、老羊皮等。狐裘除本身柔软温暖之外，还有"狐死首丘"的说法，说狐死后，头朝洞穴一方，有不忘其本的象征意义。这无形中给狐裘增添了一些忠义色彩，因此备受青睐。天子、诸侯的裘用全裘，不加袖饰，下卿、大夫则以豹皮饰作袖端。此类裘衣毛朝外穿，天子、诸侯、卿、大夫在裘外披罩衣（裼衣），天子的白狐裘的裼衣用锦，诸侯、卿、大夫上朝时要再穿朝服。士以下的平民只能身穿羊毛或狗毛的裘衣，不能罩上裼衣。

2. 西周时期的饰品

西周时期，随着阶级的分化，首饰佩饰被赋予了阶级的内涵。当时的首饰佩饰主要包括发笄、冠饰、耳饰、颈饰、臂饰、佩璜、扳指等，有骨、角、玉、蚌、金、铜等各种材质，其中以玉制品最为突出。周代统治者以玉衡量人的品德，所谓"君子比德于玉""君子无故玉不去身"，玉德是根据治者德政的需要，将玉固有的质地美转化为思想修养和行为准则的最高标准，以玉德约束君子的社会行为。玉在周代成为贵族阶级道德人格的象征。

（1）佩璜。佩璜是一种玩赏性的佩玉，与礼器上的璜无关，商代佩璜已由素面无纹演变为人纹璜、鸟纹璜、鱼形璜、兽纹璜等。

（2）发笄。我国先民早在新石器时代就用笄来固定发髻，笄的用途除了固定发髻外，还包括固定冠帽。古时的帽，大的可以包住头部，小的只能包住发髻，所以戴冠必须用双笄从左右两侧插进发髻加以固定，固定冠帽的笄叫作"衡笄"。从周代起，女子年满15岁便算成人，可以许嫁，谓之及笄。如果到了20岁还没有嫁人，也要举行笄礼。男子到了20岁，举行的成年之礼叫作冠礼。

（3）扳指。扳指是射箭时戴在右手大拇指上拉弦的工具，用来保护手指。

3. 西周时期的衣料

西周时期，衣料已包括中国衣料的大部分，有皮、毛、丝织、麻、葛各类，高级服装材料已用于织锦和刺绣。西周的织锦残片，在辽宁朝阳早期西周墓、山东临淄郎家庄一号东周墓都曾发现。后者经密已达每厘米112根，纬密为每厘米32根。经线是多种彩色的，由经线显现花纹，故称为"经锦"。据《释名·释采帛》解析，锦的价格贵重如金，故锦字从帛从金。《范子计然》中记载齐国锦绣"上价匹二万（钱），中万，下五千"，一般绢帛"匹值七百钱"，价格相差达十几倍。《诗经·郑风·丰》："裳锦褧裳，衣锦褧衣。"就是说"锦"的价贵，穿锦裳锦衣时，外面罩着麻裳和麻衣予以保护。西周刺绣的实物残痕，已在陕西宝鸡茹家庄西周墓中发现，是在染过色的丝帛上用黄线绣出花纹轮廓，再用毛笔蘸朱砂、石黄、褐色、棕色涂绘成花纹。出土时色彩仍非常鲜明，但无法与泥土分离。在新疆地区则长于纺织毛布，哈密五堡曾发现色彩鲜丽的方格罽（jì），并有用毛布缝制的长袍出土，年代与西周时期相当。

四、春秋战国时期服饰文化

在我国历史发展的进程中，服饰随着人们生活的改变一直变迁。几乎每一个朝代、每一个民族都具有自身独特的服饰文化。早在春秋战国时期，我国的服饰审美文化就已经发展得比较成熟。春秋战国时期处于奴隶制瓦解与封建社会形成的过渡阶段，对我国服饰文明史的发展具有承上启下的历史作用。春秋战国时期（约前770—前221年），周王朝衰微，以周天子为中心的"礼治"制度走向崩溃。诸侯争霸战争加快了统一的进程。春秋战国时期，特殊的政治社会情况，造就了那个时期独特的服饰审美观念。随着奴隶制的崩溃和社会思潮的活跃，服饰纹样的风格也由传统的封口转向开放，造型由变形走向写实，轮廓结构由直线主调走向自由曲线主调，艺术格调由静止凝重走向活泼生动，反映了春秋战国时期服饰纹样设计的高度活跃和成熟（图2-4）。

图2-4 春秋战国贵族服饰

（一）春秋战国服饰的历史背景

公元前770年，周平王即位，中国历史进入春秋时期。当时由于铁制工具的使用，原本依靠周王朝封地维持经济状况的小国，纷纷开荒拓地，发展粮食和桑、麻生产，国力骤然强盛，逐渐摆脱了对周王朝的依赖，周王朝随即衰微，以周天子为中心的"礼治"制度走向崩溃。春秋战国时期，诸侯争霸战争破坏了奴隶制的旧秩序，给人民带来了灾难和痛苦，但战争加快了统一的进程，促进了民族融合，也加快了变革的步伐，国家政治、社会经济、思想文化等各方面都经历了前所未有的变动。中国古代思想文化的发展进入了第一次高潮时期，在思想文化领域里，涌现出诸子百家著书立说，聚徒讲学，各抒己见，形成了中国古代思想史上的"百家争鸣"局面。

社会变革在服饰文化中反映出来，春秋战国时期是中华民族服饰文化变革的第一个浪潮。主要表现在：第一，由于农业和纺织原料、染料及纺织手工业迅速发展，服饰用料发展，纺织原料、染料和纺织品的流通领域不断扩大，齐鲁一带迅速发展成为当时我国丝绸生产的中心地区，齐国获得"冠带衣履天下"的美称。第二，服装色彩观念改变，稳重、华贵的紫色被视为权贵和富贵的象征，取代朱色成为正色。第三，服装配套结构产生变革，一方面，社会上层人物囿于传统审美观念，仍然保持宽襦大裳的服饰；另一方面，军人和劳动人民废除传统的上衣下裳，下身单着裤而不加裳。这一变革要归功于战国的赵武灵王。赵武灵王为了拓展疆土、富国强兵，力排众议，勇于革新，推行以"胡服骑射"为中心的军事改革，使赵国成为战国后期东方六国中唯一能与强秦抗衡的国家，开创了中国历史上第一次服饰革命，对后世服饰产生了极其深远的影响。

（二）百家争鸣与诸子百家的服饰观

春秋战国时期，中原一带较发达地区涌现出一大批有才之士，在政治、军事、科学技术和文学上造诣极深。各学派坚持自家理论，竞相争鸣，产生了以孔孟为代表的儒家、以老庄为代表的道家、以墨翟为代表的墨家，以及法家、阴阳家、名家、农家、纵横家、兵家、杂家等诸学派，其论著中有大量篇幅涉及服装美学思想。儒家提倡"宪章文武""约之以礼""文质彬彬"。道家提出"被（披）褐怀玉""甘其食，美其服"。墨家提倡"节用""尚用"，不必过分豪华，"食必常饱，然后求美，衣必常暖，然后求丽，居必常安，然后求乐"。属于儒家学派，但已兼受道家、法家影响的荀况强调："冠弁衣裳，黼黻文章，雕琢刻镂，皆有等差。"法家韩非子则在否定天命鬼神的同时，提倡服装要"崇尚自然，反对修饰"。《淮南子·览冥训》载"晚世之时，七国异族，诸侯制法，各殊习俗"，比较客观地记录了当时论争纷纭、各国自治的特殊时期的真实情况。

（三）春秋战国时期的服装

1. 深衣

深衣是西周以来传统的贵族常服，平民之礼服。东周时期，礼崩乐坏，礼制的清规戒律被打破，加之社会的变革和生产力的发展，深衣广泛流行。山西侯马牛村东周青铜冶铸遗址出土的春秋男子陶范，穿矩纹织物的深衣，这种深衣矩领、窄袖，交领右衽，腰部束带，说明此时深衣已经在下层人士中流行。到战国时期，深衣有了较大的发展。以楚国为例，楚人"信鬼好祀"，厚葬之风盛行，楚墓中出土了大量木俑、帛画等文物，这些形象资料较真实地再现了楚人的服饰，使我们对楚人服饰有了较具体的了解。资料显示，战国时期，深衣已在楚国盛行，男女均可穿着，成为一种时装。楚人的深衣有直裾和曲裾两种款式，交领右衽，衣服渐趋宽博，窄袖已变为广袖，一般以高级丝织物为面料，图纹绚丽多彩。曲裾深衣绕襟数重，旋转而下。

2. 胡服

胡服实际上是西北地区少数民族的服装，它与中原地区宽衣博带式汉族服装有较大差异，一般为短衣、长裤和革靴，衣身瘦窄，便于活动。商周以来的传统服装，一般为襦、裤、深衣、下裳配套，或与上衣下裳配套；裳穿于襦、裤、深衣之外。裤为不加连裆的套裤，只有两条裤管，穿时套在胫上，也称胫衣。这种服装配套极为繁复，在表现穿衣人身份地位的装身功能方面具有特定的审美意义。但穿着费时，对人体运动也极不方便，尤其不能适应战争骑射的强度运动。战国时期，位于西北的赵国，经常与东胡（今内蒙古南部、热河北部及辽宁一带）、娄烦（今山西西部）两个相邻的民族发生军事冲突。这两个民族都善于骑马矢射，能在崎岖的山谷地带出没，而中原民族习于车战，只能在平地采用防御阻挡，而无法驾战车进入山谷地带进行对敌征战。公元前307年，赵武灵王决定进行军事改革，训练骑兵制敌取胜。而要发展骑兵，就需进行服装改革，具体的做法是学习胡服，吸收东胡族及娄烦人的军人服式，废弃传统的上衣下裳，将传统套裤改为合裆裤，合裆裤能够保护大腿和臀部肌肉，使皮肤在骑马时少受摩擦，而且不用在裤外加裳即可外出，在功能上是极大的改进。赵武灵王进行的服装改革在中华服饰史上是一件巨大的功绩。但是，春秋战国直至汉代，社会上层人物囿于传统审美观念，仍然保持宽襦大裳的服式，只有军人及劳动人民下身单着裤而不加裳。

（四）春秋战国时期的饰品

春秋战国时期，首饰和佩饰更加强调造型美，通常选用珍贵的材质加工制作，制作工艺技巧也更加精湛，饰品的种类更加丰富。

1. 腰带钩

商周时期的腰带多为丝帛所制的宽带，叫绅带。因在绅带上不好勾挂佩饰，所以又束革带。最初革带两头是用短丝绳和环系结，并不美观，只有社会下层的人才把革带束在外面，有身份地位的人都把革带束在里面，然后在其外面束绅带。西周晚期至春秋早期，华夏民族采用铜带钩固定在革带的一端，只要把带钩勾住革带另一端的环或孔眼，就能把革带勾住，使用非常方便，而且美观，所以就把革带直接束在外面了。古文献记载，春秋时齐国管仲追赶齐桓公，拔箭向齐桓公射去，正好射中齐桓公的带钩，齐桓公装死躲过了这场灾难，后其成为齐国的国君，知道管仲有才能，不记前仇，重用管仲，终于完成霸业的故事。另外，《淮南子·说林训》所记："满堂之坐，视钩各异"，也说明革带已经露在外面。因为革带露在外面，其制作也越来越精美华丽，后来不但把带粗漆上颜色，还镶嵌金玉装饰。考古发现的材料证明，早在西周晚期至春秋早期山东蓬莱村里集墓就有方形素面铜带钩出土。春秋中期的铜带钩在河南洛阳中州路西工段、淅川下寺、湖南湘乡韶山灌区、陕西宝鸡茹家庄、北京怀柔等地墓葬均有出土。山东临淄郎家庄1号春秋墓和陕西凤翔高庄10号春秋墓曾出土金带钩、河南固始侯古堆春秋大墓有玉带钩出土。

战国时期的带钩也有出土。战国时期的带钩，材质高贵、造型精美，制作工艺十分考究。带钩的材料有玉质的、金银的、青铜的、铁的，形式有多种变化，但钩体都为S型，下面有柱。制作工艺除雕镂花纹外，有的在青铜上镶嵌绿松石，有的在铜或银上鎏金，有的在铜、铁上错金嵌银，即金银错工艺。1951年在河南辉县固围村5号战国墓出土的包金嵌琉璃银带钩，长18.4厘米、宽4.9厘米，呈琵琶型底，银托面包金组成浮雕兽首，两侧缠绕着二龙，至钩端合为龙首，口衔状若鸭首的白玉带钩，两侧有二鹦鹉，钩背嵌三枚白玉块，两端的块中嵌琉璃珠，玲珑剔透、包金镶玉、文饰繁华、雍容华贵。1965年在江苏涟水三里墩战国墓出土的蛟龙金带钩，端为兽头，柄阴刻二夔龙，钩身透雕成兽形，原嵌有黑色料珠，系用铸造、透雕、剔刻法制成的。此件长12厘米，重275克，现由南京博物院收藏。

2. 佩玉

统治阶级都有佩玉，佩有全佩（大佩，也称杂佩）、组佩，以及礼制以外的装饰性玉佩。全佩由珩、璜、琚、瑀、冲牙等组合，由于其佩制失传已两千余年，其组合方式至今仍难以定论，只能借助出土文物做相关了解。出土于河南洛阳金村，全长约42厘米的战国金链舞女玉佩，以金链贯穿玉质舞女及璜、管、冲牙等组成配饰。两舞女短发覆额、两鬓有盛鬋（jiǎn），衣长曳地，博带，各扬一袂于头上作舞。冲牙为双首龙形，佩末端悬龙形双璜，此佩可挂在颈部垂于胸前。战国全佩在河南辉县也出土过两件，于玉瑗上悬挂左右两个珩，左右珩下各挂一个璜，中央从瑗上直接悬挂一个冲牙，垂于珩和璜之间。

组佩是将数件佩玉用彩线串连悬挂于革带上，春秋战国时期佩是如何挂法，文献记载也不具体，1958年河南信阳长台关2号战国墓出土：0件组佩彩绘俑，给我们提供了直接的形象资料。组佩彩绘俑其中1件高64厘米，身穿交领右衽直裾袍，宽袖，袖口呈弧状，饰菱纹缘，腰悬穿珠，玉璜、玉璧、彩结、彩环组佩，后背腰束黄、红相间的三角纹锦带，衣襟内露出鲜艳的内衣。湖北江陵纪南城武昌义地6号战国楚墓出土彩绘偏衣木俑，在胸部以下左右各垂挂一组玉佩，于玉璜间有方形圆形玉相隔组合，属于组佩之类。

装饰性玉佩包括生肖形玉佩，如人纹佩、龙纹佩、鸟纹佩、兽纹佩等，这类玉佩比商周时期细腻精美，逐渐演变为佩璜和系璧。更为精巧绝伦的则是镂空活环套扣的玉佩。例如，1978年湖北随县擂鼓墩战国早期曾侯乙墓出土的青玉4节佩，长9.5厘米，宽7.2厘米，厚0.4厘米，系由3个透空的活环套扣连，可开可合；3个活环上饰有首尾相连的蛇纹，4节佩皆镂空，饰有不同姿态的龙和两头龙，最上面1节有穿孔可系佩挂。

（五）春秋战国时期的服饰纹样

春秋战国时期的服饰纹样是从商周奴隶社会的装饰纹样传统基础上演化而来的，商周时期的装饰纹样造型强调夸张和变形，结构以几何框架为依据，作中轴对称，将图案严紧地切合在几何框架之内，特别夸张的动物的头、角、眼、鼻、口、爪等部位，以直线为主、弧线为辅的轮廓线表现出整体划一、严峻狞厉的风貌，象征着奴隶主阶级政权的威严和神秘，这是奴隶社会特定的历史条件下形成的时代风格。

春秋战国时期，随着奴隶制的崩溃和社会思潮的活跃，装饰艺术风格也由传统的封闭转向开放式，造型由变形走向写实，轮廓结构由直线主调走向自由曲线主调，艺术格调由静止凝重走向活泼生动。但商周时期矩形、三角形的几何骨骼和对称手法，在春秋战国时期仍继续运用，不过往往把这些几何骨骼作为统一布局的依据，并不作为"作用性骨骼"。图案纹样可以根据创作意图超越几何框架的边界，灵活处理。以湖北江陵马山砖厂和长沙烈士公园战国时期楚墓出土的刺绣纹样为例，题材除龙凤、动物、几何纹等传统题材外，写实与变形相结合的穿枝花草、藤蔓纹是具有时代特征的新题材。穿枝花草、藤蔓和活泼而富于浪漫色彩的鸟兽动物纹穿插结合，穿枝花草、藤蔓顺着图案骨骼、矩形骨骼、菱形骨骼、对角线骨骼铺开生长，既起装饰作用，又起骨骼作用。在枝蔓交错的大小空位，则以鸟兽动物纹填补装饰。动物纹样往往头部写实，而身部经过简化，有的直接与藤蔓结为一体，有的彼此缠叠，有的写实形与变形体共存，有的数种或数个动物合成一体，有的动物体与植物体共生，以丰富优美和多样的形式，把动植物变体与几何骨骼结合，反映了春秋战国时期服饰纹样设计的高度活跃和成熟。

第二节
秦、汉、魏晋南北朝时期的服饰文化

一、秦代服饰文化

秦（前221—前207年）是中国历史上第一个幅员辽阔、民族众多的封建统一王朝。秦始皇推行一系列加强中央集权的措施，如统一度量衡、刑律条令等，其中也包括衣冠服饰制度。不过，由于秦始皇当政时间太短，服饰制度仅属初创，还不完备，只在服装的颜色上做了统一。秦始皇深受阴阳五行学说影响，相信秦克周，应当是水克火，因为周朝是"火气胜金，色尚赤"，那么秦胜周就是拳德，崇尚黑色。这样，在秦朝，黑色为尊贵的颜色，衣饰也以黑色为时尚颜色。靠强大军队取得巨大成功的秦始皇对军队建设高度重视，加强军队建设成为秦代的一项重要的政治内容。陕西西安发掘出土的规模宏大、气势辉煌、阵容威武整齐而又独具特色的兵马俑，便是最有力的证明。同时，也为我们研究秦代军事服装提供了直观形象的宝贵资料，有着异乎寻常的学术价值。秦代服饰的种类与前代相比，有简有丰，既有对沿用了近千年的礼冠的大幅消减，又有对各个战败国冠巾的吸收利用，在客观上推动了秦代服饰向多元化发展。

（一）秦代服饰的历史背景

公元前221年，秦灭六国，建立起中国历史上第一个统一的多民族封建国家，顺应了"四海之内若一家"的要求稳定的政治趋势。秦始皇推行"书同文，车同轨，兼收六国车旗服御"政策，统一币制、统一度量衡、统一文字，建立起包括衣冠服制在内的各种制度。统一有利于社会安定和经济文化的发展，但由于秦王朝无休止地役使民力，加重赋役，结果导致秦室二世即亡（图2-5）。

图2-5　秦代服饰

（二）秦代的军服风采

靠强大军队取得巨大成功的秦始皇对军队建设高度重视，加强军队建设成为秦代的一项重要政治内容。陕西西安发掘出土的规模宏大、气势辉煌、阵容威武整齐而又独具特色的兵马俑，便是最有力的证明，可以从中了解秦代的军服风采。秦始皇陵兵马俑坑的发掘，对于研究秦代军事服装，有着异乎寻常的学术价值（图2-6）。

图2-6　秦代军服

1. 铠甲

秦代的铠甲非常有特色，甲衣多样化是秦代铠甲的一大特点。根据军阶等级的不同和战场上作战的实际需要，主要分为军官铠甲、步兵铠甲、骑兵铠甲和车兵铠甲四种不同类型。

（1）秦代军官铠甲。秦军军官分高、中、低三级。其中，将军的铠甲是全部甲衣中最讲究的一种。甲衣由前后身两部分组成，其式样为前身最长，下摆呈尖角状；后身甲衣较短，为齐平的方正式。甲衣的前胸后背及两肩不饰甲片，而是装饰有若干个带结。全身所用的甲片虽然不多，但做工小巧精细。甲衣周边装饰缘边，缘边之上绘有彩色几何纹图案。

（2）秦代步兵铠甲。步兵铠甲主要由甲身、背甲和披膊三部分组成，三者之间用牛皮绳或麻线穿缀连接，甲衣的前后身和左右两侧均不设大的开口，只在甲衣的前胸右上侧设一个小的开口。穿着时，从上套下系上扣子即可。甲衣前身长而后身略短。这类甲衣做工粗糙、样式普通，出土比例大，显然是人员占多数的步兵的甲衣。

（3）秦代骑兵铠甲。骑兵铠甲由前后两部分组成，双肩无披膊，前身略长于后身。

（4）秦代车兵铠甲。秦代车兵铠甲中有一种车兵军官甲衣很独特，仅在身前有护甲，整个甲衣仅57块甲片，甲衣周边装饰有宽缘边，在两肩处设有较宽的甲带，过肩交叉后与设在甲衣下部的带子系结固定在身上。

秦代军服中的铠甲灵活实用、方便作战，为秦始皇打败六国起到了一定的作用。甲衣的多样化有利于标出军队兵种和区分官兵军阶等级，还有利于强化军事管理。另外，秦代铠甲对以后的军服和民服也起到了一定的影响作用。如前后身形的铠甲，经两汉时期的发展变化，至南北朝时，成为一种新式的甲衣"裲裆甲"，其后又为民服所吸收，成为一种非常有时代特色的"桶裆衫"。

2. 发式与冠型

（1）扁髻与冠。秦俑的发式与冠型丰富多彩，在已发现的秦俑人物中，大部分戴冠者都梳扁髻。扁髻是将头发先行归拢、编紧之后，紧紧盘贴于脑后部，形成的发髻凸起不很明显；有的不编辫而是直接将头发折叠贴于脑后，所形成的髻与头顶平齐。梳这种发髻的兵俑，多数是为了戴各种冠的军官，只有小部分是梳扁髻而不戴冠的士卒。

（2）椎髻与帻。椎髻的造型和编制方法相对复杂一些，不同种类的椎髻也有较大差异。一般是先将头发的主体归拢后，挽于脑部的左侧或右侧，形成椎式的偏髻，再将额部左右两侧和脑后部分余发分别编成辫，作横竖的"十"字、"丁"字、"卜"字和"大"字等造型。梳这种发髻的秦俑一般为地位较低的兵卒。椎髻分为两种：一种是不戴任何冠巾的裸头式，另一种是发髻上戴"帻"。"帻"的样式为上小下大的圆锥形，巾筒较深，前覆额发，后至脑后，左右至耳根部，多数头发被罩于帻内。为了摘脱方便，在"帻"的边侧或脑后部位的下端设有一个三角形的开口，口的两侧设有可以收紧"帻"的带子。因所梳的发髻为偏髻，戴这种帻的秦俑的发型呈偏斜状。

3. 战袍及其他

（1）战袍。秦俑的战袍是上下连属制，交领右衽，衣长及膝，曲裾，后身下摆呈燕尾式，基本形制类似深衣。

（2）裤。秦俑所穿的裤子有长短两种款式，长款裤子裤腿从战袍下裾露出，难以判断是否为连裆裤结构；裤长及脚踝，裤口收小。短款裤长及膝，裤口呈喇叭状，裸露的小腿部分用行藤缠护。裤腰和裤裆部分被战袍遮挡，具体结构难以判定。

（3）行縢。行縢是保护小腿的胫衣。一般是用一幅长条的布帛自脚踝部位向上缠绕至膝盖部位以下，再用细带系扎固定。穿着行縢既可以保护小腿不受伤害，又可以保暖，还可以使穿着者行动灵活便捷。缠绕行縢之俗，最早见于商代，当时似属于贵族穿着的衣装之一，春秋时期有所普及，秦代则将便于行动的胫衣广泛用于军服，充分发挥其作用。

（4）履与靴。秦代兵马俑所穿的足衣为履和靴。履的使用较普遍，为多数人穿着。基本形状为舟船形，薄底；浅帮呈前高后低状；盖脸较短，仅盖过脚趾一小部分；方口，为了使穿着者行动便捷，在履的后跟和履帮的左右两侧部位各缀有一环带纽，供系带贯穿绕系加固之用。根据不同的穿着对象，秦履的具体形式分为三种，即方口平头履、齐头翘尖履和方口圆头履。总体来看，秦履的风格是以方头的形式为主，少数略呈圆头的履式也只是在方头的基础上稍去棱角，实际仍可视为方头履。在等级区别上，是以履头上翘的程度为标志，一般以高者为尊。

靴，在秦俑中发现的数量较少，式样与西部早期和后世的靴子有所不同，最显著的区别就是靴勒短浅。具体造型为薄底、方圆头、短筒、单梁。按照今天的分析，靴子应该比履更适合经常行动和作战的军队士兵穿着，但受当时材料质量、加工工艺和设计理念等因素的影响，秦代的靴形还不成熟，实用功能也没有达到后世的标准。只能如履一样，借助绳带的系扎来加固，在靴子的后跟和靴筒两侧加设带纽，穿带子系牢固。这也说明了，靴子在秦代尚属于较新的足衣形式。

（三）秦代的官民服饰

除了秦代军服外，统一之后的秦国其他官民服饰也很有特色。

1. 冠巾

秦代首服种类与前代相比，有简有丰。既有对沿用了近千年的礼冠的大幅消减，又有对各个战败国冠巾的吸收利用，客观上推动了秦代服饰向多元化发展。

（1）玄冕冠。秦始皇雄心天下，不仅常把战败国君王的冠赐给近臣，而且对沿用已久的周代礼仪服饰也不屑一顾。他平定天下之后便"灭去礼学"，将沿用了八九百年的冕服制度做了大规模的调整，废除了"六冕"中的五种，只保留了礼仪意义最轻的玄冕。

（2）高山冠。高山冠，又名"侧注冠"，是一款冠体较高的冠。原为战国时齐国国君所戴之冠，秦灭齐国后，秦始皇便将这种冠赐给近臣戴用。《后汉书·舆服志》："高山冠，盖齐王冠也。秦灭齐，以其君冠赐近臣谒者服之。"

（3）法冠。即"獬豸冠"，原是楚王非常喜好的冠。秦灭楚国后，秦王便将此种冠赐给执法的御史和近臣戴用，其用意在于希望执法者能像勇猛无邪的獬豸兽一样，辨明是非、严格执法。《后汉书·舆服志》："法冠，……楚冠也。秦灭楚，以其君服赐执法近臣御史服之。"

（4）黔首。黔首是秦代普遍流行的一种头巾，颜色为黑色。由于多为平民百姓使用，所以这种头巾在秦代成了平民百姓的代称。《史记·秦本记》："南登琅琊，大乐之，留三月。乃徙黔首三万户琅琊下。"又"黔首安宁，不用兵革"。《说文解字·黑部》"黔，黎也。从黑。秦谓民为黔首。"秦诏令称百姓为"黔首"，是由于秦为水德，水德尚黑。因黔与黎同义，故秦始皇二十八年泰山刻石用"黎民"，三十二年碣石石刻也用"黎庶"称谓百姓。

2. 衣及其他

（1）礼服：袀玄。袀玄，即全黑色服装。《后汉书·舆服志》载："秦以战国即天子位，灭去礼学，郊祀之服，皆以袀玄。"秦朝规定其正朔为水德，尚黑色，并废除冕服，改用衣裳均为黑色的袀玄作为郊祀的礼服。

（2）文官服。秦代文官头戴单板或双板长冠。身穿袍，袍为交领右衽，衣长及膝，续衽掩于身后呈燕尾状；下着裤，小腿部位有护腿；腰系革带，足穿履。

二、汉代服饰文化

（一）概述

汉代包括西汉和东汉，在整个汉代四百余年的发展历程中，服饰发展很不平衡。西汉初期，国家初创、百废待兴，服饰亦甚为简单，大部分服饰直接承袭了秦代风格。汉武帝以后，对服饰制度开始重视，初步制定了朝臣的服饰等级制度，服饰文化开始繁荣，比奢之风开始出现，但服饰制度还不完善。公元59年，东汉明帝下诏恢复和制定新的服饰制度，才使汉代服饰制度真正确立。当时，参照周代服饰制度，恢复了被秦始皇废止的传统礼服——冕服制度，确立了朝官服饰的使用等级、皇后的服饰内容，以及朝官的佩绶等服饰等级制度，使服饰的等级区别更加严格。从此，汉代的服饰制度跨上了新的台阶，它标志着中国古代服饰制度已经进入比较丰富的阶段。

西汉时期，张骞出使西域，开通丝绸之路，促进中西方经济文化的交流，促进民族间的融合与发展，同时对促进汉代的兴盛产生了积极作用（图2-7）。

图2-7　汉代长安人流行服饰图鉴

（二）男子服饰

1. 韵味十足的冠、巾、帻

汉代服饰的发展变化，冠、巾和帻是其突出代表之一。汉代的冠是区分等级身份的基本标志之一，其种类来源于三个方面，即恢复周礼之冠、承袭秦代习俗和本朝创新形成。汉代冠的种类繁多，包括冕冠、长冠、委貌冠、爵弁、通天冠、远游冠、高山冠、进贤冠、法冠、武冠、建华冠、方山冠、术士冠、却非冠、却敌冠、樊哙冠等十余种。它们和各式各样的巾、帻一起，使汉代男子的服饰颇具韵味。

（1）冠。

①冕冠。汉代参照周礼制定了当朝新的冕服制度，并在周代冕服制度的基础上有所改变，一是改变了周代冕服纹饰只用九章的制度，十二章纹样全部被用于服装装饰；二是将冕冠的綖板尺寸缩小；三是将冕旒的色彩由五色

改为单色。总体来看，因为冕服制度弃用已久，汉代恢复后的冕服制度，无论在具体形制还是使用规定方面，都较周代略简。古籍资料记载："冕綖长一尺二寸（合27.96厘米，汉尺一尺合0.233米），宽七寸（合16.31厘米），前圆后方，冕冠外面涂黑色，内用红绿二色。皇帝冕冠十二旒，系白玉珠，三公诸侯七旒，系青玉珠，卿大夫五旒，黑玉为珠。各以绶采色为组缨，旁垂蛀纩。"戴冕冠时穿冕服，与蔽膝、佩绶等各按等级配套。

②长冠。传说汉高祖刘邦做亭长时，常戴一种用竹子编制而成的冠。得天下以后，仍然十分喜欢，常以为冠，故又被称作"刘氏冠""竹皮冠"或"高祖冠"等。由于这种冠形似鹊尾，还有"鹊尾冠"之称，形式与长沙马王堆1号西汉墓出土木俑所戴的鹊尾冠相似。后定为公乘以上官员的祭服，又称"斋冠"。

③委貌冠。长七寸，高四寸，上小下大，形如复杯，以皂色绢制之，与玄端素裳相配。公卿诸侯、大夫于辟雍行大射礼时所服。执事者戴白鹿皮所做的皮弁，形式相同，是夏之毋追、殷之章甫、周之委貌的发展。

④爵弁。广八寸，长一尺六寸，前小后大，上用雀头色之缯之。与玄端素裳相配。祀天地五郊，明堂云翘乐舞人所服。爵弁也是周代爵弁的发展。

⑤通天冠。高九寸，正竖顶少斜，直下为铁卷，梁前有山，展筒为述。百官月正朝贺时，天子戴之。山述就是在颜题上加饰一块山坡形金板，金板上饰浮雕蝉纹。

⑥高山冠。又称侧注冠，直竖无山述，中外官谒者仆射所服，原为齐王冠，秦灭齐，以之赐近臣谒者，汉代承袭。

⑦远游冠。制如通天冠，有展筒而无山述。诸王所戴，有五时服备为常用，即春青、夏朱、季夏黄、秋白、冬黑。西汉时为四时服，春青、夏赤、秋黄、冬皂。

⑧进贤冠。前高七寸，后高三寸，长八寸，公侯三梁（梁即冠上的竖脊），中二千石以下至博士两梁，博士以下一梁。为文儒之冠。

⑨武冠。又称"武弁大冠"，诸武官所戴，中常侍加黄金趄附蝉为纹，后饰貂尾，谓之赵惠文冠，秦灭赵以之赐近臣，金取刚强、百炼不耗，蝉居高饮清，口在腋下，汉貂用赤黑色，王莽用黄貂。据古籍资料，武官在外及近卫武官戴鹖冠，在冠上加双鹖尾竖左右，"鹖者勇雉也，其斗对一，死乃止"。

鹫是一种黑色的小型猛禽。

⑩法冠。又称"獬豸冠"，是对秦代獬豸冠的承袭。《后汉书》载："獬豸，神羊，能别曲直。"由于獬豸能分辨是非，决诉讼，遂成了中国古代法官的代称，如同龙象征着皇帝、凤象征着皇后一样，獬豸则象征着威严的法官。在汉代，专门主持纠察之职的御史所戴的帽子，就被称为"獬豸冠"。《后汉书·舆服志》载："法冠，执法者服之……或谓之獬豸冠。"

⑪建华冠。以铁为柱卷，贯大铜珠九枚，形似缕鹿，下轮大，上轮小，好像汉代盛丝的缕篗。又名"鹬冠"，可能以鹬羽为饰。祀天地五郊，明堂乐舞人所戴。

⑫方山冠。又称"巧士冠"，近似进贤冠和高山冠，用五彩縠为之，不常服，唯郊天时从人及卤簿（仪仗）中用之，概为御用舞乐人所戴。

⑬术士冠。汉制前圆，吴制差池四重，与《三礼图》所载相合。是司天官所戴，但东汉已不施用。

⑭却非冠。制如长冠而下促，俗称"鹊尾冠"。宫殿门吏、仆射所冠。

⑮却敌冠。前高一寸，通长四寸，后高三寸，制如进贤冠，卫士所戴。

⑯樊哙冠。广九寸，高七寸，前后出各四寸，制似冕。司马殿门卫所戴。此冠取义鸿门宴时，樊哙闻项羽欲杀刘邦，忙裂破衣裳裹住手中的盾牌戴于头上，闯入军门立于刘邦身旁以保护刘邦，后创制此种冠式以名之，赐殿门卫士所戴，以期他们像樊哙那样勇敢。

（2）巾。冕和冠是只有贵族、官员才能戴用的，老百姓只能用布帛包头，称为巾。巾含有"谨"的意思，战国时韩人以青巾裹头，称为苍头；秦国以黑巾裹头，称为黔首。冠和巾本来是古时男子成年的标志，男子到了20岁，有身份的士加冠，没有身份的庶人裹巾，劳动者戴帽。巾子在汉代的大部分时间里是劳动者和下层人士的首服，汉末则受到了王公贵族们的青睐。汉代巾的种类非常多，主要有葛巾、林宗巾和幅巾等。

葛巾是用葛布制成的，单夹皆多用本色绢，后有两带垂下，为士庶男子用。

东汉时期，出现了一种新的头巾，叫作"林宗巾"。汉桓帝在位时，宦官把持朝政，郭林宗不愿与他们同流合污，而选择了做名士。当时，他门下弟子有千余人，都对他十分尊敬，他的服饰也被众人模仿。有一天，他出门讲学，途遇大雨，戴的头巾被大雨淋湿，一个角耷拉下来，形成了半面高、半面低的样子，这个装扮很快就被其他名士模仿，并以他的名字将其命名为"林宗巾"。"林宗巾"流传非常广，即使到了魏晋时期，仍然风靡全国。

东汉末年，头巾的使用对象发生了变化，不仅一般的劳动者戴它，一些王公贵族也纷纷以戴头巾为雅，戴头巾的风气大兴。特别是有一种用整幅细绢做成的幅巾，在士庶中大为流行，头戴幅巾、手执羽扇成为当时文士的普遍打扮。汉末的黄巾起义，即为头戴黄色幅巾。

（3）帻。帻是一种由巾演变而成的帽，也是一汉代常见的首服之一，无论是皇帝、朝廷官员，还是门卒小吏均可戴用。帻的形制很像帕首，最早见于战国时的秦国。当时为了不让头发下垂，就用巾帕把头发包上。汉代的帻，额前多了一个名为"颜题"的帽圈，以便与脑后的三角形的耳相接。文官和武官的冠耳长度不同，文官的稍长些。

"颜题"和耳连好后，再用巾盖在上面，形成了"屋"。因为高起部分很像"介"字，故称为"介帻"。如果"屋"呈平顶状，就被称为"平顶帻"。东汉后期还出现了前低后高的平巾帻，前低后高是因为耳高颜题低造成的。"介帻"的冠体被称为"展筒"，展筒前面装梁，梁是用来区别等级的。身份高贵的还可在帻上加冠，用什么冠也是有讲究的。在汉代，帻还可以作为成年的标志，成年人戴有"屋"的帻，未成年人戴无"屋"的帻，这就是未成年人被称为"未冠童子"的原因。

2. 衣与袍

（1）曲裾袍。汉承秦后，以袍为朝服，袍即深衣制。汉代男子的袍服大致分为曲裾、直裾两种。曲裾袍，即为战国时期流行的深衣。汉代仍然沿用，但多见于西汉早期，到了东汉，男子穿深衣者已经少见，一般多为直裾袍。曲裾袍的样式多为大袖，袖口部分收紧缩小；交领右衽，领子低袒，穿时露出里衣；袍服的下摆常打一排密褶裥，有些还裁成月牙弯曲状。

（2）襜褕。襜褕即直裾袍，为男女通用之服。汉代，无裆的裤子逐渐被有裆的裤子取代以后，曲裾袍这种用来遮挡无裆裤的裹缠式长衣襟就显得多余了，于是，形式更为简洁的直裾袍开始替代曲裾袍，成为新的流行。直裾袍的流行，说明汉代人们对服装的要求更趋于实用。襜褕西汉时出现，东汉时盛行，但最初时不能作为正式礼服，到东汉时才取代曲裾袍成为正式礼服。

《史记·魏其武安侯列传》记载："元朔三年（前131年），武安侯衣襜褕入宫，不敬。"说明当时武安侯因为穿着襜褕觐见汉武帝，而犯了对天子不敬之忌。可是，东汉时期，穿着襜褕参与社会活动已是非常普遍的现象了。《东观汉记·耿纯传》记载："耿纯，字伯山，率宗族宾客二千余人，皆衣缣襜褕，绛巾，奉迎上于费。"

（3）禅衣。禅衣又作"单衣"。汉代的正服之一，外形与深衣相似，不论男女均可穿着。禅衣与深衣的区别在于深衣有衬里，禅衣无衬里。

（4）襦。襦是汉代实用的常服，交领右衽，通身较短，不分男女，穿着方便，有单棉之分，适用于一年中大部分时间穿着。在汉代，广大劳动者也穿襦，但他们所穿的襦是用麻丝一类的粗劣织物做成的，叫"褐"，又称"短褐"。

3. 不同的下裳——裤子

汉代裤子得以逐步完善。古代裤子皆无裆，只有两只裤管，形制与以后的套裤相似，穿时套在胫部，所以又被称为"胫衣"，也称"绔"或"袴"。汉代男子所穿的裤子，有的裤裆极浅，穿在身上露出脐，但是没有裤腰，而且裤管很肥大。后来，裤腰加长，可以达到腰部，而且增加了裤裆，但是没有缝合，在腰部用带子系住，就像今天小孩子的开裆裤，然后在裤子外面围下裳——裙。汉代的裤子分为长短两种，长的叫"裤"，短的叫"犊鼻裤"，经常和襦搭配穿用。

（1）裤。裤有裆，长度上及腰部，下至脚踝，而且在裤脚处用绳子绑了起来，样子很像今天的"灯笼裤"。

（2）犊鼻裤。犊鼻裤相当于今天的三角短裤。这种裤子上宽下窄，很是短小，且两边开口，看起来就像是牛鼻子一样。

4. 佩绶——紫绶金章

汉代的佩绶也是区分官阶的重要标志。汉代官员腰间常佩有一装官印的囊，而用以系印的绦带叫"绶"。绶是汉代官员权力的象征，以其纺织的稀密、长短和色彩的不同标志着官职的高低，绶以紫色最贵。《汉书·百官公卿表》："相国、丞相，……皆金印紫绶。"《史记·范雎蔡泽列传》中就有"怀黄金之印，结紫绶于要（腰）"之句。后用"紫绶金章"泛喻高官显爵。印绶在汉代的社会生活中有着重要作用，以印绶取人是当时的社会特点。

5. 履

汉代主要为高头或歧头丝履，上绣各种花纹，或是葛麻制成的方口方头单底布履。另外还有诸多式样和详细规定，例如：舄为官员祭祀用服。履为上朝时用服。屦为居家燕服。屐为出门行路用，颜师古注："屐者，以木为之，而施两齿，可以践泥。"

（三）女子服饰

1. 贵族女子服饰

（1）深衣。东汉女子礼服制度规定：太皇太后、皇太后和皇后的祭庙服用深衣式礼服；每年举行祭蚕礼时，三代皇后都要穿深衣式礼服出席；另外，皇后的祭蚕礼服还兼做朝服使用，贵人的助蚕礼服也为深衣式礼服，公卿至二千石夫人助祭时穿的礼服也为深衣制。汉代贵族妇女所穿的深衣制礼服，主要通过色彩、花纹、质地、头饰、配饰等来表明身份、地位的不同。汉代女子所穿的深衣，衣长及地，行走的时候不会露出鞋子；衣袖有宽窄两式，袖口大多镶边；衣襟绕襟层数在原本的基础上有所增加，腰身裹缠得很紧，在衣襟角处缝一根绸带系在腰臀部位，下摆呈喇叭状，能够把女子身体的曲线美很好地凸显出来。衣领是最有特色的地方，使用的是交领，而且领口很低，这样就可以露出里面衣服的领子，最多的时候可穿三层衣服，当时人称"三重衣"。

（2）桂衣。桂衣为女子常服，服式似深衣，底部由衣襟曲转盘绕而形成两个尖角。《释名·释衣服》载："妇人上服曰桂，其下垂者，上广下狭如刀圭也。"其实，桂衣就是采用斜裁法制成的长襦衣，有上广下狭的斜幅垂在衣旁，形状如刀圭，故得名。

（3）禅衣。汉代女子的禅衣与男子的禅衣外形相似。马王堆汉墓中有一件素纱禅衣，身长1.6米，袖通长1.95米，重量只有48克，领口、袖口部位有缘边装饰。作为女主人的随葬品，说明汉代妇女也服素纱禅衣。《周礼·天官》中记载，内司服掌王后之六服，辨外内命妇之服中即有素纱禅衣。

2. 民间女子服饰

（1）襦裙。襦裙装是与深衣上下连属制不同形制，即上衣下裳制。襦裙最早出现于战国时期，汉代因循不改，用作妇女的常服，它是中国妇女服饰最主要的形式之一。上襦极短，只到腰间，为斜领、窄袖；裙子很长，下垂至地，裙子由四幅素绢连接拼合而成，上窄下宽，不施边缘，裙腰两端缝有绢条，以便系结，汉代襦裙装的整体形象类似今天朝鲜族的民族服装。《后汉书》中记载："常衣大练，裙不加缘。""戴良家玉女，皆衣裙，无缘裙"。《陌上桑》中描写的罗敷女"头上倭堕髻，耳中明月珠。湘绮为下裙，紫绮为上襦"等信息，为我们描绘了汉代妇女的襦裙装形象。汉代，妇女的下裳除了配裙子外，还搭配绢带。起初的女裤只有两个裤管而无裤裆，上端以带系住，后来出现了前后有裆的缚带裤，叫"穷裤"，为宫廷妇女所穿。

东汉以后，由于深衣的普遍流行，穿这种襦裙服式的妇女逐渐减少，至魏晋南北朝，又重新得以流行，从此盛行不衰，直到清代。虽然每个朝代根据时代的特点将襦裙的长短、宽窄加以改动，但基本形状仍然保持原样。1957年在甘肃武威磨咀子汉墓中发现了襦裙实物，襦以浅蓝色绢为面，中纳丝棉，袖端接一段白色丝绢。裙子也纳有丝棉，质料用黄绢。可惜由于年代久远，这套服饰在出土时已经粉化。所展示的襦裙样式，即根据该墓发掘时的形象记录复原绘制而成。采用的纹样，主要依据有新疆民丰出土的"长乐明光锦"及长沙马王堆汉墓出土的"豹首纹锦"等。

（2）舞女大袖衣。汉代，我国的舞乐表演艺术在前代基础上有较大进步，并出现了专职的歌舞艺人，以供封建贵族阶层观赏，汉代的雕塑、壁画、石刻、砖刻等艺术图像中常可看到这样的情况。汉代歌舞伎形象中，有一种大袖衣，或称"水袖"。舞女身穿曳地长袍，它的突出特点就是袖端接出一段，再各装一只窄而细长的假袖，以增加舞姿的美观。

3. 女子发式与首饰

汉王朝政治进步、经济繁荣，同时其加强了与外国和少数民族政权的交流，社会风尚也发生较大的变化，人们的生活水平和文化修养也日趋提高，发式妆饰都进入了一个崭新的发展时期，宫廷贵族的发式妆饰则更是奢侈、华丽。

（1）发式。迄今为止的文物史料表明，汉代大多流行梳平髻，日常生活中，髻上不梳裹加饰，顶发向左右平分式较为普遍。高髻只是见诸贵族女子的一种发式。汉代的主要发式有堕马髻、望仙九鬟髻、分髾髻、凌云髻、垂云髻、盘桓髻、百合髻等。

①堕马髻。梳挽时由正中开缝，分发双颞，至颈后集为一股，挽髻之后垂至背部，因酷似人从马上跌落后发髻松散下垂之状，故名之堕马髻。这是当时最具特色，且历史上最富生命力的一种发式。自汉始，直至清代亦有之，只是历代的形式略有不同而已。关于这种发式，可谓众说纷纭，有人说其始于西汉武帝时，也有人说始于东汉桓帝时，为梁冀之妻孙寿所作，故又有"梁家髻"之称。《后汉书·五行志》中载："桓帝元嘉中，京都妇女作愁眉、啼妆、堕马髻、折腰步、龋齿笑。……始自大将军梁冀家所为，京都歙然，诸夏皆仿效。"另有《后汉书·梁冀传》中载："（寿）色美而善为妖态，作愁眉、啼妆、堕马髻、折腰步、龋齿笑，以为媚惑。"可见，这种发式在当时是一种非常妖媚的发式，因此，流行起来也是在情理之中的，从汉代的诸多文物资料中均可见到这种发式的记载。

②望仙九鬟髻。汉代女子除了流行梳平髻，在贵族女子中还流行梳高髻。汉代童谣中便有"城中好高髻，四方且一尺"的说法。因梳妆烦琐，多为宫廷嫔妃、官宦小姐所梳。并且，贵族女子在出席入庙、祭祀等比较正规的场合时，必须梳高髻。其中，望仙九鬟髻是高髻中的代表样式，自秦代即开始在贵族女子中盛行。"鬟"意为环形发，九鬟之意是指环环相扣、以多为贵。仙髻之名则来自神话传说：汉武帝时王母下凡，头饰仙髻、美艳超群，故这种美与仙结合的产物，自然为当时的贵妇所青睐。

③分髾髻。无论是梳高髻还是梳垂髻，汉代妇女多喜欢从发髻中留一小绺头发，下垂于颅后，名为"垂髻"，也称"分髾"。另外还装饰丝带。梳分髾髻行走时，左右晃动、上下跳跃，加之于装饰的丝带似锦上添花，确实活泼可爱。

（2）首饰。

①步摇。在同一时期，与发式相配套的各种妆饰也开始流行。"步摇"是一种附在簪钗上的装饰物。《拜名》载："步摇，上有垂珠，步则动摇也。"由此而得名。今天我们可以从一些汉代石刻及帛画中一睹其风采。步摇一经出现就风行开来，直至唐代贵妇仍偏爱将步摇作美发的装饰物，而且其华丽程度大有发展。

②巾帼。汉代命妇在正规场合多梳剪麾帼、绀缯帼、大手髻等发式。这里的帼，指的是"巾帼"，是古代妇女的一种假髻。这种假髻与一般意义上的

假髻有所不同。一般的假髻是在本身头发的基础上增添一些假发而编成的发髻，而帼则是一种貌似发髻的饰物，多以丝帛、鬃毛等制成假发，内衬金属框架，用时只要套在头上，再以发簪固定即可。从某种意义上说，它更像一顶帽子。如广州市郊东汉墓出土的一件舞俑，头上戴有一个特大的"发髻"，发上插发簪数枝，在"发髻"底部近额头处，有一道明显的圆箍，应当是着巾帼的形象。

③笄、簪、钗、华胜、擿。古代妇女一向用笄固定发髻，簪是笄的发展，在头部盛加纹饰，可用金、玉、牙、玳瑁等制作，常常做成凤凰、孔雀的形状。湖南长沙左家塘曾出土秦代一件七叉的骨簪。华胜是制成花草之状插于髻上或缀于额前的装饰。汉代时在华胜上贴金叶或贴上翡翠鸟毛，使之呈现闪光的翠绿色，这种工艺称为贴翠。明清时期皇后所戴凤冠，仍使用贴翠工艺，这种工艺方法可与镶嵌宝石翡翠的工艺媲美。擿是将头部做成可以搔头的簪子。《西京杂志》记载，汉武帝就取女子的玉簪搔头，自此后宫人搔头皆用玉簪。

④梳、篦。湖北江陵出土几件秦木质彩绘角抵图木篦，马蹄形，上绘人物纹样。在湖南长沙马王堆1号西汉墓出土的梳篦是象牙制成，均作马蹄形，长均8.8厘米，宽均5.9厘米，梳20齿，篦47齿，细密均匀。在山东临沂银雀山和湖北江陵纪南城出土的西汉木梳，背平直，上面有4个装饰纽。

（四）汉代的丝绸之路与丝绸成就

1. 汉代的丝绸之路

汉武帝刘彻在位期间是汉王朝最为强盛的时期，他使中央政权实际控制的地方从中原扩展到了西域（今新疆及中亚一带）。西汉初年，他派使臣张骞出使西域，开辟了以长安（今西安）为起点，经甘肃、新疆，到中亚、西亚，并联结地中海各国的陆上通道——丝绸之路。丝绸之路是历史上横贯欧亚大陆的贸易交通线，促进了欧、亚、非各国和中国的友好往来。中国是丝绸的故乡，在经由这条路线进行的贸易中，中国输出的商品以丝绸最具代表性。19世纪下半期，德国地理学家李希霍芬就将这条陆上交通路线称为"丝绸之路"，此后，中外史学家都赞成此说，并沿用至今。张骞两次出使西域，开辟了中外交流的新纪元，并成功将东西方之间最后的珠帘掀开。从此，各国使者、商人沿着张骞开通的道路，来往络绎不绝。上至王公贵族，下至黎民百姓，都在这条路上留下了自己的足迹。这条东西通路，将中原、西域与阿拉伯、波斯湾紧密联系在一起。经过几个世纪的不断努力，丝绸之路向西伸展到了地中海，东达韩国、日本，通过海路还可达埃及，成为亚洲、欧洲、非洲各国经济文化交流的友谊之路。

2. 汉代的刺绣和织锦

由于丝绸之路的开通，汉代丝绸大量输出，使西方各国上层社会对此高度关注，刮起了一股"中国丝绸风"。从此，中国丝织品在国际上确立了自己的重要地位并产生了深远的影响。汉代的养蚕织丝得到大规模发展，织绣品种和质量上比战国时期有很大进步，在中国丝绸史上是一个重要的转折期。

与战国时期相比，汉代丝绸品种的分类更加精细。汉代丝织品总称为帛，细分则有十多个名目，如绢、素、练、纨、缣、缟、缦、绸、绮、绫、纱、罗、锦、织成等。"绢"是指用生丝织成的平纹织物；"素"是白色生绢；"练"是指洁白的熟绢；"纨"是细致的绢；"缣"则是指双丝的细绳；"缟"是指未经染色，即未经专门处理过的绢；"缦"是无花纹无着色，或说无文采的丝织物；"绸"一般指质地较为细密，但不过于轻薄的丝织物。至于"绮"和"绫"，织素为纹者为绮，光如镜面有花卉状者为"绫"。"纱"则是"纺丝而织之也，轻者为纱，绉者为縠"。"绉"又指质地较薄，表面呈皱缩状的丝织物。"罗"指质地较薄，手感滑爽，花纹美观雅致，而且透气的丝织物；"锦"则常指彩色大花纹的提花织物；"织成"是一种名贵织物，类似于纬线起花且双面花纹一致的缂丝织物。

汉代丝织已朝着技能专业化方向迈进，工艺日益复杂、技能分工更加细化，从缫丝、捻丝、纺线到织、印、染、绣，每个环节都开始发展出日益复杂的专业技能及相应的专用工具和设备、材料。20世纪50年代以来，在湖南长沙、甘肃武威、新疆民丰、河北怀安及古五鹿等地，出土了不少汉代丝绸刺绣残片，其中，湖南长沙马王堆1号汉墓出土的丝织物最能代表汉代的织绣工艺水平。墓中出土了百余件丝质衣被、鞋袜、手套、整幅丝帛及杂用织物，这些丝织物色彩斑斓，纹饰图案十分丰富，而且加工技法多样。单凭肉眼就能识别的颜色有近20种，如朱红、深红、绛紫、青、墨绿、黄、棕、黑、白、灰、褐等；纹饰除传统的菱形图案外，还有各种云纹、卷草纹、变形动物纹，以及点、线等几何纹；花纹的加工技法有织花、绣花、泥金银印花、印花敷彩等。印花丝绸则出土有印花敷彩纱和泥金银印花纱等，其中印花敷彩纱上印出的植物枝蔓、蓓蕾、花蕊和花叶，共使用了5种颜色，包括朱红、粉白、墨、银灰、深灰，这应是多次套印的结果，印花线条婉转、色彩十分鲜明。另一件泥金银印花纱的图案由一些小圆点和细密的曲线组成，小圆点为金色和朱红色，曲线为银白或银灰，点与线的套印十分准确，而且没有渍版、胀线等情形，这种印染工艺已远超前代技法。以往文献记载秦汉间有夹缬、绞缬、蜡缬3种印染法，从考古发现的文物看，汉代还不止这3种印染方法。马王堆汉墓出土的还有一种"起毛锦"的织物，也显示了汉代织造发明新工艺达到了一个新的高度。同墓出土的一件素纱单衣，重量仅48克，而衣长160厘米，袖通长195厘米，除去边缘厚重的部分，纱的实际重量1平方米仅12~14克重，较之现代的一些真丝织物还要轻很多，可以说是薄如蝉翼，这样轻薄的素纱织物，突出地反映了汉代高超的蚕丝缫纺技术。

3. 汉代的丝绸纹样

汉代的丝绸纹样题材多变，充满浓郁的神话色彩。纹样多以流动起伏的波弧线构成骨骼，强调动势和力量；动物、云气、山岳等为主题分布其中，风格浪漫而古朴；各种吉祥语铭文，如"万寿如意""长乐明光"等加饰在纹样空隙之处，寄托着人们长生不老、子孙众多等希望，是我国传统纹样的重要代表。

在汉代服饰纹样中，云气纹占据了重要的地位，但偏重于以造型传达寓意，没有故事性和情节化。汉代服饰纹样的云纹有西汉前期的云气纹和东汉时期的云气与灵兽组合纹两种形式。云气纹一般以单位纹形成一个旋转中心，环绕这个主旋律线，连接和穿插变体云纹及植物蔓枝纹，循环连续即构成流云飞动的云气纹样。此类纹样在马王堆、日照海曲等多处汉墓出土的织绣品中均有出现。

三、魏晋南北朝时期的服饰文化

魏晋南北朝时期（220—581年），战争和民族大迁徙使不同民族和不同地域的文化相互碰撞、交流，对服饰的发展产生了积极的影响。南北朝时期的胡、汉服饰文化，是按两种不同的性质和方向互相转移的。其一是属于统治阶级的封建服饰文化，魏晋时期基本遵循秦、汉旧制；南北朝时期，一些少数民族首领改穿汉族统治者所制定的华贵服装，最有代表性的便是北魏孝文帝的改制。其二是在实用功能方面，比汉族统治者所穿的宽松肥大的服装优越的胡服，向汉族劳动者阶层转移，裤褶、裲裆、袖衫和披风等服装从北方游牧民族传入中原地区，由于它们具有功能的优越性而为汉族人民所吸收，从而使汉族传统的服饰文化更加丰富。

玄学作为魏晋南北朝时期的主要哲学思想体系，对当时的服饰文化产生了深远的影响，无论在着装的思想意识方面，还是服装款式的表现形式上，都有鲜明的体现。魏晋南北朝服饰一改秦汉端庄稳重之风格，追求"仙风道骨"的飘逸和脱俗，形成独特的褒衣博带之势。

（一）概述

东汉末年，皇室衰微，国家内部分崩离析，先后出现了三国鼎立，两晋统治阶层争权，周边的许多游牧民族乘虚而入之况，使国家处于空前混乱的魏晋南北朝时期。从220年曹丕代汉，到589年隋灭陈统一全国的三百多年间，先为魏、蜀、吴三国鼎立，后有司马炎代魏建立晋朝，统一全国，史称西晋，不到四十年遂灭亡。司马睿在南方建立偏安的晋王朝，史称东晋。在北方，有几个民族相继建立了十几个国家，被称为十六国。东晋后，南方历宋、齐、梁、陈四朝，统称为南朝。与此同时，鲜卑拓跋氏的北魏统一北方，后又分裂为东魏、西魏，再分别演变为北齐、北周，统称为北朝。最后，杨坚建立隋朝，统一全国，结束了南北分裂的局面。

魏晋南北朝时期，一方面，战争不断，朝代更替频繁，使社会经济遭到相当程度的破坏；另一方面，战争和民族大迁徙使不同民族和不同地域的文化相互碰撞、交流，对服饰的发展产生了积极的影响。南北朝时期的胡、汉服饰文化，是按两种不同的性质和方向互相转移的。其一是属于统治阶级的封建服饰文化，魏晋时基本遵循秦、汉旧制；南北朝时期，一些少数民族首领初建政权之后，鉴于他们的本族习俗穿着不足以炫耀其身份地位的显贵，便改穿汉族统治者所制定的华贵服装。尤其是帝王百官，更醉心于高冠博带式的汉族章服制度，最有代表性的便是北魏孝文帝的改制。其二是在实用功能方面比汉族统治者所穿的宽松肥大的服装优越的胡服，向汉族劳动者阶层传移。魏孝文帝曾命令全国人民都穿汉服，但鲜卑族的劳动百姓不习惯于汉族的衣着，许多人都不遵诏令，依旧穿着他们的传统民族服装。魏孝文帝在推行汉服的过程中，不但未能使鲜卑服饰断其流行，反而在汉族劳动人民中间得到推广，后来连汉族上层人士也穿起了鲜卑装。究其原因，就是北方胡族服装便于活动，有较好的劳动实用功能，因而对汉族民间传统服装产生了自然转移的作用。南北朝时期这种胡汉杂居，北方游牧民族服饰与汉族传统服饰并存共融的情形，构成了中国南北朝时期服饰文化的新篇章。

玄学作为魏晋南北朝时期的主要哲学思想体系，对当时的服饰文化产生了深远的影响，无论在着装的思想意识方面，还是在服装款式的表现形式上，都有鲜明的体现。魏晋南北朝服饰一改秦汉端庄稳重之风格，追求"仙风道骨"的飘逸和脱俗，形成独特的褒衣博带之势。当时，褒衣博带成为上至王公贵族，下至平民百姓的流行服饰，男子穿衣袒胸露臂，力求轻松、自然、随意的感觉；女子服饰则长裙曳地、大袖翩翩，饰带层层叠叠，表现出优雅、飘逸之美。

魏晋南北朝上承秦汉，下启唐宋，但服装的整体风格与前朝后代大相径庭。魏晋南北朝服饰一改秦汉的端庄稳重之风，也与唐代开放艳丽、雍容华贵的服饰风格不同。在动荡的社会背景下，魏晋南北朝服饰的整体色彩呈现暗淡的蓝绿调子，服饰造型瘦长，优雅飘逸（图2-8）。

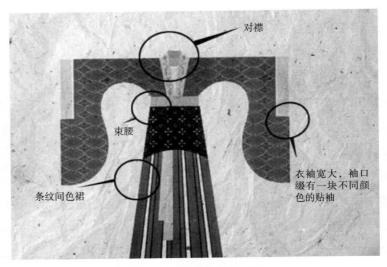

对襟

束腰

条纹间色裙

衣袖宽大，袖口
缀有一块不同颜
色的贴袖

图2-8　魏晋南北朝服饰

（二）男子服饰

1. 褒衣博带与魏晋风度

魏晋时期是最富个性审美意识的朝代，文人雅士纷纷毁弃礼法、行为狂放，执着于追求人的自我精神和特立独行的人格，重神理而遗形骸，表现在穿着上往往是蔑视礼教，适性逍遥、不拘礼法、率性自然，甚至袒胸露脐。同时清谈玄学在士人之间成为一种时尚，强调返璞归真、一任自然。对人的评价不仅限于道德品质，而是纷纷转向对人的外貌服饰、精神气质的评价，他们以服饰的外在风貌表现出高妙的内在人格，从而达到内外完美的统一，形成了一种独特的风格，即著名的"魏晋风度"。魏晋南北朝服装与儒学禁锢下的秦汉袍服不同，变得越来越宽松，"褒衣博带"成为魏晋时期的普遍服装形式，其中尤以文人雅士居多。众所周知的竹林七贤，不仅喜欢穿着此装，还以蔑视朝廷、不入仕途为潇洒超脱之举。表现在装束上，则是袒胸露臂、披发跣足，以示不拘礼法。

产生这种现象的主要原因是当时政治动荡、经济衰退，文人欲实现政治理想又怯于宦海沉浮，为寻求自我超脱和精神释放，故采取宽衣大袖、袒胸露臂的着装形式，因此形成了"褒衣博带"的服装样式。

（1）大袖衫。魏晋时期，人们崇尚道教和玄学，追求"仙风道骨"的风度，喜欢穿宽松肥大的衣服，世称"大袖衫"（图2-9）。魏晋男子的大袖衫与秦汉时期袍的主要区别在于：袍有祛，即收敛袖口的袖头，而大袖衫为宽大敞袖，没有袖口的祛。由于不受衣祛限制，魏晋服装日趋宽博。《晋书·五行志》云："晋末皆冠小而衣裳博大，风流相仿，舆台成俗。"《宋书·周郎传》

图2-9　大袖衫

记："凡一袖之大，足断为两，一裾之长，可分为二。"一时，上至王公名士，下及黎民百姓，均以宽衣大袖为时尚。大袖衫分为单、夹两种样式，质料有纱、绢、布等，颜色多喜欢用白色，喜庆婚礼也服白，白衫不仅用作常服，也可当礼服。

魏晋南北朝时期，除大袖衫以外，一般男子常穿的衣服还有襦、裲、袴和裙等。《周书·长孙俭传》记载："日晚，俭乃著裙襦纱帽，引客宴于别斋。"当时的裙子较为宽广，下长曳地，可内穿，也可穿于衫襦之外，腰以丝带系扎。

（2）襦。襦是比袍、禅衣都短的上衣。中原地区着襦常与裤相配。《三国志·魏志·管宁传》载："宁常着皂帽，布襦袴。"襦不分贵贱，长幼均可穿着。

（3）裲。裲是一种窄袖外衣，由于其袖筒平直，形同直通的水沟，所以称裲。因为袖筒窄小，穿着起来便于活动，所以南北朝时期，裲多用于仪卫和武官，且不能当作朝礼服，只可作为一般礼服。

2. 冠、巾、帽

（1）漆纱笼冠。漆纱笼冠是魏晋南北朝时期极具特色的主要流行冠式，不分男女，皆可戴用。因为它是使用黑漆细纱制成的，所以名为"漆纱笼冠"。漆纱笼冠的特点是平顶，两侧有耳垂下，下边用丝带系结。制作方法是在小冠上罩经纬稀疏而轻薄的黑色丝纱，上涂黑漆，使之高高立起，里面的小冠隐约可见。东晋画家顾恺之《洛神赋图》中的人物多戴漆纱笼冠（图2-10）。

（2）小冠。汉代的帻在魏晋时期依然流行，但与汉代不同的是帻后加高，体积逐渐缩小至头顶，时称"平上帻"或"小冠"。小冠造型前低后高、中空如桥，不分等级皆可

图2-10　戴梁冠和漆纱笼冠、穿大袖衫的男子
（东晋顾恺之《洛神赋图》局部）

戴。在小冠上加黑色漆纱，即成"漆纱笼冠"。

（3）进贤冠。进贤冠，在魏晋南北朝同样被广泛应用，主要作为文官的礼冠。与汉代的进贤冠不同的是，自晋代开始，将表示官阶的冠梁增加到了五梁，作为天子行冠礼时的礼冠。另外，冠的后部原本为分置的两"耳"，有加高合拢的趋势。

（4）幅巾。即不戴冠帽，只以一块丝帛束首。幅巾始于东汉后期，一直延续到魏晋，普遍流行于士庶之间。宋代诗人苏轼的《念奴娇·赤壁怀古》中"羽扇纶巾"的纶巾，即是幅巾的一种，传说其为诸葛亮发明，故名"诸葛巾"（图2-11）。

图2-11 戴幅巾的人

（5）帽子。帽子是南朝以后大为兴起的首服，主要有白纱高屋帽（宴见朝会）、黑帽（仪卫所戴）和大帽（遮阳挡风）等。

3. 男子的履、屐、靴

魏晋南北朝时期，是多民族服饰展示的时期，履、屐、靴等足衣根据各民族、各国家所处的地理位置和生活习俗的不同而各有特色。

（1）履。这一时期的履，在沿用汉代履制的基础，又有一些新样式出现，无论男女、君臣，多穿用各类高头履，具体形制见顾恺之《洛神赋图》中的人物形象。

（2）屐。魏晋南北朝时期，由于南方多湿热，穿履多有不便，江南一带穿屐的现象最为普遍。木屐，《辞源》称：为前后带齿的木板鞋，鞋帮呈船形，木齿较高。据说，木屐始于晋文公，南朝时期，又出现了一种新式木屐叫"谢公屐"。谢公屐是一种前后齿可装卸的木屐，为南朝诗人谢灵运发明。谢灵运是著名的山水诗人，他极喜欢游山玩水，为了登山，自己发明制作了一双登山鞋。谢公屐与一般木屐不同的地方在于木屐底部前后虽都有齿，但齿是随时可抽下亦可安上。上山时抽去前齿，下山时抽去后齿，这样更平稳、舒适、省力。《宋书·谢灵运传》记载："寻山陟岭，必造幽峻，岩嶂十重，莫不备尽。登蹑常着木履，上山则去其前齿，下山去其后齿。"谢公屐这一小发明方便了许多文人墨客，也流传了许多年，并被写进了唐诗，李白在《梦游天姥吟留别》中有这样的诗句："脚著谢公屐，身登青云梯，半壁见海日，空中闻天鸡。"这个时期的木屐不仅用于出行，还用于家居，但在正式场合不得穿屐，访友赴宴只能穿履，否则会被认为是仪容轻慢、缺乏教养。

（3）靴。原为北方游牧民族所穿。在南北朝时期，成为流行的足衣，因为靴子具有勒长合脚的优点，自西汉以来，一直被中原地区的汉族军人穿用。

（三）女子服饰

1. 奢靡异常的女装

魏晋南北朝时期，两汉经学崩溃，个性解放、玄学盛行。"不如饮美酒，被服纨与素"，人们讲究风度气韵。"翩若惊鸿，婉若游龙"，服装轻薄飘逸。魏晋南北朝时期的女装承袭秦汉遗风，在传统服制的基础上加以改进，并吸收借鉴了少数民族服饰特色，创造了奢靡异常的女装风貌。服饰整体风格分为窄瘦与宽博两种倾向，或为上俭下丰的窄瘦式，或为褒衣博带的宽博式。一般妇女日常所服的主要样式有：杂裾垂髾、帔帛、襦裙、衫、袄等。

（1）杂裾垂髾。杂裾垂髾是魏晋时期最具代表性的女装款式，这种服装是传统深衣的变制。魏晋时期，传统的深衣已不被男子采用，但在妇女间仍有人穿着并有所创新。深衣的创新变化主要体现在下摆，人们将下摆裁成数个三角形，上宽下尖、层层相叠，因形似旌旗而得名"垂髾"。垂髾周围点缀飘带，作为装饰。因为飘带拖得比较长，走起路来带动下摆的尖角随风飘起，如燕子轻舞，煞是迷人，所以又有"华带飞髾"的美称。到南北朝时期，人们将曳地飘带去掉，而大大加长尖角燕尾，使服装样式又为之一变。当时，人们为了追求若隐若现的飘逸效果，女装面料多采用轻软细薄的罗纱等精细的丝质面料，但是服装面料过于轻薄，不能保暖，人们就将多层衣裳组合起来穿用，并在其外围一条极短的短裙进行收束，这样就出现了另外一种新式衣服——"抱腰"。曹植在《洛神赋》中描绘了身着杂裾垂髾的女神形象："其形也，翩若惊鸿，婉若游龙。荣曜秋菊，华茂春松。髣髴兮若轻云之蔽月，

飘飘兮若流风之回雪……秾纤得衷，修短合度。肩若削成，腰如约素。延颈
秀项，皓质呈露。芳泽无加，铅华弗御。云髻峨峨，修眉联娟。丹唇外朗，
皓齿内鲜，明眸善睐，靥辅承权。瑰姿艳逸，仪静体闲。柔情绰态，媚于语
言。奇服旷世，骨像应图。披罗衣之璀粲兮，珥瑶碧之华琚。戴金翠之首饰，
缀明珠以耀躯。践远游之文履，曳雾绡之轻裾。"（图2-12）

（2）襦裙。魏晋南北朝时期，女子的襦裙装在承袭秦汉服制的基础上，
也发生了较大的变化。上衣逐渐变短，衣身变得细瘦，紧贴身体；分斜襟和
对襟两种领形，开始袒露小部分颈部和胸部；衣袖变得又细又窄，但在小臂
部突然变宽；袖口、衣襟、下摆等处装饰有不同色彩的缘边；腰间系一围裳
或抱腰，外束丝带。

下装裙子也在有限的范围内极力创新、大展魅力，与魏晋女性柔美的形
象相得益彰。有的裙子下摆加长，拖曳在地；有的裙子裙腰升高，裙幅增加，
还增加许多褶裥，整个裙子造型呈上细下宽的喇叭形，这种上俭下丰的样式
增加了视觉高度，给人以瘦瘦长长之美感。关于魏晋南北朝时期的襦裙装形
象，史书中有许多描述，如《晋书·五行志》记述："五帝泰始初，衣服上俭

图2-12　穿杂裾垂髾的妇女（顾恺之《列女仁智图》局部）

下丰，着衣者皆厌腰。"南梁庾肩吾《南苑还看人》诗云："细腰宜窄衣，长钗巧挟鬟。"吴均《与柳恽相赠答》诗曰："纤腰曳广袖，半额画长蛾"。另外，这种上俭下丰的服装样式，从这个时期的陶俑、壁画上也可以看到。

2. 女子的履、靴、屐

（1）履。魏晋南北朝时期，女鞋的式样很多，使用的质料也非常丰富，有皮质的、丝质的、麻质的等不同质料；鞋头的样式有凤头、聚云、五朵、重台、笏头、鸠头等高头式，因此得名凤头履、笏头履、鸠头履、玉华飞头履、立凤履等。这些鞋头非常有特色，其露在裙子外面，既可以防止衣裙挡脚，又可以作为装饰，真可谓匠心独运。另外，在《烟花记》中还提到一种尘香履，"陈官人卧履皆以薄玉花为饰，内散以龙脑诸香屑，谓之'尘香'"。尘香履是女子睡觉时穿的鞋子，因鞋子里面装有香料，故得名。

（2）靴。魏晋南北朝时期，妇女不仅可以穿履，北朝的女子还流行穿靴。《邺中记》记载："季龙又常以女伎一千人为卤簿，皆著紫纶巾，熟锦袴，金银缕带，五文织成靴，游台上。""五文织成靴"应该是一种软靴。

（3）屐。此外，穿屐也是妇女的时尚。男女屐的区别在于屐的鞋头形状，男屐方头，女屐圆头。后来，男女的鞋头都用方头。《晋书·五行志上》载："初作屐者，妇人圆头，男子方头。圆者顺之意，所以别男女也。至太康初，妇人屐乃头方与男无别。"

3. 发式、面妆与佩饰

（1）发式。魏晋南北朝时期，妇女的发式名目繁多，主要有蔽髻、十字大髻、灵蛇髻、飞天髻、盘桓髻、反绾髻、百花髻、涵烟髻、芙蓉髻、归真髻、凌云髻、鸦髻等发式。

①蔽髻。魏晋南北朝时期，假发技术有了很大的进步，出现了各种式样的假髻。"蔽髻"是当时流行的一种典型假髻。晋成公的《蔽髻铭》对"蔽髻"做了专门的描述："或造兹髻，南金翠翼，明珠星列，繁华致饰。""蔽髻"上面镶有金饰，并有严格的制度规定，非命妇不得使用，且不同等级的命妇之间亦不可僭越。这种假髻大多很高，有时无法竖起，只好搭在眉鬓两旁。而普通妇女除了将自身的头发挽成各种发髻样式外，也有戴假髻的，只不过假髻比较简单，髻上的首饰也没有"蔽髻"那样复杂和华丽。

②灵蛇髻。灵蛇髻是曹植的嫂嫂甄氏所创。《采兰杂志》载："甄后既入

宫，宫廷有一绿蛇，口中恒吐赤珠，若梧子大，不伤人，人欲害之，则不见矣。每日后梳妆，（蛇）则盘结一髻形于后前，后异之，因效而为髻，巧夺天工。故后髻每日不同，号为灵蛇髻。宫人拟之，十不得一二也。"灵蛇髻是一种富于变化的发髻式样，随着梳挽方式的不同而衍生出各种式样。

③飞天髻。南朝时，受佛教人物服饰影响，妇女梳发髻喜欢高而危、斜的形式，追崇飞仙式的高髻。妇女大多在发顶正中分出髻鬟，梳成上竖的环式，因而有"飞天髻"之称。此外，当时有不少妇女还模仿西域少数民族妇女，将头发梳成丫髻或螺髻，高耸在头顶之上。

（2）面妆。魏晋南北朝时期，面部装饰成为贵族妇女打扮的一个重点，新式面妆层出不穷，比较有代表性的有额黄妆、寿阳落眉妆、晓霞妆等面妆样式。

①额黄妆。南北朝时期最有特色的要数额黄妆。"眉心浓黛直点，额色轻黄细安"，一些妇女从佛像上受到启发，也将自己的额头涂抹成黄色，这就是额黄妆的由来。如果是用黄色的纸片或者其他的薄片剪成花的样子，粘贴在额头上，就称为"花黄"，这是当时妇女比较时髦的装饰。花木兰从军归来，"对镜贴花黄"，画的就是这种额黄妆。

②寿阳落眉妆。据说是由南朝宋武帝的女儿寿阳公主创始。据古籍记载："南朝宋武帝女寿阳公主人日卧于含章殿檐下，梅花落额上，成五出花，拂之不去，经三日洗之乃落，宫女奇其异，竞效之。"故称为"梅花妆"或"寿阳落眉妆"。这种奇特的面妆对后世产生了影响，发展至唐宋，称为"花钿"或者"花子"。

③晓霞妆。晓霞妆也是魏晋南北朝时期比较有名的一种面妆，据说是从魏文帝的宫中传出的。深受魏文帝宠爱的宫女薛夜来，在刚入魏宫的时，有一天晚上去拜见魏文帝，魏文帝正在灯下看书，书桌前放了一张透明的水晶屏风，薛夜来没有注意，一下子撞在屏风上，脸颊上红肿了一片，就像将要散尽的红霞，殷红一片，煞是好看。宫女见状，纷纷用胭脂涂画于脸颊，并美其名曰"晓霞妆"。

（3）配饰。

①步摇。步摇是中国古代妇女的重要首饰之一，其是簪、钗的一种装饰形式，多以金银丝编为花枝，上缀珠宝花饰，并有五彩珠玉垂下，使用时插

于发际，随着行走时步履颤动，珠花便不停摇曳，故名"步摇"。步摇早在先秦时期已出现，到魏晋南北朝时期，步摇形制已经非常精致富丽。插在云髻前，枝弯珠垂、珠玉摇动，非常动人。南朝女诗人沈满愿专门创作了一首《咏步摇花》，把当时步摇的形制及女子戴这种步摇走路时的风姿描绘得淋漓尽致。其诗云："珠华萦翡翠，宝叶间金琼。剪荷不似制，为花如自生。低枝拂绣领，微步动瑶瑛。但令云髻插，蛾眉本易成。"大意是说，步摇上缀以美丽的珍珠、翡翠，饰以薄金片和玛瑙精制而成的荷花，花叶相间、栩栩如生。把它插在云髻前的两额间，枝弯珠垂、轻拂绣领，稍一挪动步子则珠玉摇动。可见，这一时期步摇工艺之精湛，用料之考究，远胜前朝。而且，这一时期的步摇并非贵族妇女的专利，民间女子也可戴用。

②簪钗。魏晋南北朝时期，妇女发髻形式高大，发饰除一般形式的簪钗以外，流行一种专供支撑假发的钗子。如贵州平坝南朝墓出土的顶端分叉式银簪银钗，承重的意义大于装饰的意义。在江西抚州晋墓出土的金双股发钗，长7.5厘米，一股锥形，一股带钩。湖南资兴南朝墓出土铜双股发钗，双股均作锥形，质朴无华，是作固发实用的。

③蹀躞带。自从东汉晚期，腰上所束的革带为了佩挂随身实用小器具的方便，在带鞓上再装上筘和环，跨环上再挂几根附有带钩的小带子，这种小带子叫作蹀躞，附有蹀躞的腰带称为蹀躞带。魏晋南北朝时期的蹀躞带，头端装有金属带扣，带扣一般镂有动物纹和穿带尾用的穿孔，穿孔上装有可以活动的短扣针。蹀躞带是从西北少数民族流传过来的。自南北朝流行开来之后，在中国服饰生活中产生了很大的影响。

（四）北方民族服饰

魏晋南北朝时期，虽然汉族居民仍长期保留着自己的衣冠习俗，但是，随着民族间的交流与融合，使胡服的式样也逐渐潜入汉族传统衣装中，从而形成了新的服装风貌。

1. 首服

北方的少数民族不像汉族那样将头发束成发髻，他们或者将头发编成辫子，或者披散头发，或者将部分头发剪掉。因此，他们根本就不使用冠、簪等用品，也就没有汉族最为重视的冠冕制度。他们习惯于在头上戴各种帽子，根据记录北朝史实的《邺中记》《北史》等文献记载，当时有"金缕合欢帽""突骑帽""面帽"等多种帽式。

（1）合欢帽。合欢帽是魏晋时流行的一种丝织帽子，晋束晢《近游赋》中记载："及至三农间隙，遘结婚姻，老公戴合欢之帽，少年著蒌角之巾。"晋陆风翔《邺中记》中记载："季龙猎，著金缕织成合欢帽。"合欢帽造型严密，由左右或上下两两组合为合欢，防寒性好，在北方少数民族地区流行，一般用于戎装或猎装。

（2）突骑帽。突骑帽为西域地区传进的帽式，类似后来的风帽。原来可能是武士骑兵之服。李贤注曰："突骑，言能冲突军阵。"后来普及民间。突骑帽的圆形顶部较合欢帽略低，加上垂下的裙披，戴时多用布条系扎顶部发髻，故史书称"索发之遗像"。女子帽则有高帽顶，由四片缝合而成，后部有下披的巾子。在北齐狄回洛墓出土的陶俑中，有这种帽的样式。

2. 主要服装样式

（1）裤褶。原是北方游牧民族的传统服装，其基本款式为上穿短身、细袖、左衽之袍，下身穿窄口裤，腰间束革带。《急就篇》颜师古注"褶"字曰："褶，重衣之最在上者也，其形若袍，短身而广袖。一曰左衽之袍也。"褶作为北方少数民族服饰，与汉族传统服饰的宽袍大袖有所不同，其典型特点即是短身、左衽，衣袖相对较窄。在长期的民族大融合中，汉族人接受了褶并做了一些创新，把原本细窄的衣袖改为宽松肥大的袖子，衣襟也改为右衽。因此，今天我们从魏晋南北朝时期出土的考古资料中看到了丰富多彩的服装结构：褶既有左衽，也有右衽，还有相当多的对襟；袖子有短小窄瘦的，也有宽松肥大的；衣身有短小紧窄的，也有宽博的；上衣的下摆有整齐划一的，也有正前方两个衣角错开呈燕尾状的；等等。这些衣衽忽左忽右，袖子、衣身忽肥忽瘦、忽长忽短的服饰现象，表明了在当时民族大融合的背景下，服饰的互渗、交流现象。

裤褶的下装是合裆裤，这种裤装最初是很合身的、细细的，行动起来相当利落，适合骑马奔驰和从事劳动。传到中原以后，尤其是当某些文官大臣也穿着裤褶上朝时，引起了保守派的质疑，认为这样两条细裤管立在朝堂不合体统，与古来礼服的上衣下裳样式实在相去甚远。因此，有人想出一个折中的办法，将裤管加肥，这样立于朝堂宛如裙裳，待抬腿走路时，仍是便利的裤子。可是，裤管太肥大，有碍军阵急事。于是，将裤管轻轻提起然后用三尺长的锦带系在膝下将裤管缚住，便又派生了一种新式服装——缚裤。魏晋南北朝时期，汉族上层社会男女均着此款式，反过来影响了北方的服装样式，都穿裤褶，脚踏长勒靴或短勒靴。

（2）裲裆。裲裆起初是由军戎服中的裲裆甲演变而来。这种衣服不用衣袖，只有两片衣襟，《释名·释衣服》称："裲裆，其一当胸，其一当背也。"裲裆可保身躯温度，而不使衣袖增加厚度，以使手臂行动方便。裲裆有单、夹、皮、棉等区别，为男女都用的服式。既可着于衣内，也可着于衣外。《玉台新咏·吴歌》中"新衫绣裲裆，连置罗裙里"描写的是妇女在里面穿裲裆；《晋书·舆服志》中"元康末，妇人衣裲裆，加乎交领之上"描写的是把裲裆穿在交领衣衫之外。这种服式一直沿用至今，南方称马甲，北方称背心或坎肩。

（3）半袖衫。半袖衫是一种短袖式的衣衫。《晋书·五行志》记载，魏明帝曾着绣帽，披缥纨半袖衫与臣属相见。由于半袖衫多用缥（浅青色），与汉族传统章服制度中的礼服相违，曾被斥为"服妖"。后来风俗变化到隋朝时，内官多服半臂。

（4）披风。与后代的斗篷相似，多为一件长方形织物，上面用带子收紧，系在颈部。披风很长，一般从肩头至脚踝。披风是很好的遮风蔽土的外罩。另外，从出土实物中发现也有带袖子的披风。披风在南北朝及以后的平民服装中也很常见，无论男女皆可穿着。

裤褶、裲裆、半袖衫和披风等服装都是从北方游牧民族传入中原地区的异族文化，由于它们具有功能的优越性而为汉族人民所吸收，从而使汉族传统的服饰文化更加丰富。

（五）其他

1. 魏晋南北朝时期的军事服装

由于战事连年不断，篡夺政权的斗争此起彼伏，人们对武器装备更加重视。加上炼铁技术的提高，钢开始用于武器制造，这一时期的甲胄也有很大的发展进步。铠甲的形制主要有3种：一是筒袖铠。这是常用的铠甲，在东汉铠甲的基础上发展而来。它是用小块的鱼鳞纹甲片或者龟背纹甲片穿缀成圆筒形的身甲，前后连接，并在肩部配有护肩的筒袖，因此得名。穿筒袖铠的人，一般头上都戴有护耳的兜鍪。二是裲裆铠。这是南北朝时期通行的戎装，它的形制与当时流行的裲裆相近。所用材料大多为坚硬的金属和皮革。锁甲的甲片有长条形与鱼鳞形两种，以鱼鳞形较为常见。穿这种甲的人，一般里面都衬有厚实的裲裆衫，头戴兜鍪，身着裤褶。三是明光铠。这是一种在胸背之处装有金属圆护的铠甲。圆护大多用铜铁等金属制成，并且打磨得很亮，就像镜子。穿着它在太阳光下作战，会反射出耀眼的"明光"，故而得名"明光铠"。这种铠甲的样式很多、繁简不一。有的仅是在裲裆的基础上前后各加两块圆护，有的则配有护肩、护膝，复杂的还配有数重护肩。身甲大都长至臀部，腰间系有革带。

2. 魏晋南北朝时期的服饰纹样

魏晋南北朝时期，随着胡服盛行，服饰纹样从内容到形式都发生了空前的变化。以中亚、西亚风格的纹样最有发展，如天王化身纹、宝相纹等，但这一时期的传统纹样制作技巧远不如东汉精美。

魏晋南北朝时期的服饰纹样，见于文献记载的有大登高、小登高、大博山、小博山、大明光、小明光、大茱萸、小茱萸、大交龙、小交龙、蒲桃文锦、斑文锦、凤凰锦、朱雀锦、韬文锦、核桃文锦、云昆锦、杂珠锦、篆文锦、列明锦、如意虎头连璧锦、绛地交龙锦、联珠孔雀罗等。从这些锦名可知，有一部分纹样是承袭了东汉传统的，有一部分则是吸收了外来文化的结果。据各地出土的南北朝时期的纺织品实物和敦煌莫高窟壁画的纹样来看，此时画工和工艺技巧都已不及东汉精美，代之而起的服饰纹样可归纳为如下各种类型。

（1）传统的汉式山云动物纹。此类纹样盛行于东汉，紧凑流动的变体山脉云气间分列奔放写实的动物，并于间际嵌饰吉祥文字，如1995年在新疆民丰尼雅遗址出土的一批魏晋时期的衣物中，有一件"五星出东方利中国"铭文的山云动物纹锦护膊，保持了汉代传统风格，十分珍贵。

（2）几何骨骼填充动物、花叶纹。利用圆形、方格、菱形及对称的波状线组成几何骨骼，在几何骨骼内填充动物纹或花叶纹。此类纹样在汉代虽已有之，但未成为最主要的装饰形式。且汉代填充的动物纹造型气势生动，南北朝填充的动物纹多作对称排列，动势不大，多为装饰性姿势。汉代填充的花叶纹多为正面的放射对称型，南北朝填充的花叶纹则有忍冬纹等外来的装饰题材。

（3）圣树纹。此类纹样是将树形简化成接近一张叶子正视状的形状，具有古代阿拉伯国家装饰纹样的特征，后至7世纪初伊斯兰教创立以后，圣树成为真主神圣品格的象征。

（4）天王化生纹。纹样由莲花、半身佛像及"天王"字样组成。

（5）小几何纹、忍冬纹、小朵花纹。圆圈与点子组合的中、小型几何纹样及忍冬纹，此类花纹对日常服用有极良好的适应性，对后世服饰纹样影响很深。从形式上看，也是秦汉时期未出现过的。它的流行当和西域"胡服"的影响有关。

第三节
隋、唐、五代时期的服饰文化

隋代国祚短暂，但在统一大业上所做的贡献不可低估。隋代服饰基本上仍保持着北朝的式样，起承前启后的作用。隋文帝厉行节俭、衣着简朴，在服饰上没有严格的规定，对于等级尊卑也不太重视。至隋炀帝时期，恢复了秦汉以来推行的章服制度，随着经济逐渐恢复，崇尚华丽铺张的风气日盛，并且一直延续至唐代。隋炀帝在服饰制度上进行系列改革，他将南北朝时期放到旗帜上的日、月、星辰三章重新放回到冕服上，恢复了自西周确立的冕服十二章纹样，并对百官及皇后服饰做了新的规定。

唐代经济得到极大的发展，文学、艺术也空前繁荣，唐诗、书法、洞窟艺术、工艺美术、服饰文化都在华夏传统的基础上，吸收融合域外文化而推陈出新。唐代对外交流频繁，长安是当时最发达的国际性城市。唐代国家强大，人民充满民族自信心，对于外来文化采取开放政策，外来异质文化成为大唐文化的补充和滋养，使唐代服饰呈现雍容大度、百美竞呈的气象，这是中国服装史上的一次重大服饰变革。唐代男子服饰，凡是从餐的餐服和参加重大政事活动的朝服与隋代基本相同，而形式上则比隋代更富丽华美。一般场合所穿的公服和平时燕居的生活常服，则吸收了南北朝以来在华夏地区已经流行的胡服，特别是西北鲜卑民族服装，以及中亚地区国家服装的某些特点，使之与华夏传统服装相结合，创制了具有唐代特色的服装新形式。圆领袍衫、幞头、革带、长靿靴配套，是唐代男子的主要服装样式。虽然唐代男装服式相对女装较为单一，但是在服色上有精细严格的规定。

唐代是中国封建社会的极盛期，经济繁荣、文化发达，对外交往频繁，世风开放，加之域外少数民族风气的影响，唐代妇女所受束缚较少。在这独有的时代环境和社会氛围下，唐代妇女服饰以其众多的款式、艳丽的色调、创新的装饰手法、典雅华美的风格，成为唐文化的重要标志之一。在唐代三百多年的历史中。最流行的有"襦裙服""女着男装"和"女着胡服"3种风格的服装。这些服饰不但是当时社会的时尚风向标，而且对现代社会女性的着装风格和审美倾向也产生了影响。唐代女子的发髻名目繁多、丰富多彩，主要有倭堕髻、回鹘髻等30余种。唐代妇女还喜欢利用假发进行装饰。唐代妇女对面部化妆十分重视，既承袭前代遗风，又刻意创新，可谓奇特华贵、变幻无穷，出现了中国古代服饰史上空前绝后的面妆盛况。面部化妆一般是敷铅粉、抹胭脂、涂鹅黄、画黛眉、点口脂、描面靥和贴花钿。

唐代的织、染、印、翻绣等制作工艺都已十分发达，织物品种花式丰富多彩、织造精巧，其精美程度可称为当时同类产品的世界之最，在世界上享有盛誉。唐代服饰织物的艺术风格以富丽绚烂、流畅圆润为特征，装饰纹样以动物、花卉所占比重最大，鸟兽成双、左右对称，花团锦簇、生趣盎然。其中，最具时代特色的是联珠纹、团花纹和宝相花纹。唐代宝相花纹吸收牡丹、莲花等花形特点，成为富贵吉祥的象征。唐代的军服从样式到工艺，都比前代有了很大的进步。初唐的铠甲和戎服基本保持着南北朝至隋代的样式和形制；贞观以后，进行了一系列服饰制度的改革，渐渐形成具有唐代风格的军戎服饰。唐高宗、武则天两朝，国力鼎盛、天下承平，上层集团奢侈之风日趋严重，戎服和铠甲大部分脱离了实用的功能，演变成为美观豪华，以装饰为主的礼仪服饰。"安史之乱"后，重又恢复到金戈铁马时代利于作战的实用状态，铠甲于晚唐形成基本固定的形制。

五代十国分裂时期，服饰仍大体沿袭唐制。五代男子一般穿圆领衫子，腰系帛鱼，头戴幞头。幞头变化较显著，由软脚变为硬脚。五代时期，不再崇尚奢侈华丽，转而追求淡雅和清秀，女装基本同晚唐相似，以窄袖短襦和长裙为主。不同之处是女子襦裙的腰身下移，更便于穿着和行动。妇女流行缠足，鞋履式样发生变化。

581年，隋文帝杨坚夺取北周政权建立隋朝，后灭陈统一中国，结束了西晋末年以来分裂割据的局面。隋初厉行节约，衣着简朴。至隋炀帝即位，才下诏宪章古制，完成对汉族服饰制度的重新拟定。618年唐朝建立，唐代疆域广大、政令统一、物质丰富，与西域、中亚细亚及中东各国各民族频繁的贸易往来和文化交流，更促进了唐朝经济、文化的繁荣与发展。唐王朝的经济、文化已经达到中国封建社会有史以来的鼎盛时期，其艺术、服饰风格出现了自由、奔放、积极、活泼等特点。传统风格、自然的人文风格、西域风格、宗教风格等争奇斗艳。近三百年的唐代服饰经过长期的承袭、演变、发展，成为中国服装发展史上一个极为重要的时期。五代十国的服饰基本延续了唐代旧制，没有太大变化。

一、隋代服饰

在近三百年的分裂以后，隋王朝统一了南北大地，虽然隋代国祚短暂，但是它在统一大业上做出的贡献是不可低估的。从出土文物来看，隋代的服装基本上仍保持着北朝的式样，处在承前启后的一个时期。隋文帝在服饰上没有严格的规定，而且对于等级尊卑也不太重视。至隋炀帝时期，为了显示皇帝的权威，其恢复了秦汉以来推行的章服制度，由于经济逐渐恢复，致使崇尚华丽铺张的风气日盛并且一直延续至唐代。

（一）恢复冕服上的十二章纹样

自周代确立的冕服十二章纹样，在南北朝时期曾经有所改变，即将十二章纹样中的日、月、星辰三章放到了旗帜上，而服装上仅保留九章。至隋炀帝时，他取"肩挑日月，背负星辰"之意，将日、月两章分列两肩，星辰列在背后，又将日、月、星辰三章放回到冕服上，恢复了自西周确立的十二章纹样。自此，十二章纹样再次成为历代皇帝冕服的既定装饰。

（二）改革冕冠

隋文帝在位时平时只戴乌纱帽，隋炀帝则根据不同场合戴通天冠、远游冠、武冠、皮弁等不同的冠，并制定了新的规定。冕冠前后都有象征尊卑的冕旒，其数量越多，表示地位越高，反之亦然。冕旒用青珠，皇帝十二旒十二串，亲王九旒九串，侯八旒八串，伯七旒七串，三品七旒三串，四品六旒三串，五品五旒三串，六品以下无珠串。可不要小看这小小的冕旒，隋炀帝（杨广）曾借助它取得隋文帝的信任，进而得到了帝位。隋炀帝做太子的时候，他所戴的冕冠上的冕旒所用的白色珠子的长度与隋文帝非常相近，他为了表现自己对文帝的尊敬，表达自己的谦卑之心，上书要求文帝将自己的冕旒珠子的颜色改为青色，旒数改为九串，长度也比天子的缩短两寸。古代帝王最忌讳的就是别人对自己地位的僭越，因此，隋文帝对杨广所奏十分满意，就放松了对他的戒心。除此之外，隋炀帝对其他的冠也做了详细的规定：通天冠也是根据珠子的多少表示地位的高下，隋炀帝所戴的通天冠，装饰金博山；隋炀帝戴的皮弁用十二颗珠子装饰，太子和一品官九琪，下至五品官每品各减一琪，六品以下无琪；进贤冠，以冠梁区分级位高低，三品以上三梁，五品以上二梁，五品以下一梁；谒者大夫戴高山冠，御史大夫、司隶等戴獬豸冠。

（三）百官服饰

文武百官的朝服为绛纱单衣，白纱中单，绛纱蔽膝，白袜乌靴。男子官服在单衣内襟领上衬半圆形的硬衬"雍领"。戎服五品以上紫色，六品以下绯与绿色，小吏青色，士卒黄色，商贩皂色。另外，隋代官员穿南北朝裤褶服可以从驾，唐初也穿朱衣、大口裤入朝，但到上元十五年，因裤褶服非古礼而被禁止。武官多穿大袖襦、大口缚裤，虎皮柄裲裆铠、靴子，头戴介帻，右手执双环刀，把上嘴唇的胡子的两端捻成菱角形略微上翘，下颌的胡须或打成单辫下垂，或打成两辫分列两旁。这种缠须的风气源于北方少数民族，从晋代起影响中原。

（四）女子服饰

隋炀帝所规定的皇后服制有棉衣、朝衣、青服、朱服。贵妇穿大袖衣、外披帔或小袖衣，隋代贵妇所披的小袖外衣多为翻领式。侍从婢女及乐伎则穿小袖衫、高腰长裙，腰带下垂，肩披帔帛，给人俏丽修长之感（图2-13）。

梳丫髻，穿
大袖衫，着长裙，
束腰裙，脚穿高
头履

图2-13　隋代仕女服饰

二、唐代服饰

　　唐初推行"均田制"的土地分配和"租庸调"的租赋劳役制度，经贞观、
开元两个阶段，经济得到极大的发展，出现了空前繁荣的景象。唐代的文学
艺术空前繁荣，唐诗、书法、洞窟艺术、工艺美术、服饰文化都在华夏传统
的基础上，吸收融合域外文化而推陈出新。唐代疆域广大、政令统一、物质
丰富，对外交流频繁，长安是当时最发达的国际性城市。唐代国家强大，人
民充满着民族自信心，对于外来文化采取开放政策，外来异质文化成为大唐
文化的补充和滋养，使唐代服饰呈现雍容大度、百美竞呈的气象，这是中国
服装史上一次重要的服饰变革。

（一）唐代男子服饰

唐高祖李渊（566—635年）于武德七年颁布著名的"武德令"，其中包括服装的律令，内容基本因袭隋朝旧制，凡是从祭的祭服和参加重大政事活动的朝服与隋代基本相同，而形式上则比隋代更富丽华美。一般场合所穿的公服和燕居的生活常服，则吸收了南北朝以来在华夏地区已经流行的胡服，特别是西北鲜卑民族服装及中亚地区国家服装的某些特点，使之与华夏传统服装相结合，创制了具有唐代特色的服装新形式。圆领袍衫、幞头、革带、长勒皂革靴配套，是唐代男子的主要服装样式。虽然，唐代男装服式相对女装较为单一，但是在服色上有详细严格的规定。

1. 圆领袍衫

又称团领袍衫，属上衣下裳连属的深衣制，一般为圆领、右衽，领、袖及衣襟处有缘边，前后衣襟下缘各接横襕，以示下裳之意。文官衣略长而至足踝或及地，武官衣略短至膝下。袖有宽窄之分，多随时尚而变异，有单、夹之别。穿圆领袍衫时，头戴幞头，足蹬长勒皂革靴，腰束革带，这套服式一直延至宋、明。

由于圆领袍衫简单、随意，同时包含了对上衣下裳祖制继承的含义，不失古礼，在当时深受欢迎，上自天子、下至百官士庶咸同一式。但是，由于袍服过于简单，使中国古代服饰中的等级制度难以像冕服那样明显地分辨出来。于是，唐代官员的袍服主要以颜色来区分等级。在唐以前，黄色上下可以通服，例如，隋朝士卒服黄。唐代认为赤黄近似日头之色，日是帝皇尊位的象征，"天无二日，国无二君"。故赤黄（赭黄）除帝皇外，臣民不得僭用，把赭黄规定为皇帝常服专用的色彩。唐高宗李治（628—683年）初时，流外官和庶人可以穿一般的黄（如色光偏冷的柠檬黄等），至唐高宗中期总章元年（668年），恐黄色与赭黄相混，官民一律禁止穿黄。自此黄色就一直成为帝皇的象征。

唐高祖曾规定大臣们的常服，亲王至三品用紫色大科（大团花）绫罗制作，腰带用玉带钩。五品以上用朱色小科（小团花）绫罗制作，腰带用草金钩。六品用黄色（柠檬黄）双钏（几何纹）绫制作，腰带用犀钩。七品用绿色龟甲、双巨、十花（均为几何纹）绫制作，带为银绮（环扣）。九品用青色丝布杂绫制作，腰带用瑜石带钩。唐太宗李世民（599—649年）时期，四方平定、国家昌盛，他提出偃武修文，提倡文治，赐大臣们进德冠，对百官常服的色彩又做了更细的规定。据《新唐书·舆服志》所记，三品以上袍衫紫色，束金玉带，十三绮。四品袍深绯，金带十一镑。五品袍浅绯，金带十绮。六品袍深绿，银带九筹。七品袍浅绿，银带九绔。八品袍深青，九品袍浅青，瑜石带八绔。流外官及庶人之服黄色，铜铁带七筹（总章元年又禁止流外官及庶人服黄，已见上述）。唐高宗龙朔二年（662年）因怕八品袍服深青乱紫，改成碧绿。唐代品色服制的正式确立，为中国古代官服制度增加了新的内容，成为继冕服和佩绶制度后第三种能有效区分等级的服饰标志，并且直接影响到了后世——宋、辽、元、明代的服饰制度。

2. 幞头

又名"软裹"，是一种用黑色纱罗制成的软胎帽。相传始于北齐，始名"帕头"，至唐始称"幞头"。初以纱罗为之，至唐代，因其软而不挺，乃用桐木片、藤草、皮革等在幞头内衬以巾子（一种薄而硬的帽子坯架），保证裹出固定的幞头外形。唐封演《封氏闻见记·卷五》载："幞头之下别施巾，象古冠下之帻也。"裹幞头时，除了在额前打两个结外，还在脑后扎成两脚，自然下垂。后来，取消前面的结，又用铜、铁丝为干，将软脚撑起，成为硬脚。唐代时皇帝所用幞头硬脚上曲，人臣则下垂，五代渐趋平直。

幞头名称依其式样演变而定，开始是平头小样，《旧唐书·舆服志》谈到唐高祖武德时期流行"平头小样巾"。以后幞头造型不断变化，武则天赐给朝贵臣内高头巾子，又称为"武家诸王样"。唐中宗赐给百官英王踣样巾，式样高踣而前倾。唐玄宗开元十九年（731年）赐给供奉官及诸司长官罗头巾及官样巾子，又称"官样圆头巾子"。到晚唐时期，巾子造型变直变尖。幞头由一块民间的包头布演变成衬有固定的帽身骨架、展角造型完美的乌纱帽，前后历经了上千年的历史，直到明末清初才被满式冠帽所取代。

（二）唐代女子服饰

1. 襦裙服

唐代女子的襦裙服主要是指由裙、襦、衫、半臂、帔帛等搭配而成的服装样式。

（1）窄袖衫襦。初唐的女子服装，大多是上穿窄袖衫或襦，下着长裙，腰系长带，肩披帔帛，足着高头鞋，这是该时期女子服装主要时尚样式。窄袖的襦、衫，身长仅及腰部或脐部，领子造型比较丰富，应用较普遍的有圆领、方领、鸡心领、直领、斜领、双弧领、翻领，还有许多种异形领。领口开得既大又低，使胸部直接袒露于外；后来，衣领越开越大，直到一字敞开领，使着衣者肩、胸、背全部外露，十分自由开放。下面所穿的瘦长的裙子往往拖地，裙腰高及胸上或乳部，有时还在窄袖衫外罩穿一件半袖短衫，称"半臂"。这种风格的襦裙装给人的视觉印象是修长动人，衣着轻盈俏丽，再加之帔帛相配，使初唐女子服饰形成了一种轻盈飘逸、仙来神往的风格，这种风格对后世与邻国有较大的影响，并成为后世流行风尚不断转换的风格之一。

（2）半臂与帔帛。半臂与帔帛是襦裙服的重要组成部分。半臂，又称"半袖"，是一种从短襦脱胎出来的服式，因其袖长在长袖与裲裆之间，故名半臂。一般为对襟，衣长与腰齐，并在胸前结带。样式还有"套衫"式的，穿时由头套穿。半臂下摆，可显现在外，也可以像短襦那样束在裙腰里面。帔帛，又称"画帛"，通常由一轻薄的纱罗制成，上面印画图纹。长度一般为2米以上，用时将它披搭在肩上，并盘绕于两臂之间。走起路来不时飘舞，十分美观。从传世的壁画、陶俑来看，穿着这种服装，里面一定要穿内衣（如半臂），不能单独使用。

（3）袒胸裙衫。唐代的袒胸大袖衫，又称"明衣"，因其薄而透明故得名。明衣原为礼服的一部分，用薄纱制成，穿着于内。至唐代，被当作外衣，肌肤若隐若现，使唐代女子平添了几分风韵与性感。唐代女子的裙装腰高至胸部，袒露胸背，裙长曳地，造型瘦俏，可以充分展现其形体美。从唐代壁画中可以看到唐代女子穿裙亭亭玉立的秀美形象。裙的色彩以绯、紫、黄、青等为流行，其中又以石榴红裙流行时间最长，李白有"移舟木兰棹，行酒石榴裙"，白居易有"眉欺杨柳叶，裙妒石榴花"，万楚有"眉黛夺将萱草色，红裙妒杀石榴花"，武则天《如意娘》诗曰："不信比来长下泪，开箱验取石榴裙。"后来，"石榴裙"就被当作妇女的代称。时至今日，我们仍可听到"拜倒在石榴裙下"。当时，石榴裙流行范围之广，可见《燕京五月歌》中的记载："石榴花发街欲焚，蟠枝屈朵皆崩云，千门万户买不尽，剩将儿女染红裙。"另外，还有众多间色裙，其中，裥裙、花笼裙和百鸟裙是较有代表性的裙式。裥裙是由两种或两种以上色彩的裙料互相拼接缝制而成的一种长裙，以幅多为时尚。花笼裙是用一种轻软细薄而且透明的丝织品，即单丝罗，上饰织纹或绣纹的花裙，罩在其他裙子之外穿用。唐中宗时，安乐公主的百鸟裙，更是中国织绣史上的名作，其裙子以百鸟毛为之，白昼看一色，灯光下看一色，正看一色，倒看一色，且能呈现出百鸟形态，可谓巧匠绝艺。一时，富贵人家女子竞相仿效，致使"山林奇禽异兽，搜山荡谷，扫地无遗"。

2. 女着男装

女着男装在中国封建社会中是较为罕见的现象，《礼记·内则》曾规定："男女不通衣裳。"女子穿男装，被认为是不守妇道。在气氛非常宽松的唐代，女着男装蔚然成风。女着男装，即女子全身仿效男子装束，这是唐代女子服饰的一大特点。《新唐书·五行志》载："高宗尝内宴，太平公主紫衫、玉带、皂罗折上巾，具纷砺七事，歌舞于帝前，帝与武后笑曰：'女子不可为武官，何为此装束'。"面对太平公主穿着全副男子武官服饰，唐高宗和武则天均取欣赏的态度。女着男装之风尤盛于开元天宝年间，《中华古今注》记："至天宝年中，士人之妻，著丈夫靴衫鞭帽，内外一体也。"唐代女着男装的现象还可从历史文物反映出来，唐高祖李渊孙妇金县公主的墓葬，出土了大批珍贵文物，其中两件女性骑马狩猎俑尤为醒目。两件女俑神情生动，英武而不失温婉，特别是两狩猎俑的服饰都是身穿白色圆领窄袖缺胯袍，腰系搭链，足蹬黑色的黦靴，一身典型的男儿装束。此外，唐永泰公主墓、韦顼墓石椁线刻画中也出现了女着男装的形象，在洛阳还出土了唐代女着男装的陶骑佣，这些女着男装的妇女有些穿缺胯袍，但头上仍露出高髻；有些身上穿着袍，头上裹幞头，但袍下仍是花裤或女式线鞋；有些上下俨然男装，但是，从面容、身态等，仍明显地透露出女性的柔媚。唐画家张萱《虢国夫人游春图》中九个骑马随行的女子中，有五人穿的是男式圆领袍衫、长裤和靴子，头裹幞头。女着男装使本来已经色彩缤纷的唐代女装更加富有魅力，唐代女着男装的服饰现象，是大唐文化博大精深、包容开放的具体表现。

（1）女着胡服。除了上述服装外，女着胡服也是唐代妇女的流行时尚。胡服的特征是翻领、窄袖、对襟，在衣服的领、袖、襟、缘等部位，一般多缀有一道宽阔的锦边。唐代妇女所着的胡服，包括西域胡人装束及中亚、南亚异国服饰，这与当时胡舞、胡乐、胡戏（杂技）、胡服的传入有关。当时，胡舞成为人们日常生活中的主要娱乐方式。唐玄宗时酷爱胡舞、胡乐，杨贵妃、安禄山均为胡舞能手，白居易《长恨歌》中的"霓裳羽衣曲"与霓裳羽衣舞即是胡舞的一种。由于对胡舞的崇尚，民间妇女以胡服、胡帽为美，形成了"女为胡妇学胡妆"的风气，元稹诗："自从胡骑起烟尘，毛毳腥膻满咸洛，女为胡妇学胡妆，伎进胡音务胡乐……胡音胡骑与胡妆，五十年来竞纷泊。"在陕西长安韦顼墓石椁装饰画中的妇女形象，头戴锦绣浑脱帽，身穿翻领窄袖紧身长袍，条纹小口裤，脚蹬透空软棉靴。

另外，唐代还流行一种叫作回鹘装的胡服。花蕊夫人《宫词》中有"回鹘衣装回鹘马"之句，反映了当时妇女喜好回鹘衣装的情况。在甘肃安西榆林窟壁画上，至今还可以看到贵族妇女穿着回鹘衣装的形象。从图像上看，这种服装略似长袍，翻领，袖子窄小，衣身宽大，下长曳地，多用红色织锦制成，在领、袖等处都镶有宽阔的织锦花边。头梳椎状回鹘髻，戴珠玉镶嵌的桃形金凤冠，簪钗双插，耳旁及颈部佩戴金玉首饰，脚穿笏头履。回鹘装的造型与现代西方某些大翻领宽松式连衣裙相似，是中国古代服饰文化融合希腊、波斯服饰文化的产物。

（2）胡舞服。唐代舞乐空前盛行，西域传人的流行舞蹈，使唐代舞蹈服装也带有强烈的异族风貌，唐代诗人吟诵讴歌的《柘枝舞》《胡旋舞》和《胡腾舞》均是对胡舞的描述。白居易的《柘枝妓》中有"紫罗衫动柘枝来，带垂钿胯花腰重"，张祜的《周员外席上视柘枝》中有"金丝蹙雾红衫薄，银蔓垂花紫带长"，《观杨瑗柘枝》中有"卷帘虚帽带交垂，紫罗衫宛蹲身处，红锦靴柔踏节时"，《李家柘枝》中有"红铅拂脸细腰人，金绣罗衫软著身"，《感王将军柘枝妓殁》中有"鸳鸯钿带抛何处，孔雀罗衫付阿谁？"等描述。柘枝舞的基本服装是身穿红色或紫色刺绣或手绘的窄袖罗衫，头戴珠玉刺绣卷帘虚帽，足蹬红锦靴。唐代舞服的设计追新求异，形式众多，在唐代洞窟壁画、雕塑、陶俑和绘画中保存着丰富的形象资料。

3. 女子首服

唐代女子的首服如同其服装一样丰富多彩，在不同的时期分别流行不同的样式，主要有幂篱、帷帽、胡帽等。

（1）幂篱。幂篱本为缯帛制成的长巾，可将头、脸及全身掩盖。《中华古今注》载："幂篱，类今之方巾，全身障蔽，缯帛为之。"幂篱之制来自北方民族，因为风沙很大，故用布连面带体一并披上，前留一缝，可开可合。初唐女子出门时，为免生人见到容貌戴幂篱。

（2）帷帽。贞观中叶以后，随着对外交往的扩大，西域及邻国商人、留学生纷纷来唐，其异国情调的装束引起了唐朝人浓厚的兴趣。一种高顶阔边、帽檐下垂有一圈透明纱罗的帷帽，成为妇人乘车骑马时遮挡风尘的装饰，代替了原来繁复不便的幂篱。《旧唐书·舆服志》记："贞观之时，宫人骑马者，依齐隋旧制，多着幂篱，虽发自戎夷，而全身障蔽，不欲途路窥之。王公之家，亦同此制。永徽之后，皆用帷帽，拖裙到颈，渐而浅露。"《说文解字段注》记："帷帽，如今之席帽，周回垂网也。"开元年间，宫人乘车骑马均戴帷帽。天宝年间，妇女干脆连帷帽也不戴了，直接在外骑马飞奔。

（3）胡帽。胡帽又称"浑脱帽"，是胡服中首服的主要形式，最初是游牧之家杀小牛，自脊上开一孔，去其骨肉，而以皮充气，谓之"皮馄饨"。至唐人服时，已用较厚的锦缎或乌羊毛制成，帽顶呈尖形，如"织成蕃帽虚顶尖""红汗交流珠帽偏"等诗句，即写此帽。

纵观唐代女子服饰，无论是妩媚的上衫下裙、酷意十足的仿男装，还是标新立异的胡服，都很好地引领了当时的风尚，不但是当时社会的时尚风向标，而且对现代社会女性的着装风格和审美倾向也产生了影响。

4. 发式与面妆

（1）发式。中国妇女自古以来就讲究发髻的变化，唐代女子的发髻更是名目繁多，丰富多彩，主要有螺髻、反绾髻、半翻髻、惊鹄髻、双鬟望仙髻、抛家髻、乌蛮髻、盘桓髻、同心髻、交心髻、拔丛髻、回鹘髻、归顺髻、闹扫妆髻、反绾乐游髻、丛梳百叶髻、高髻、低髻、凤髻、小髻、侧髻、囚髻、偏髻、花髻、云髻、双髻、宝髻、飞髻等。唐代妇女发型的特点是竞尚高大，喜欢利用假发进行装饰。在历史文物中有大量唐代妇女发式的形象资料，如西安永泰公主墓石椁线刻画，西安武氏圣历元年独孤思贞墓女俑，咸阳唐景龙四年薛氏墓壁域，西安唐开元二十八年杨思勖墓女俑，敦煌第130窟唐开元五年至十四年壁画都督夫人太原王氏供养像，西安唐开元十一年鲜于庭海墓女俑及唐代绘画《簪花仕女图》《捣练图》《虢国夫人游春图》等，这些直观的形象资料为我们了解、研究唐代女子发式提供了便利。

（2）面妆。唐代妇女对面部化妆十分重视，既承袭前代遗风，又刻意创新，可谓奇特华贵，变幻无穷，出现了中国古代服饰史上空前绝后的面妆盛况。面部化妆一般是敷铅粉、抹胭脂、涂鹅黄、画黛眉、点口脂、描面靥和贴花钿。据出土文物和古画人物的面妆样式，结合历史文献资料，我们可以大致了解唐代面妆的情况。首先是面部施粉，唇涂胭脂，相关的诗句描述丰富，如元稹的"敷粉贵重重，施朱怜冉冉"、张祜的"红铅拂脸细腰人"、罗虬的"薄粉轻朱取次施"等诗句，都是当时唐代女子面妆的生动描绘。敷粉施朱之后，要在额头涂黄色月牙状饰面，卢照邻诗中有"纤纤初月上鸦黄"，虞世南诗中有"学画鸦黄半未成"等句。唐代女子的眉式流行周期很短，唐代女子喜欢用青黑色颜料将眉毛画浓，叫作黛眉；描成细而长的叫蛾眉；粗而宽的叫广眉等。面颊两旁，以丹青朱砂点出圆点、月形、钱样、小鸟等，两个唇角外酒窝处也用红色点上圆点，这些谓之面靥。面靥原是用来掩饰面颊上的斑痕的，后来和贴花钿都作为妇女面部的装饰。贴花钿是唐女面妆中必不可少的，据说是由南朝宋武帝的女儿寿阳公主创始的寿阳落梅妆发展演变而来，温庭筠诗"眉间翠钿深"及"翠钿金压脸"等句道出其位置与颜色。另外，唐代女子还在太阳穴处以胭脂抹出两道，分在双眉外侧，谓之"斜红"，据说是由魏晋南北朝时期的薛夜来发明的晓霞妆发展演变而来。以上只是唐代妇女一般的面妆，另外还有别出心裁的样式，如《新唐书·五行志》记："妇人为圆鬟椎髻，不设鬓饰，不施朱粉，惟以乌膏注唇，状似悲啼者。"诗人白居易写道："时世妆，时世妆，出自城中传四方。时世流行无远近，腮不施朱面无粉。乌膏注唇唇似泥，双眉画作八字低，妍媸黑白失本态，妆成尽似含悲啼。"这些追新求异的妆容无不表明了唐代女妆登峰造极的盛况。

5. 唐代女子鞋履

唐代开始崇尚小脚，但许多女子仍为"天足"，故鞋履样式与男子无大差别。唐代妇女最典型的时尚鞋履，是继魏晋南北朝发展演变而出现的高头履，其特征是履头高翘，按履头形式可分云头履、重台履、雀头履、蒲草履等。《舆服志》云："妇人衣青碧缬，平头小花草履，彩帛缦成履……及吴越高头草履。"云头履，是一种高头鞋履，以布帛为之，鞋首絮以棕草，因其高翘翻卷，形似卷云而得名，男女均可穿着。新疆阿斯塔那唐墓出土的唐代云头锦履，以变体宝相花纹锦为面料，由棕、朱红、宝蓝色洒线起斜纹花，宝相花处于鞋面中心位置，鞋首以同色锦扎成翻卷的云头，平底，做工精致，此履为妇女所穿。重台履，也是一种高头鞋履，履头高翘，又在上部加重叠山状，顶部为圆弧形，男女均可穿着。唐代与西北各族的交往频繁，西域民族的服饰也影响了汉族服饰，使唐代的鞋样有了新的变化，时尚女子常用彩色皮革或多彩织锦制成尖头短靴，有的还在靴上镶嵌珠宝。

（三）唐代服饰纹样

唐代的经济、文化处于中国封建社会的鼎盛时期，统治阶级开明的意识使唐代形成了能够容纳不同思想意识和文化形态的宽广胸怀，对各国文化采取了广收博采的态度。唐代的文化、艺术无论是在形式上还是在内容上，都呈现出前所未有的绚丽多彩，服饰更是表现出多种文化的碰撞与交融，传统风格、自然风格、西域风格、宗教风格等多种风格相互影响，多样而统一，服饰及织物装饰纹样的风格呈现出自由、奔放、富丽、华美的特点。唐代的织、染、印、刺绣等制作工艺都已十分发达，织物品种花式丰富多彩，织造精巧，其精美程度可称当时同类产品的世界之最，在世界上享有盛誉，唐代绘画作品中的"绮罗人物"真实地反映了当时服饰织物的华美。

唐代服饰织物的艺术风格以富丽绚烂、流畅圆润为特征，装饰纹样以动物、花卉所占比重最大，鸟兽成双，左右对称，花团锦簇，生趣盎然。其中，最具时代特色的"联珠纹"以及因章彩绮丽而广为流行的"陵阳公样"深受西域波斯文化的影响，其设计对象以动物为主，有对马、对狮、对羊、对鹿、对凤等，动物成团状，与联珠纹合用。同时，还流行团花纹样，这种图案以植物花草为主，组织结构大而饱满，从唐代《簪花仕女图》人物的服装中就能看到这种典型纹样。唐代服饰纹样由于受佛教思想的影响，装饰图案以富丽的宝相牡丹图案最为盛行。宝相花源于佛教，佛家称佛像为"宝相"，宝相花的装饰造型源于莲花，但在唐代其形更似牡丹。牡丹在唐代有国色天香之美誉，在唐代织锦中，牡丹花呈团花状，纹样层次丰富，花型华丽而饱满，线条圆润流畅，舒展自由而生气蓬勃，装饰性极强。唐代推崇牡丹，因其代表唐代富丽华美的审美倾向，唐代服饰图案的宝相花更是吸收了牡丹、莲花等花形特点，成为富贵吉祥的象征。从敦煌莫高窟的彩塑和壁画中的服饰图案，可以领略到唐代表现自由、丰满、华美、圆润的服饰纹样以及注重对称的装饰艺术效果。

（四）唐代的首饰佩饰

1. 假髻

唐代妇女盛行高髻，不但以假发补充，而且像汉代巾帼那样做成戴或脱方便的假髻，称为"义髻"。《唐书·五行志》记载："天宝初，贵族及士民好为胡服胡帽，妇人则簪步摇钗，衿袖窄小。"杨贵妃常以假髻为首饰，好服黄裙，时人为之语曰："义髻抛河里，黄裙逐水流。"

2. 发钗

隋代的发钗为双股形，有的一股长、一股短，以方便插戴。中晚唐以后，发钗的钗首花饰变得简单，另有专供装饰用的发钗，钗首花饰近于鬓花。晚唐适应高髻需要，出现了长达30~40厘米的长钗，仅江苏丹徒就出土700多件，陕西西安、浙江长兴等地也有发现。西安南郊惠家村唐大中二年墓出土的双凤纹鎏金银钗长37厘米，钗头有镂空的双凤及卷草纹，形象丰美。广州皇帝岗唐代墓出土的金银首饰中有花鸟钗、花穗钗、缠枝钗、圆锥钗等，用模压、雕刻、剪凿等工艺制成，每式钗都是一式两件，花纹相同而方向相反，可知是左右分插。

3. 步摇

唐代贵妇簪步摇，在陕西西安韦顼墓壁画、陕西乾县李重润墓石刻都有簪步摇的人物形象。《杨妃外传》记：唐玄宗叫人从丽水取最上等的镇库紫磨金，琢成步摇亲自给杨贵妃插于鬓上。"云鬓花颜金步摇"是唐代诗人对杨贵妃的描写。

4. 梳篦

自魏晋在妇女头上流行插梳之风，至唐更盛，这种梳篦常用金、银、玉、犀等高贵材料制作。插戴方法，在唐代绘画如张萱《捣练图》、周昉《纨扇仕女图》及敦煌莫高窟唐代供养人壁画中均能看到。《捣练图》所画的插梳方法，有单插于前额、单插于髻后、分插左右顶侧等形式。《纨扇仕女图》中仕女插梳的方法有单插于额顶、在额顶上下对插两梳及对插三梳等形式。敦煌莫高窟第103窟盛唐供养人乐廷瑰夫人花梳插于右前额，旁簪凤步摇，头顶步摇凤冠。至晚唐时期，头上插的梳篦越来越多，最多达十几把。元稹《恨妆成》中"满头行小梳，当面施圆靥"，王建《宫词》中"归来别赐一头梳"等诗句都反映出当时这种插梳风尚。汉代的梳多为马蹄形，唐代把造型拉长成月牙形，五代以后，梳背变成压扁的梯形。

5. 手镯

唐代的手镯制作华贵精美，一般的手镯，镯面多为中间宽、两头狭，宽面压有花纹，两头收细如丝，朝外缠绕数道，留出开口可于戴时根据手腕粗细进行调节，戴脱方便。这类手镯有金制的，也有以金银丝嵌宝石的。1944年，在四川成都锦江江岸一座晚唐墓中发现一件银镯，镯环空心，断面呈半圆形，里面装有一张极薄的佛教经咒印本，斯坦因在敦煌莫高窟藏经洞曾盗走一张与此类似的宋代经咒印本，印着"若有人持此神咒者，所在得胜，若有能书写带在头者，若在臂者，是人能成一切善事，最胜清净，为诸天龙王之拥护，又为诸佛菩萨之所忆念……"由此得知，唐宋时期还有在手镯内藏带经咒护身的风俗，后世认为戴手镯能辟邪、长寿，正是古代宗教思想留下来的传统观念。

（五）唐代军戎服装

唐代的军服从样式到工艺，都比前代有了很大的进步。初唐的铠甲和戎服基本保持着南北朝至隋代的样式和形制。贞观以后，进行了一系列服饰制度的改革，渐渐形成了具有唐代风格的军戎服饰。高宗、则天两朝，国力鼎盛，天下承平，上层阶级奢侈之风日趋严重，戎服和铠甲的大部分脱离了实用的功能，演变成为美观豪华、以装饰为主的礼仪服饰。

"安史之乱"后，重又恢复到金戈铁马时代的那种利于作战的实用状态，特别是铠甲，晚唐时已形成基本固定的形制。唐代的铠甲，据《唐六典》记载，有明光甲、光要甲、细鳞甲、山文甲、乌锤甲、白布甲、皂绢甲、布背甲、步兵甲、皮甲、木甲、锁子甲、马甲十三种名称。其中，明光甲、光要甲、锁子甲、山文甲、乌锤甲、细鳞甲是铁甲，后三种是以铠甲的甲片式样来命名的。皮甲、木甲、白布甲、皂绢甲、布背甲，则是以制造材料命名。唐代的胄甲用于实战的主要是铁甲和皮甲。除铁甲和皮甲外，唐代铠甲中比较常用的还有绢布甲。绢布甲是用绢布一类纺织品制成的铠甲，它结构比较轻巧，外形美观，但没有防御能力，故不能用于实战，只能作为武将平时服饰或仪仗用的装束。

三、五代时期服饰

五代自后梁开平元年（907年）至南唐交泰元年（958年）约50年，虽处于五代十国分裂时期，但服饰方面官服仍大体沿袭唐制。五代的官服式样承唐启宋，男子一般穿着圆领衫子，腰系帛鱼，头戴幞头。幞头变化较显著，自晚唐以后，由软脚变为硬脚。五代时期，人们不再崇尚奢侈华丽，转而追求淡雅和清秀。女装基本同晚唐相似，以窄袖短襦和长裙为主。不同之处是女子襦裙的腰线下移，相比于唐代的高束胸腰线，更便于穿着和行动。裙带加长，披帛也较晚唐狭长，约三四米，上衣加半臂，交领或对襟。另外，自五代开始，妇女流行缠足，相传始于南唐后主的嫔妃窅娘，她以帛绕足，令其纤小作新月状，舞于莲花之上。一时人皆仿效，结果引发了风行千年的裹足陋习，并因此影响了中国的鞋履式样、中国妇女的体态乃至中国女性的思想。

南唐画家顾闳中所画的《韩熙载夜宴图》比较真实地反映了当时的服饰情况，可以从中了解五代服饰。图中男子除韩熙载及另一僧人以外，都戴幞头，着襕袍。幞头的两脚微微下垂，可能在其中纳有"丝弦"，故有些弹性，是晚唐五代通用的样式。韩熙载本人，则头戴纱帽，身穿宽衫，脚穿蒲鞋，完全是一种家常便服。图中妇女服饰也符合当时的实情，以短襦和长裙为主，也有圆领袍衫。腰间一般都用绦带系束，余下部分下垂，形似两条飘带。披帛较唐代狭窄，但长度有明显增加。

第四节
宋、辽、金、元时期的服饰文化

一、宋代服饰

北宋（960—1279年）初年，在官员的冠服制度上，宋朝十分重视恢复旧传统，尤其是聂崇义编纂的《三礼图》对当时的服饰制度起了很重要的作用。

编纂《三礼图》的宗旨是"详求原始",即详细考证古代的服饰制度,以"恢尧舜之典,总夏商之礼"。尽管事实上与古代礼仪制度尚有较大的差距,但经过皇帝的钦定,就成为恢复的蓝本了。宋仁宗景佑、康定年间（1034—1041年）。对冠冕的尺寸、质料、颜色和衮服的章纹重新规定,同时调整百官的朝服制度。以后在宋徽宗大观、政和年间（1107—1118年）,对所制官服皆先画出样稿后交司礼局（掌管礼仪的机构）监制,并且根据古代礼制编成《祭服制度》。由于对恢复古代服饰制度的重视,宋代男子的官袍以隋唐时期的圆领袍衫形制为主,结合古代制度,形成宋代的独有特点。同时。与官服配套的革带、佩鱼、方心曲领等配件与官员的品缀密切相连（图2-14）。

图2-14　宋代女子服饰

隋唐时期的幞头,发展到宋代成为男子的主要首服,幞头的形制和前代有明显的不同,幞头变成了帽子,并且成为文武百官的规定服饰,所以宋代的文人雅士又恢复了古代的幅巾制度,此时的幅巾可以裹成各种形式,并且以人物、风景、植物等来命名。

宋代,"程朱理学"在哲学体系中占有统治地位,"程朱理学"由北宋时期的程颢、程颐兄弟创立,到南宋时由朱熹完成,他们提出了"三纲五常,仁义为本""存天理而灭人欲"等哲学思想。"程朱理学"对服饰的影响,具体表现为质朴、典雅甚至拘谨的服饰风格,服饰美学观时时受到"程朱理学"的制约。在这种理学思想的支配下,人们的审美观念相比唐代发生了很大变化,例如在建筑上,出现了以白墙黑瓦为主体的艺术形式,槛枋梁栋不设颜色,只用木质的自然美感。在绘画上,常采用清秀简洁的水墨画和淡彩画形式。在服饰上,表现得更为明显,整个社会崇尚俭朴,反对华丽。南北宋时期的女子服饰,特别是南宋时期,在审美上深刻地受到了"程朱理学"的影响。女子的褙子、襦、袄、衫、裙等,在风格上崇尚简练、质朴、洁净、自然，不刻意追求新颖，避免与众不同；在色彩上一反唐代的浓艳、鲜丽，体现出淡雅、恬静、简约至极的"理性美"。

（一）概述

960年，后周大将赵匡胤在陈桥发动兵变，黄袍加身，率军队回到首都开封夺取政权，建立了宋王朝，史称北宋。1127年，东北地区的女真族利用宋王朝内部危机，攻入汴京，掳走北宋徽、钦二帝，国号为金。钦宗之弟康王赵构南越长江，在临安（今浙江杭州）登基称帝，史称南宋。宋太祖在陈桥兵变中获得政权后，只考虑到赵家政权的得失，利用杯酒释去众将手中的兵权。当辽、金、西夏等游牧民族武力入侵的时候，无力与之抗衡，只得大量攫取民间财物向异族统治者称臣纳贡，换取暂时的和平，最后偏安江南，继而被蒙古统治者灭亡。在危急时刻，宋朝统治阶级不是采取修明政治变革图强的政策，而是强化思想控制，进一步从精神上奴化人民。在这种背景下，出现了"程朱理学"和以维护封建道统为目的的聂崇义《三礼图》。宋代的整个社会文化趋于保守，"偃武修文"的基本国策，使"程朱理学"占据统治地位，主张"言理而不言情"。在这种思想的支配下，人们的美学观念也发生了变化，整个社会舆论主张服饰不应过分豪华，而应崇尚简朴，尤其是妇女的服饰，更不应该奢华。朝廷也曾三令五申，多次申明服饰要"务从简朴，不得奢侈"，从而使宋代服装具有质朴、理性、高雅、清淡之美。宋代十分重视恢复旧有观念的冠服制度，从《宋史·舆服志》提到的几次重大的服制改革中，可以看出这种倾向。尤其是宋太祖建隆二年（961年），博士聂崇义的《三礼图》，对当时礼服制度的制定起了很重要的作用。尽管《三礼图》的内容与古代礼仪制度有很大的差距，但经皇帝钦定后，便成了以后力图恢复旧制的蓝本了。宋代民间服饰则在自给自足的经济基础上，充分运用刺绣、手工印染等方法进行美化装饰。另外，质朴明朗的蓝印花布服装（药斑布）在宋代民间盛行。

（二）男子服饰

1. 官服

（1）朝服。宋代百官的朝服由绯色罗袍裙，衬以白花罗中单，束以大带，再以革带系绯罗蔽膝，方心曲领，白绫袜、黑皮履。六品以上官员挂玉剑、玉佩。另在腰旁挂锦绶，用不同的花纹作官品的区别。着朝服时戴进贤冠、貂蝉冠（即笼巾，宋代笼巾已演变成方顶形，后垂披幅至肩，冠顶一侧插有鹖羽）或獬豸冠，并在冠后簪白笔。手执笏板。

①朝服佩戴的三种冠。朝服佩戴的三种冠分别为进贤冠、貂蝉冠和獬豸冠。

进贤冠用漆布做成，冠额上有镂金涂银的额花，冠后有"纳言"，用罗为冠缨垂于颔下结之。用玳瑁、犀角做的簪横贯于冠中，即用簪子穿过发髻中由另一头的冠孔中穿出，使其牢固。冠上有银底涂金的冠梁，宋初分五梁、三梁、二梁；至元丰及政和后分为七梁、六梁、五梁、四梁、三梁、二梁七等。其中，第一等是在七梁冠上加貂蝉笼巾，第二等是在七梁冠上不加貂蝉笼巾，第三等六梁，第四等五梁，第五等四梁，第六等三梁，第七等二梁。第一等为亲王、使相、三师、三公等官所戴；第二等为枢密使、太子太保等官所戴；六梁冠为左右仆射至龙图等直学士诸官所戴；五梁冠为左右散骑常侍至殿中少府将作监所戴；其下则各按其梁数依次降差，依职官大小而戴之。进贤冠的梁，是在冠上并排直贯于顶上的金或金涂银和铜做成的，排的多寡即是梁的数目。

貂蝉冠，又叫作"笼巾"。用藤丝织成，外涂以漆，其形正方，左右有用细藤丝编成像蝉翼般的二片，饰以银，前有银花，上缀以黄金附蝉，后改为玳瑁附蝉，左右各为三小蝉，并有玉鼻在左旁插以貂尾，所以叫作貂蝉笼巾。是官职最高的如三公、亲王等于侍祠及大朝会时加于进贤冠上而戴之，亦即第一等的冠饰。

獬豸冠，亦即进贤冠之类，不过在其梁上刻木作为獬豸角的形状，并以碧粉涂之。它的梁数，按其本官的品级而定。在隋代亦有在冠加珠两颗作为獬豸角形，后改为一角。传说獬豸是一种神羊，如麟而一角，这种兽，能分别曲直，见人斗则触其不直者，闻人论而咋其不正者。所以历来就把这种冠给执法者，如御史台中丞、监察御史等官戴之，因而也叫作"法冠"。

②方心曲领。宋代以前，官员穿着朝服，只在里面衬一个圆形护领，从宋代开始，凡穿朝服，项间必套一个上圆下方，形似璎珞锁片的饰物。这个饰物，被称作"方心曲领"，实际在功能上用以防止衣领臃起，起压贴的作用。

③簪白笔。宋代官员穿朝服时有一种立笔的形制，即在冠上簪以白笔，削竹为笔干，裹以绯罗，用丝作毫，拓以银镂叶而插于冠后。此本为古代珥笔之意，旧时簪此白笔以奏不法的官员所用。宋代旧令，本为文职七品以上服朝服者簪白笔，武官则不簪，其后武官也有簪之者。

④笏。笏，即手板。《释名》曰："笏，忽也，君有教命及所启白，则书其上，备忽忘也。"古时贵贱皆执笏板，不执的则插之于腰带中，有事则书之，所以同簪笔有连带的作用。宋代着绯袍者用象牙为笏，着绿袍者用槐木为笏。笏初时体形短而厚，至皇佑间作极大而薄，其形则向身微曲，后又用直形。

（2）公服。

①公服。公服也叫作"从省服"，唐代的公服与常服有明显的区别，而宋代则将公服与常服合二为一，称公服为常服，其服制基本承袭唐代。宋代官员在朝会、公务等场合常穿公服，样式为圆领大袖，腰间束以革带，头上佩戴幞头，脚登靴或革履。其中，革带是官职标志之一，凡绯紫服色者都加佩鱼袋。宋代常服承袭唐代以服色来区别官职大小的服制，三品以上用紫，五品以上用朱色，七品以上用绿色，九品以上用青色。北宋神宗元丰年间（1078—1085年）改为四品以上用紫色，六品以上用绯色，九品以上用绿色。

②幞头。幞头是宋代官员常服的首服，宋代幞头和唐代幞头相比有所创新，最明显的变化是幞头的两脚。宋代幞头已由唐代的软脚发展为各式硬脚，且以直脚为多，两脚左右平直伸展并加长，每个幞脚最长可达一尺多，这种两脚甚长的幞头成为宋代典型的首服式样。据说宋代使用这种幞头是为了防止官员上朝交头接耳。官员们戴上这种左右伸展得很长的直角幞头上朝，必须身首端直，稍有懈怠，就会从两个翘脚上反映出来。当然，群臣之间若在朝上交头接耳、私下议论些什么，两翅更会随着身体的微微晃动而晃动，容易被发现。元代俞琰《席上腐谈》记载："宋又横两角，以铁线张之，庶免朝见之时偶语。"另外，宋代幞头内衬木骨，取代唐代的藤草内衬，然后外罩漆纱，做成可以随意脱戴的幞头帽子，平整又美观。宋代幞头种类繁多，《梦溪笔谈·卷一》载："本朝幞头有直脚、局脚、交脚、朝天、顺风，凡五等，唯直脚贵贱通服之。"直脚又名平脚或展脚，即两脚平直向外伸展的幞头；局脚是两脚弯曲向上卷起的幞头；交脚是两脚翘起于帽后相交成为交叉形的幞

头，为仆从、公差或卑贱者服用；朝天是两脚自帽后两旁直接翘起而不相交的幞头；顺风幞头的两脚则顺向一侧倾斜，呈平衡动势。此外，还有一种近似介帻与宋式巾子的幞头，名为曲翅幞头；另有不带翅的幞头，为一般劳动人民所戴；再有取鲜艳颜色加金丝线的幞头，多作为喜庆场合（如婚礼）戴用。

③革带。革带，是宋代区分官职高低的附属物，革带由带头、带镑、带辊和带尾四部分组成。革就是皮带，是腰带的基础。革带的形制一般分为前后两节，前面的一节在末端装有带尾，穿着时带尾要朝下，喻示官员对朝廷的忠顺；带身则钻有小孔，与后面的一节在两端扣合。后面的一节装饰有"带筟"，从后背带镑的材质和色彩即可判断官员的品级。大体而言，天子及皇太子用玉，大臣用金，亲王、勋伯间赐以玉，次则金镀银、犀（通天犀除外，犀又有上等与次等两种）、银，其下则铜、铁、角、黑玉之类。按元丰官制，侍从官、给事中以上乃得服金带。所以，在宋代能束金带者颇以为荣，如既得金带而又得佩金鱼袋，则谓之"重金"，那就更为显要了。因此有人戏作诗云："腰下几时黄"，意思是到什么时候才能服金。

④鱼袋。宋代朝官与地方官吏，常用一种三寸长短的鱼饰物，作为彼此联络的凭证。鱼形饰物用金、银、铜等材料制成，上面刻有文字，分成两片，一片留在中央政府，一片由地方官吏保存，如遇升迁等事，即以此合符为证。又用金银饰为鱼形，穿着公服时，则系于带而置于后，以明贵贱，并以此作为官吏出入殿门、城门的凭证。起合契作用的，实际上就是古代虎符的变形。因鱼目昼夜不闭，有"常备不懈"的寓意，所以用来作为官员的装饰。唐代制度，凡五品以上官员存放鱼符，都发给鱼袋，以便系佩于腰间。宋代不用鱼符，只饰鱼形于袋上。凡有资格穿着紫、绯公服的官员，都可佩挂金、银装饰的鱼袋。如果官职较低而又有特殊情况（如特派出使之类），需要佩挂鱼袋者，必须先赐紫或赐绯，然后给予金涂银鱼袋。这种特例，当时称为"借紫"或"借绯"。在宋代，能穿紫佩鱼，是一种很高的荣誉，在填写本人职衔时，都必须特加申明。

2. 男子一般服饰

（1）士人服饰。

①襕衫。襕衫，为圆领、大袖，长度过膝，下摆接横襕以示上衣下裳之

旧制。《宋史·舆服志》记载："襕衫以白细布为之，圆领大袖，下施横襕为裳，腰间有襞积，进士及国子生、州县生服之"。祸衫初见于唐代，流行于宋代。《玉海》云："品官绿袍，举子白襕"，即指有襕的白衫，宋代有人描写"头乌身上白"，形容其像头黑身白的米虫。

②帽衫。帽衫，"帽以乌纱，衫以皂罗为之，角带，系鞋"（《宋史·舆服五》卷一百五十三）。北宋时，士大夫交际时经常穿帽衫。南渡后，一度变为紫衫，再变为凉衫。以后帽衫少了，只有士大夫冠婚、祭祀服帽衫，若公卿大夫生儿子时，也常服帽衫。

③紫衫。紫衫，以颜色深紫而得名，其式样为圆领、窄袖，前后缺胯（下摆开衩）形制短且窄，便于活动和行走，是将士们常穿之服，便于作战。南宋初期，宋金对峙，形势紧张，战争随时可能发生，出于备战的需要，南宋士大夫穿紫衫。《宋史·舆服五》卷一百五十三谓："本军校服。中兴，士大夫服之，以便戎事。"另外，紫衫比公服方便、舒适，因此受人们欢迎。至绍兴二十六年（1156年）朝廷颁布禁令："再申严禁，毋得以戎服临民，自是紫衫遂废。"紫衫废除以后，"士大夫皆服凉衫，以为便服矣"。

④凉衫。凉衫，"其制如紫衫，亦曰白衫"（《宋史·舆服五》卷一百五十三）。南宋建都临安，夏天炎热，士大夫以凉衫为便服，喜其穿着凉爽，本无可厚非，但终遭禁穿。礼部侍郎王严奏："窃见近日士大夫皆服凉衫，甚非美观。而以交际、居官、临民，纯素可憎，有似凶服。陛下方奉两宫，所宜革之。且紫衫之设以从戎，故为之禁，而人情趋简便，靡而至此。文武并用，本不偏废，朝章之外，宜有便衣，仍存紫衫，未害大体。""于是禁服白衫，除乘马道途许服外，余不得服"。从此以后，凉衫用为凶服，而紫衫又流行起来。

⑤直裰。直裰是宋代男子的常用服式，对襟大袖，后背中缝直通到底，也有说长衣而无裰者称直裰，亦称直身。宋代僧寺行者也穿这种式样的服装。

⑥幅巾。由于幞头变成帽子，并成为文武百官规定的服饰，黎民百姓不得服用。一般文儒士人，又恢复了古代的幅巾制度，都以裹巾为雅。史称苏东坡戴巾，"桶高檐短"，时人多效之，名曰"东坡巾"，或称"高士巾""逍遥巾"。到了南宋，戴巾子的风气更加普遍，就连朝廷的高级将官也以包裹巾帛为尚。

（2）百姓服装。宋代统治者对广大下层劳动人民的衣着也有严格的规定，素称"百工百衣"。据《宋史·舆服志》载，太平兴国七年（982年）诏令："旧制，庶人服白。今请……庶人通许服皂。"可见宋初平民要穿黑衣，还得下诏特许，一般只能穿白色粗麻布衣。端拱二年（989年）诏令："县镇场务诸色公人并庶人，商贾，伎术，不系官伶人，只许服皂白衣。"这是说那些职位低下的小差役、平民、商人、杂技艺人，宋初一律只许穿着黑白二色，不能随便穿着杂彩丝绸。另有孟元老《东京梦华录》记："有小儿子着白虔布衫，青花手巾，挟白磁缸子卖辣菜……其士、农、商诸行百户衣装，各有本色，不敢越外。香铺裹香人，即顶帽，披背。质库掌事，即着皂衫角带，不顶帽之类，街市行人便认得是何色目。"宋代平民的衣着，可从北宋末年张择端所画的《清明上河图》中的人物形象进行了解。此图共画了1643个人物，图中无论是用竹竿撑船的人，还是用长竿钩桥梁的人，以及抛麻绳挽船的人，衣服均短不及膝或仅及膝。部分交领衣用绦带束腰，巾裹没有一定规格，有些是椎髻露顶。脚下一般多穿草鞋或麻鞋。这幅画大约完成于宣和年间（1119—1125年）。至于农民，平时则多幅巾束发，穿背心，短裤，赤足。

（三）女子服饰

1. 命妇服饰

宋代命妇的服饰依据男子的官服而厘分等级，各内外命妇有礼衣和常服。命妇的礼衣包括袆衣、揄翟、鞠衣、朱衣和钿钗。皇后受册、朝谒景灵宫、朝会及诸大事服袆衣；妃及皇太子妃受册、朝会服揄翟；皇后亲蚕服鞠衣；命妇朝谒皇帝及垂辇服朱衣；宴见宾客服钿钗礼衣。命妇服除皇后袆衣戴九龙四凤冠，冠有大小花枝各12枝，并加左右各两博鬓（即冠旁左右如两叶状的饰物，后世谓之"掩鬓"），青罗绣翟（文雉）12等（即12重行）外，宋徽宗政和年间（1111—1117年）规定命妇首饰为花钗冠，冠有两博鬓加宝钿饰，服翟衣，青罗绣为翟，编次之于衣裳。翟衣内衬素纱中单，黼领，朱襟（袖）、褖（衣缘），通用罗縠，蔽膝随裳色，以绲（深红光青色）为缘加绣纹重翟。大带、革带、青袜舄，加佩绶，受册、从蚕典礼时服之。内外命妇的常服均为真红大袖衣，以红生色花（即写生形的花）罗为领，红罗长裙。红霞帔，药玉（即玻璃料器）为坠子。红罗背子，黄、红纱衫，白纱裆裤，服黄色裙，粉红色纱短衫。

2. 一般女子服饰

（1）衣裳。宋代妇女的衣裳主要为褙子、襦、袄、衫、半臂、背心、抹胸、裹肚、帔帛、裙、裤等形制。

①褙子。宋代女子服饰中，最具时代特色和代表性的是褙子。褙子是宋时最常见、最多用的女子服饰，贵贱均可服之，而且男子也有服用的，构成了更为普遍的时代风格。褙子的形制大多是对襟，对襟处不加扣系；长度一般过膝，袖口与衣服各片的边都有缘边，衣的下摆十分窄细；不同于以往的衫、袍，褙子的两侧开高衩，行走时随身飘动任其露出内衣，十分动人。穿着褙子后的外形一改以往的八字形，下身极为瘦小，甚至成楔子形，使宋代女子显得细小瘦弱，独具风格，这与宋时的审美意识密切相连。宋代是中国妇女史的一个转折点，其服饰也明显地发生变化。唐代女子以脸圆体丰为美，衣着随意潇洒，出门可以穿男装、骑骏马。宋时的妇女受封建礼教的束缚甚于以往各代，较之唐代要封闭得多，不能出门，不能参与社交，受到男子的绝对控制，成为男子的附属品。所以，当时女子以瘦小、病态、弱不禁风为美。褙子穿着后的体态，正好反映了这一审美观，再加之高髻、小而溜的肩、细腰、窄下身、小脚，形成了十分细长、上大下小的外形，更加重了瘦弱的感觉，有非男子加以协助不能自立之感，正迎合了大男子的心理满足。

②襦、袄。襦是战国时期产生的一种短衣，最初作为内衣穿用，以后由于其式样紧小、便于做事而被穿着在外，至唐代，一度成为妇女的主要服饰。宋代沿袭了这一服饰，但一般为下层妇女所着，一些贵族妇女大多作为内衣穿着，外面再加其他服饰。襦早期多系于裙腰内，此时已由内转外，不系于裙腰之中，犹如今日朝鲜族妇女的短上衣。袄与襦相似，多内加棉絮或衬以里子，有宽袖与窄袖之分、对襟与大襟之别，一般比襦长，为宋代女子的日常服式。

③衫。衫为宋代女子的一般性服装，以夏季穿着为主，单层，无袖头，长度不一致，质以纱罗。宋诗中有"薄罗衫子薄罗裙""藕丝衫未成""轻衫罩体香罗碧""轻衫淡粉红""衫轻不碍琼肤白"等，都是对衫子的薄轻及色的浅淡之描绘。

④半臂、背心。半臂为半袖短上衣，宋代女子的半臂与背心相似，衣身

较背心略短，一般为对襟，男女均穿，男子着于内，女子着于外。半臂缺袖即为背心，据说是由柄裆发展演变而来，但是与柄裆在肩部加襻的结构不同。衣长及腰部，下摆开衩。

⑤抹胸、裹肚。抹胸和裹肚，都为宋代女子的贴身内衣，这两种服装都是只有前片而无后片。抹胸略短，似今日胸衣；裹肚略长，似儿童肚兜。据《格致镜原·引胡恃墅谈》所载："建炎以来，临安府浙漕司所进成恭后御衣之物，有粉红袜胸，真红罗裹肚"，可知当时抹胸与裹肚当为二物。

⑥领巾与围腰。宋代诗人的诗句中常有"领巾"之名，如"轻衫束领巾"。《宋稗类钞》载："王岐公在翰林时……上悦甚，令左右宫嫔各取领巾、裙带或团扇、手帕求书"。谢希孟也取妓之领巾题小词，李元膺亦有"花枝窣地领巾长"之句。据上述描述，推断领巾为较长之物，似唐代的帔帛。宋代妇女与男子同样在腰间围一幅腰围，形式与武士所着捍腰相似，其色尚鹅黄，故称为"腰上黄"或称"邀上皇"。《烬余录》中的《宫中即事长短句》"漆冠并用桃色，围腰尚鹅黄"即是。

⑦裙。宋代妇女下裳多穿裙，裙有两种，一种称裙，另一种称作衬裙。其样式基本保留晚唐五代遗制，有"石榴裙""双蝶裙""绣罗裙"等，其名称屡见于宋人诗文。贵族妇女，还有用郁金香草染在裙上，穿着行走，阵阵飘香。裙的颜色，一般上衣鲜艳，多用青、碧、绿、蓝、白及杏黄等颜色。裙幅以多为尚，通常在六幅以上，中施细裥，"多如眉皱"，称"百迭""千褶"，这种裙式是后世百褶裙的前身。从文字记载和形象资料看，宋代裙的式样比较修长，宋高承《事物纪原》云："梁简文诗'罗裙宜细裥'。先是广西妇人衣裙，其后曳地四五尺，行则以两婢前携。简（裥）多而细，名曰'马牙简'。或古之遗制也。与汉文帝后宫衣不曳地者不同。《韵书》曰：'裥，裙幅相摄也'。今北方尚有贴地者，盖谓不缠足之故，欲裙长以掩之也。杜牧《咏袜》诗云：'五陵年少欺他醉，笑把花前出画裙。'盖唐时裙长亦可以掩足也。画裙今俗盛行。"唐宋时期裙长贴地，其用意在于掩住妇女的大足。宋代沿袭唐五代旧俗，妇女有缠足的习惯，这种风俗在江南一带较为流行，中原妇女多不缠足，但又以大脚为丑，故以长裙贴地"掩足"。穿着这种长裙，腰间还扎有绸带，并配有绶环。

⑧裤。宋代妇女除了穿裙子外，还穿裤。唐五代以前，多把裤子穿在袍、

裙以内，至宋代，也可以穿在外面。裤的形制有两种：穿在袍、裙以内的，用开裆；直接穿在外面的，用合裆（也称为满裆裤）。这种裤子的形制，从福州南宋墓出土的实物可以看到。在边远及某些兄弟民族聚居的地区，有妇女只穿长裙而不着裤子的习俗，但这只是个别现象。江休复《江邻几杂志》云："妇人不服宽袴与襜，制旋裙必前后开胯，以便乘驴。其风闻于都下妓女，而士大夫家反慕效之，曾不知耻辱如此。"中原地区只有妓女不服裤，只穿开胯旋裙，这种特殊装束虽为士大夫家所倾慕，但时俗视之为轻薄与可耻的行为。由此可见，中原妇女服裤。但裤在古代并不被视为重要的服饰，穷苦人民也多有不穿裤的。《三国志·贾逵传》注引《魏略》云："逵世为著姓，少孤家贫，冬常无袴，过其妻兄柳孚宿，其明无何，著孚袴去，故时人谓之通健。"又刘义庆《世说新语》云："范宣洁行廉约，韩豫章遗绢百匹，不受，减五十匹，复不受。如是减半，遂至一匹，既终不受。韩后与范同载，就车中裂二丈与范云：'人宁可使妇无裈邪？'范笑而受之"。这两个故事都是说穷而无裤。可见古时裤子较为次要，所以贫穷人家不论男女，衣不可不穿，裤却可以省去，这与今天人们的着装习惯正好相反。因为裤不是重要服饰，所以中国古代对裤的形制也不大讲究，但这种风俗至唐宋以后就有所改变了，唐宋以后的裤也逐渐讲究花纹装饰。

（2）发式、首服与面妆。

①高髻。宋代妇女发式，承晚唐五代遗风，以高髻为尚。史称南唐后主后妃"创为高髻纤裳，及首翘鬓朵之妆，人皆效之"。又称后蜀孟昶末年，"妇女竞治发为高髻，号朝天髻"。到了宋代，普通年轻妇女，髻高逾尺。山西太原晋祠彩塑宫女，除少数戴冠帽或者穿着男子服装以外，一般都梳高髻，有的还梳成"朝天髻"式，与记载十分相似。这种高髻大多掺有假发，有的直接用假发编成各种形状的假髻，用时套在头上，时称"特髻冠子"，或者称为"假髻"。在一些大的都市，还设有专门生产、销售这种发髻的店铺。由于违背了"洁净""简朴"的原则，以致引起了朝廷的干涉。《宋史·舆服志》称，端拱二年（989年），诏"妇人假髻并宜禁断，仍不得作高髻及高冠"。然积习已深，非一朝一夕所能改变。直到南宋时期，在一些边远的地区，仍有以高髻为美的风尚。陆游《入蜀记》载南宋妇女："未嫁者率为同心髻，高二尺，插银钗至六只，后插大象牙梳，如手大。"除此以外，妇女发髻的样式，还有

许多变化。保留在宋人诗文中的发髻名目，常见的就有"芭蕉""龙蕊""盘龙""双环"等。

②冠梳。宋代妇女发髻上的装饰，也有许多特色。通常以金银珠翠制成各种花鸟凤蝶形状的簪钗梳篦，插于发髻之上。其制繁简不一，视各人条件而定。《东京梦华录》记："公主出降，有宫嫔数十，皆真珠钗插吊朵玲珑簇罗头面。"《梦粱录》也称当时妇女首饰，有"飞鸾走凤""七宝珠翠"及"花朵冠梳"等名色。其中最主要的是冠梳，这是北宋年间妇女发髻上最有特点的装饰，始于宋初，先在宫中流传，后普及民间。所谓"冠梳"，就是用漆纱、金银、珠玉等做成两鬓垂肩的高冠，并在冠上插以白角长梳。由于梳子本身较长，左右两侧插得又多，所以在上轿进门时，只能"侧首而入"。皇佑元年，宋仁宗下令改制，"诏妇人冠高毋得逾四寸，广毋得逾尺，梳长毋得逾四寸，仍禁以角为之"，遂被禁止。这种冠梳的样式，在敦煌壁画中反映得比较具体，通常在冠的两侧垂有舌状的饰物，以掩住双耳及鬓发，长度大多至颈，也有下垂至肩的。冠的顶部，多饰有金色朱雀，四周插有簪钗。又在额发部位安插白角梳子，梳齿上下相合，其数四六不等。

③花冠。花冠最初在唐时出现，宋代女子沿袭了这一习俗。冠上除了簪用鲜花外，还有用绢制成的各种假花，即把一年四季的花，如桃、杏、荷、菊、梅等合插于一冠之上，被时人称为"一年景"。两宋时期，簪花不仅为妇女所喜爱，男子也常在冠上插戴花朵。周密《武林旧事》记皇帝群臣于正月元日祝寿册宝，上下一律簪花。有诗戏曰："春色何须羯鼓催，君王元日领春回。牡丹芍药蔷薇朵，都向千官帽上开。"这种流行风尚和当时社会爱花养花的风气有不可分割的关系。

④盖头。宋代妇女离家外出，头上多戴"盖头"。盖头的形式，据高承《事物纪原》载："乃唐代幕羁遗制"。但是"盖头"所用的巾子比幂篱小，一般是正方五尺，以皂罗制成。富贵之家也用铂金作为装饰，但并不普遍。戴时可直接盖在头上，遮住面额。也可以将其系在冠上，以挡风尘。盖头还有一个作用，就是在妇女成婚之日，以此蒙住头面，届时举行一个仪式，由男家派人（或新郎本人）轻轻揭开，新娘方可"露出花容"。这种风俗一直延续到清末民初，仍然十分流行，现在舞台上的古典戏剧，常有这种细节表演。宋元时期，田家农妇下田劳动或平居生活，多披巾不离头。这种习俗现在只

有西北及东南地区的兄弟民族尚沿袭不废，而且发展成种种样式。例如，福建省惠安县东南滨海农村的劳动妇女，至今无论寒暑，均戴盖头，甚至连吃饭睡觉，都是巾不离头。

⑤面妆。宋代妇女承前代之风，常在额上和两颊间贴花子。这种花子是用极薄的金属片和彩纸剪成各种小花朵或者小鸟、小鸭的形状，用一种呵胶粘贴。这种胶水产于辽水之间，可以黏合羽箭，又宜为妇女贴花钿之用，呵嘘后就可以溶解粘贴，故叫作呵胶。在太宗淳化年间，京师巷间的妇人又竞剪黑光纸作面靥以饰面部；也有用鱼鳃中小骨来装饰在面间的，称为"鱼媚子"。《宋徽宗官词》中"宫人思学寿阳妆"之句，就是对当时宫女贴花子的描述。

（3）足服。缠足，兴起于五代，在宋代得以发展并影响了以后各代，直至民国初期。缠足在宋代的兴起不是偶然的，理学的兴盛、孔教的森严，视女子出大门为不守妇道，所以小脚正好合适。缠足后，由于脚部很小，走路时必须加大上身相应的摆动以求得平衡，这使女子更加婀娜多姿。同时，由于缠足，女子在站立尤其是行走时就显得更加弱不禁风，正好适合当时男子对女子的审美要求。所以，缠足这一影响人的正常发育、损害人的正常功能的陋习，在当时社会的中上层妇女中盛行，而乡村妇女大多还是天然的大足。由于缠足，宋时穿靴的女子已不多见，而小脚此时穿的多为绣鞋、锦鞋、缎鞋、凤鞋、金镂鞋等，而且鞋成了妇女服饰装饰的重点，以显示其秀气的小脚，因此鞋上带有各式美丽的图案。古代诗文小说中所称的"三寸金莲"就是指这种鞋子。不缠足的妇女（劳动妇女）俗称"粗脚"，她们所穿的鞋子一般制成圆头、平头和翘头等式样，鞋面同样绣有各种花鸟图纹。

（四）其他

1. 宋代的军甲

北宋曾公亮著《武经总要》记载，甲胄形成定制，以甲身掩护胸背，用带子从肩上系连。腰部用带子从后向前束，腰下垂有左右两片膝裙，甲上身缀披膊（掩膊）。兜鍪呈圆形复钵形，后缀防护颈部的顿项。顶部突起，缀一丛长缨以壮威严。《梦溪笔谈》卷十九《器用》，记宋代铁甲，用冷锻法制甲片连缀而成，在五十步外用强弩射之不能射穿。

2. 纺织业及服饰纹样

宋初，采取有利于农业恢复和发展的措施，使农业经济在安定的社会环境中得到迅速发展，农作物的种类和数量增多。12世纪初叶，宋室南渡以后，汉民族与南方少数民族接触日益频繁，我国东南闽、广各地人民，从少数民族那里学会了种棉。纺纱、织布的手工技术日益提高，棉花种植日渐广泛。由于棉花"比之桑蚕，无采养之劳，有必收之效；比之枲苎，免绩缉之工，得御寒之益。可谓不麻而布，不茧而絮……此最省便"（王桢《农书·农器图谱集之十九·木棉序》），因而得到比桑麻更快的发展。目前在中原地区所见到的最早棉制品遗物是1966年在浙江兰溪的南宋墓葬中发现的一条棉织毯。从实物可证，当时棉织技术已经很高了。

赵宋建制后，封建王朝每年需要绢帛的数量比唐朝更多。在北宋，绢、帛是对辽、夏屈服所输岁币和对外贸易的主要物资。同时，宋初保留了前代无数官位，只要身入仕途，还需另给绫绢罗锦。因此，自赵匡胤即位开始，为了加强对人民的搜刮，便颁布了许多奖励蚕桑的诏令。南宋王朝苟安江南，在丝织品大量向金纳贡，以及统治阶级的极端奢侈靡费的情况下，直接劝说农桑的诏令也很多。由于统治阶级对蚕桑的重视，并采取了一些奖励的措施，所以宋朝丝纺手工业相当发达。朝廷还在少府监下设绫锦院、染院、文绣院，并在开封、洛阳、润州（今江苏镇江）、梓州（今四川三台）等地设有规模巨大的绫锦院、绣局、锦院等纺织工场。同时，还在成都设有转运司、茶马司锦院，由监官专管织造西北和西南少数民族所喜爱的各式花锦，作为兄弟民族的交易物资。南宋官营的杭州、苏州、成都三大织锦院，雇用工匠达数千人之多，纺织技术比前代也有所提高，尤其是织锦业，进入了全盛时期。当时所织的锦因产地而名，如在苏州织造的称为"宋锦"，在南京织造的称为"云锦"，在四川织造的称为"蜀锦"，等等。所织纹样，以四方连续为主，通常有龟背纹、绣球纹、密环纹、祥云纹、古钱纹、席地纹等。中间穿插龙、凤、朱雀等兽鸟纹样和百吉、八仙、"三多""三友""八宝"以及琴、棋、书、画等图案，组成各类工整规矩的"八答晕锦"，色彩鲜艳，层次分明，花纹品样富丽繁多。据陶宗仪的《辍耕录》、周密的《齐东野语》以及《宋史·舆服志》诸书的记载统计，其名色达百余种之多。以福州北郊和江苏金坛两座南宋墓发掘的实物来看，有纱、罗、绢、绮、绫、绉等品种。绢纱多为素织，绫罗则有提花，最大花朵图案直径达12厘米，既写实又很奔放，基本摆脱了汉唐提花细小的规矩，形成了宋代特有的风格。

锦中加金以及衣服以金为饰的风气，在当时也大为流行。宋、金时期，回鹘人即擅长织金工艺，并向中原地区介绍了这种织造技术。南宋初，洪皓出使金国，归后撰《松漠纪闻》其卷上云："回鹘，自唐末浸微，本朝盛时，有入居秦川为熟户者……又善结金线相瑟瑟为珥，及巾环。织熟锦、熟绫、注丝、线罗等物，又以五色线织成袍，名曰克丝，甚华丽。又善捻金线，别作一等。"

缂丝是宋代盛行起来的极为精美的一种织物，又名"刻丝"，意思是"用刀刻过的丝绸"，这是中国纺织品中的瑰宝。其实，缂丝并非用刀来雕刻，而是一种以生蚕丝为经线，彩色熟丝为纬线，采用"通经回纬"的方法织成的平纹织物，其成品花纹正反两面如一。缂丝以定州为中心，大多用于画轴裱幅之首，或作书籍封面。南宋时，缂丝产地南移至苏州、松江一带。朱克柔等名家模仿织造名人书画，从而使缂丝成为著名的艺术欣赏品。

宋代制度，朝廷每年必按品级分送"臣僚袄子锦"，依品级高低，各有一定花纹；官宦臣室穿着的都是应时应景的花纹。邵伯温《邵氏闻见录》卷二云："妃又尝侍上元宴于端门，服所谓灯笼锦者。"上元灯节时服灯笼锦，其他四时节服用的花样也都具备。陆游《老学庵笔记》云："靖康初，京师织帛及妇人首饰衣服，皆备四时。如节物则春幡、灯毬、竞渡、艾虎、云月之类；花则桃、杏、荷花、菊花、梅花，皆并为一景，谓之一年景。"

二、辽、金、元服饰

五代十国以后，同两宋并存的有北方的辽、金和蒙古等政权。1125年，金灭辽。1234年，蒙古灭金。1260年忽必烈即蒙古大汗位，1271年定国号为元。1276年，元灭南宋，建立了统一全国的元朝，延续了近百年，直到1368年亡于明。辽、金、元都是以少数民族为主的政权。辽以契丹族为主，金以女真族为主，元则是以蒙古族为主的政权（图2-15）。

图2-15　辽景宗耶律贤

契丹人、女真人、蒙古人，原先生活于我国北部地区。这个时期，既有民族间的矛盾，又有经济文化上的交流。

辽代契丹族男子的发式，多作髡发。妇女发饰比较简单，一般作高髻、双髻或螺髻，也有少数披发，额间多结帕巾。辽代契丹族服装以左衽、圆领、窄袖长袍为主，男女皆然，上下同制。袍色比较灰暗，纹样也比较朴素。

金代服饰基本保留了女真族服装的特点。据文献记载，金代的服饰与辽代有相似之处，不同的是金人多用皮毛为料。色彩多用浅淡的白色。其衣以袍为主，左衽、圆领、小窄袖。服饰等级不分明，没有严格的规定，服饰简练而朴实。自金人进入黄河流域后，吸取宋宫中的法物、仪礼等，一改过去的朴实，衣着锦绣。在重大朝会典礼时，习用汉族服饰文化传统。金时妇女的服饰上衣着团衫，内穿裙，女真族妇女多辫发盘髻。

蒙古族男女均以长袍为主，样式较辽为大。虽入主中原，但服饰制度始终混乱。男子平日燕居喜着"辫线袄子"，首服为冬帽夏笠。各种样式的瓦楞帽为各阶层男子所用。元人宫中大宴，讲究穿"质孙服"，全身服饰配套，无论颜色和款式、质料。当时元人尚全线衣料，加金织物"纳石失"最为高级。元代蒙古族男子上至成吉思汗，下至国人发型，均剃"婆焦"，是将头顶正中及后脑头发全部剃去，只在前额正中及两侧留下三搭头发，如汉族小孩三搭头的样式。正中的一搭头发被剪短散垂，两旁的两搭绾成"两髻"悬垂至肩，以阻挡向两旁斜视的视线，使人不能狼视，称为"不狼儿"。女子袍服仍以左衽窄袖大袍为主，里面穿套裤，无腰无裆，用带子系在腰带上。颈前围戴云肩，沿袭金俗。女子的首服中最有特色的是"顾姑冠"，汉族妇女尤其是南方妇女不戴此种冠帽。元代对毛纺业生产十分重视，毛织物比前代有明显的进步，织物大量镂金，织物、服装颜色喜用棕褐。

（一）辽契丹族服饰

据《辽史·仪卫志》记载，辽太祖在北方称帝时，朝服只穿胄甲，其后在行瑟瑟仪、大射柳等重要场合也穿此服，衣冠服制尚未具备。辽太宗入晋以后，受汉族文化的影响，创衣冠之制："北班国制（辽制），南班汉制，各从其便焉。"所谓南班、北班，按《辽史·百官志》称："至于太宗，兼制中国，官分南、北，以国制治契丹，以汉制待汉人。"所以服制也分两种，北官仍用契丹本族服饰，南官则承继晚唐五代遗制。乾亨年间服制有所变易，虽为北班官员，凡三品以上，行大礼时也用汉服。常服仍分两式：皇帝及南班臣僚服汉服，皇后及北班臣僚服国服，以示区别。

辽代的巾帽制度，与历代有所不同。据当时史志记载，除皇帝臣僚等具有一定级别的官员可以戴冠外，其他人一律不许私戴。巾裹的制度也是如此，一般官员及平民百姓只能裸头露顶，即使在冬天也是如此，从《契丹人狩猎图》中可以得见，其他资料里也有反映。

1. 男子髡发

男子的发式，按契丹族习俗，多作髡发。早在一千多年以前，髡发就已成为一些地区少数民族的常用发式。在《后汉书》《三国志》《南齐书》等史志中都有记载。髡发样式，从传世的《卓歇图》《契丹人狩猎图》《胡笳十八拍图》等作品中可以看到，辽墓壁画中也有描绘。一般是将头顶部分的头发全部剃光，只在两鬓或前额部分留少量余发作为装饰，有的在额前蓄留一排短发，有的在耳边披散着鬓发，也有将左右两绺头发修剪整理成各种形状，然后下垂至肩。

2. 女子梳髻

妇女发饰比较简单，一般作高髻、双髻或螺髻，也有少数披发的，额间以巾带扎裹，较多的是结一块帕巾。皇后小祀时也是这种装束，《辽史·仪卫志》记："小祀，皇帝硬帽，红克丝龟文袍。皇后戴红帕，服络缝红袍。"另有一种圆顶小帽，制如覆杯，戴时也用巾带系扎，并垂结于脑后。

3. 左衽长袍

辽代契丹族服装，以长袍为主，男女皆然，上下同制。如《辽史》所载：皇帝大祀穿白绫袍，常服穿绿花窄袍，皇后穿络缝红袍，臣僚穿窄袍、锦袍等等。这些长袍的样式，除在图像资料有所反映外，实物也曾有出土。从中可见这个时期的服装特征，一般都是左衽、圆领、窄袖。袍上有疙瘩式纽襻，袍带于胸前系结，然后下垂至膝。长袍的颜色比较灰暗，有灰绿、灰蓝、赭黄、黑绿等几种，纹样也比较朴素，与史志记载相符。贵族阶层的长袍，大多比较精致，如辽宁法库叶茂台出土的袍，以棕黄色罗为底，通体平绣花纹，领绣二龙，肩、腹、腰部分别绣有簪花骑凤羽人及桃花、蓼花、水鸟、蝴蝶等纹样。龙凤纹样，是汉族的传统纹样，在契丹贵族的服装上出现，反映了两族文化的相互影响。从形象资料来看，契丹族男子的服饰，在长袍的里面，还衬有一件衫袄，露领子于外，颜色较外衣为浅，有白、黄、粉绿、米色等。下穿套裤，裤腿塞在靴筒之内，上系带子于腰际。妇女也可穿裙，但多穿在长袍里面，脚穿长筒皮靴。

（二）金女真族服饰

金属女真族，自太祖建国，前后经历了117年。金代服饰基本保留了女真族服装的特点。据文献记载，金代的服饰与辽代颇有相似之处，所不同的是金人多用皮毛为料，色彩多用浅淡的白色。由于金人的习俗是死后火葬，所以现存的实物所剩无几，本书所讲的主要以文字记载和绘画作品为依据。其衣以袍为主，左衽、圆领、小窄袖。服饰等级不分明，没有严格的规定，服饰简练而朴实。自金人进入黄河流域后，吸取宋宫中的法物、仪礼等，从此衣着锦绣，一改过去的朴实，并且在重大朝会典礼时，都习用汉族服饰。

1. 朝服

天眷、皇统年间详定百官朝参之仪，并用朝服，依汉式造袍裳服饰，服衮冕、通天冠，着绛纱袍等朝祭服饰，而不像金初强迫汉人随女真族的礼俗。就此金人在中原虽为统治之主，但其服饰文化已被汉文化所同化，成为汉文化的一部分。当时金人的朝服几乎全部沿用宋制，只是部分小有改动（具体是天子戴通天冠，着绛纱袍；百官分朝服、冠服、公服，仍以梁冠、衣色、腰带与佩鱼来区分等级）。

2. 常服

百官之常服，用盘领而窄袖在胸膺间或肩袖之处饰以金绣花纹，以春水秋山活动时的景物作纹饰，如鹘捕鹅、花卉、熊鹿、山林等。头裹四带巾，即方顶巾。用黑色的罗、纱，顶下二角各缀两寸左右的方罗，长七寸，巾顶中加以顶珠。足着马皮靴。脚下着靴，这也是女真族不论阶层、不分男女的通服。冠服制度确定以后，金人服饰也略有讲究。从文献记载来看，金代男子的常服通常由四部分组成，即头裹皂角巾，身穿盘领衣，腰系吐鹘带，脚蹬马皮靴。

3. 服装色彩

金代服饰的另一个重要特征是，多用环境色，即穿着与周围环境相同颜色的服装。这与女真族的生活习俗有关。其原因是，女真族属于游牧民族，以狩猎为生，服装颜色与环境接近可以起到保护作用，便于靠拢被猎取的目标。所以，女真族除了服用野兽皮毛外，服装颜色冬天多喜用白色，春秋则在衣上绣以"鹘捕鹅""杂花卉"及"熊鹿山林"等纹样，同样也是为了麻痹猎物。

4. 女子服饰

金时妇女的服饰上衣着团衫，直领而左衽，在腋缝两旁作双折裥。前长至地，后裾拖地尺余，用红绿带束之，垂之于下。许嫁之女则着褙子，作对襟式，领加彩绣，前齐拂地，后拖地五寸。妇人的衣装都极为宽大，下身束檐裙。此式原本为辽人服饰，金人也袭而着之。裙的式样为左右各缺二尺左右，用布帛裹铁丝为圈，使其扩张展开，再在其外用单裙笼覆之。女真族妇人多辫发盘髻。自灭辽又入宋境后，有裹逍遥巾或裹头巾的，各随其所好而裹用。

（三）元代蒙古族服饰

大约在7世纪的时候，蒙古人就在今天我国内蒙古额尔古纳河岸的幽深密林里生活。9世纪，已经游牧于漠北草原，和原来生活在那里的突厥、回鹘等部落混居。10世纪后，便散居成许多互不统属的部落。11世纪时结成以塔塔儿部为首的部落联盟。经过近百年掠夺战争，最后由成吉思汗完成蒙古族的统一。在成吉思汗吞并几个少数民族政权以后，又与南宋进行了长达40年的战争。1260年，成吉思汗之孙忽必烈在开平（后改称上都，在今内蒙古自治区正蓝旗东约50里）登上汗位，后于1271年迁都燕京（改称大都，今北京），建国号"元"。

1. 男子服饰

蒙古族男女均以长袍为主，样式较辽为大。虽入主中原，但服饰制度始终混乱。男子平日燕居喜着窄袖袍，圆领，宽大下摆，腰部缝以辫线，制成宽围腰，或钉成排纽扣，下摆部折成密裥，俗称"辫线袄子""腰线袄子"等。这种服饰在金代时已有，焦作金墓中有形象资料，元代时普遍穿用。首服为冬帽夏笠。各种样式的瓦楞帽为各阶层男子所用。重要场合在保持原有形制外，也采用汉族的朝祭服饰。元代天子原有冬服十一、夏装十五等规定，后又参酌汉、唐、宋之制，采用冕服、朝服、公服等。男子便装大抵各从其便，元代男子公服多从汉俗，"制以罗，大袖、盘领，俱右衽"。元人宫中大宴，讲究穿"质孙服"，即全身服饰配套，无论颜色和款式、质料。当时元人尚金线衣料，加金织物"纳石失"最为高级。元代蒙古族男子均剃"婆焦"，是将头顶正中及后脑头发全部剃去，只在前额正中及两侧留下三搭头发，如汉族小孩三搭头的样式。正中的一搭头发被剪短散垂，两旁的两搭绾成"两髻"悬垂至肩，以阻挡向两旁斜视的视线，使人不能狼视，称为"不狼儿"。

2. 女子服饰

女子袍服仍以左衽窄袖大袍为主，里面穿套裤，无腰无裆，上钉一条带子，系在腰带上。颈前围一云肩，沿袭金俗。袍子多用鸡冠紫、泥金、茶或胭脂红等色。女子首服中最有特色的是"顾姑冠"，也叫"姑姑冠"，所记文字中有所差异。主要因音译关系，无须细究。《黑鞑事略》载："姑姑制，画（桦）木为骨，包以红绢，金帛顶之，上用四五尺长柳枝或铁打成枝，包以青毡。其向上人，则用我朝（宋）翠花或五彩帛饰之，令其飞动，以下人则用野鸡毛。"《长春真人西游记》载："妇人冠以桦皮，高二尺许，往往以皂褐笼之，富者以红绢，其末如鹅鸭，故名'姑姑'，大忌人触，出入庐帐须低回。"夏碧牌诗云："双柳垂髻别样梳，醉来马上倩人扶，江南有眼何曾见，争卷珠帘看固姑。"汉族妇女尤其是南方妇女根本不戴此种冠帽。元代金银首饰工艺精湛，山西省灵丘县曲回寺村出土的"金飞天头饰""金蜻蜓头饰"立体感强，形象真实生动，飞天帔帛裙带飘曳，身下祥云为柄，结构相当巧妙。

3. 元代织物及服饰纹样

元代纺织物品，除苏州曾有出土外，北京、山东等地也有发现，文献资料中更有许多记载。通过这些珍贵的历史资料，可知元代纺织绣染的情况。概括起来，大致有以下几个特点：第一，毛织物的精制。蒙古族是游牧民族，定居北京以后，保留着本族生活习惯，经常出外狩猎、会盟及作战，较多使用毛料，促使对毛纺业生产的重视。故而"俪海拉""速夫"等毛织物都比前代有明显的进步。第二，织物大量镂金。无论是绫、罗、绸、缎，还是毛纺织品，大多加有金丝。第三，颜色喜用棕褐。褐色的品种明显增加，有金茶褐、秋茶褐、沉香褐、葱白褐、藕丝褐、葡萄褐等二十多种名目，上下通用，男女皆宜，帝王后妃也不例外。

第五节
明、清时期的服饰文化

一、明代服饰

明代开国皇帝朱元璋推翻了以蒙古贵族为代表的元朝统治者，建立了汉族政权，因此非常重视恢复汉民族的传统文化。其冠服制度"上采周汉，下取唐宋"，极力消除异族服饰文化的主导地位。在唐宋服饰旧制的基础上，又建立了极具特色的明代服饰制度。由于明代将古代传统服装从多方面给予了巩固与完善，因此汉民族传统服饰得到了继承和保留，并传承下来直到现在。

明代男子的官服可分为餐服、朝服、公服、常服等。官员的服饰在级别确定上严格而又系统，以至于出现图案的集中表现，即文官绣禽、武官绣兽的补子；明代女子的冠服制度较前代更加完备，其中凤冠、霞帔是最具代表性的贵族礼服。明代女子服式之长短、肥瘦流行周期短，变化越来越快，如果说补子是最具有时代特色的官服的话，那么比甲、长裙以修长为蔓，则是明代女装的典型。

明代，我国的江南地区已经出现了资本主义萌芽：出现了发达的手工业，同时江南地区各镇居民大多"以机为业"，开始摆脱主宰两千余年的封建经济，出现了产业的苗头，对服饰业的发展起到了重要的作用。在服饰上，出现了北方服饰效仿南方的现象，打破了中国历史上四方服饰仿京都的固定模式。与此同时，吉祥词语和吉祥图案开始在各类男女服饰上出现。从明代男女冠服制度当中补子图案的系统性，以及在普通巾冠名称上出现的诸如"四方平定巾""六合一统帽"等吉祥词语的盛行来看，反映了明代已进入封建社会后期，其封建意识趋向于专制，趋向于崇尚繁丽华美，趋向于诸多粉饰太平和吉祥祝福之风。

（一）概述

元代后期，国力衰退，朝廷加紧盘剥，导致元末农民大起义，推翻了元朝的统治。1368年，朱元璋在南京称帝，建立起明王朝。明太祖朱元璋为了恢复生产和保持明朝的"长治久安"，大兴屯田，兴修水利，推广种植桑、麻、棉等经济作物。由于明初采取的一系列措施，农业生产迅速得到恢复。农业生产的提高促进了手工业的发展，使明朝中期的冶铁、制瓷、纺织等都超过了前代水平，这些都为服装的发展奠定了物质基础。

明成祖朱棣派遣郑和出使"西洋"，打通了海上贸易通道，促进了与"西洋"各国的交流，同时使我国一些沿海城市迅速发展起来。明朝中后期，在商品经济比较繁荣的江南地区，资本主义生产关系的萌芽已经稀疏地出现，涌现出三十多座较大的城市，形成了一批专业生产基地。在丝织业非常发达的苏州，富裕的机户开设手工工场，雇用机工进行生产，这种"机户出资、机工出力"的生产关系，就是资本主义性质的生产关系。这种新型生产关系的出现，标志着长达两千多年的封建社会已经走向衰落。

中国古代服饰经过两千多年的发展完善，至明代达到了一个相当高的水准，无论在服饰内容、等级标志、工艺选材还是在实用效果方面，都有了较大的发展，可以说是汉官服饰威仪的集成与总结。明代服饰以其端庄传统、华美艳丽，成为中国近世纪服饰艺术的典范。明代服饰的特色主要体现在四个方面：第一，排斥胡服，恢复汉族传统。因为明朝政权是从蒙古贵族手中夺来的政权，所以明朝统治者十分重视整顿和恢复汉族礼仪。他们废除元朝服制，上采周汉，下取唐宋服装古制，制定了明代服饰制度。第二，突出皇权，扩大皇威。在整个封建社会中，每个朝代的君臣，在服饰上都有一定的区别和界限，相比之下，明代服饰的区别最为严格。延续了两千多年的君臣可以共用的冕服，在明代成了皇帝和郡王以上皇族的专有服装。明王朝统治者通过强化服饰的区别和界限，在被统治者心中形成神秘感和威慑效应。第三，以儒家思想为基准，进一步强化品官服饰的等序界限。在官服当中，充分挖掘、利用各代官员服饰上的等序标志，并充分利用服饰的色彩和图案等手段，自上而下，详细地加以规定，从而最大限度地表现品官之间的差异，达到使人见服知官、识饰知品的效果。第四，明代已经进入封建社会后期，其封建意识趋向于专制，趋向于崇尚繁丽华美，趋向于诸多粉饰太平和吉祥祝福之风。将吉祥纹样大量运用于服饰来加深群众的审美感受，因而使其家喻户晓、妇孺皆知，是明代服饰文化的一大特色。

（二）男子服饰

1. 帝王冠服

（1）冕服。明代在冕服的使用范围上做了大幅度的调整，从过去的君臣共用变为皇族的专属服装。形式上追求古制，兼具周汉、唐宋的传统模式，但是复古不为古，经过几次调整之后，形成了明代的冕服系列。核心内容仍是皇帝冠十二旒、衣十二章、上衣下裳、赤舄等基本服制。

（2）常服。常服，是指在重要礼仪活动之外所穿的一般性礼服。明代采用唐代常服模式，头戴翼善冠，身穿盘领袍，腰束革带，足蹬皮靴。自明英宗开始，为了进一步凸显皇威，在皇帝常服上开创性地按照冕服的布局加饰十二章纹，增强了这款一般性礼服的庄重色彩，这也是前朝历代不曾有过的创举。

①乌纱翼善冠与金丝翼善冠。乌纱翼善冠，是皇帝常服的冠帽。此冠以细竹丝编制而成，髹黑漆，内衬红素绢，再以双层黑纱敷面。冠后山前嵌二龙戏珠，冠后插圆翅形金折角两个。龙身为金丝制成，其上镶嵌宝石、珠玉，龙首还托"万""寿"二字，十分精美华贵。

金丝翼善冠，1958年于北京定陵出土。此冠通体用黄金制成，分为"前屋""后山"和"金折角"三个部分。"前屋"用极细的金丝编成"灯笼"花纹，空档均匀，疏密一致，无接头，无断丝。"后山"采用錾金工艺雕刻二龙戏珠，龙的造型生动有力、气势雄浑，制作工艺登峰造极，是一件精美绝伦的艺术珍品，充分反映了明代金银工艺的高超水平。

②龙袍。明代皇帝好龙，用龙彰显帝王的威严。龙，在中国人心中占据着独特的地位。上古时期，龙只是先民心中的一种动物，带有一定的平民性。到了唐宋时期，统治阶级为了利用人们的龙崇拜心理，不但自诩为龙种，还垄断了龙形象的使用权，严禁民间使用龙的图案，甚至还严禁百姓提及"龙"字。而发展到明代，龙更是成为帝王独有的徽记，正式形成了在皇帝服装上绣大型团龙的服饰制度。1958年出土的万历皇帝的"缂丝十二章衮服"就以

龙为主体纹样，其上绣有12条团龙，但万历皇帝龙袍上龙的数目比起明世宗"燕弁服"上的还不算多。"燕弁服"上的龙纹呈九九之数，另外在腰间玉带上还装饰着九件刻有龙纹的玉片。这么多让人眼花缭乱的龙缠绕着皇帝，足见明朝皇帝非常好龙。由此推断，明朝龙的形象一定是美轮美奂，否则皇帝怎会如此痴迷。其实不然，明朝龙的形象是牛头、蛇身、鹿角、虾眼、狮鼻、驴嘴、猫耳、鹰爪、鱼尾，十足一个拼凑起来的"怪物"。不过，似乎也只有用这个四不像的"怪物"才能彰显出帝王的威严。

2. 官员常服——衣冠禽兽

最能衬托大明皇帝的龙形象的，当然就是禽和兽了。明代官服制度规定，文官官服绣禽，武将官服绣兽。"衣冠禽兽"在当时成为文武官员的代名词，也是一个令人羡慕的赞美词，只是到了明朝中晚期，官场腐败，"衣冠禽兽"才演变成为非作歹、如同禽兽的贬义词。明代官员常朝视事（即在本馆署内处理公务）需穿常服，主要服装为头戴乌纱帽，身穿盘领衣，腰束革带，足蹬皂革靴（图2-16）。

图2-16　明代官员服饰

（1）盘领衣。明代盘领衣是由唐宋圆领袍衫发展而来，多为高圆领的缺胯样式，衣袖宽大，前胸后背缝缀补子，所以明代官服也叫"补服"。

（2）补子。明代官服上最有特色的装饰就是补子。"补子"是明代官服上新出现的等级标志，也是明代官服的一个创新之举。所谓补子，就是在官服的前胸、后背缝缀一块表示职别和官阶的标志性图案。补子是一块长34厘米、宽36.5厘米的长方形织锦，文官官服绣飞禽，武将官服绣走兽。具体内容是：文官一品用仙鹤，二品用锦鸡，三品用孔雀，四品用云雁，五品用白鹇，六品用鹭鸶，七品用鸂鶒，八品用黄鹂，九品用鹌鹑，杂职则用练鹊；武官一、二品用狮子，三品用虎，四品用豹，五品用熊罴，六、七品用彪，八品用犀牛，九品用海马。

补子不仅丰富了明代官服的内容，而且在昭明官阶的同时，还首次将文武官员的身份用系列、规范的形式表现出来，结束了历代文武官员穿着相同服饰上朝，文武难辨、品级难分的传统模式。所以，补子被明代之后的封建官场沿用，成为封建等级制度最突出的代表。

（3）乌纱帽。明代乌纱帽以漆纱做成，藤边展角翅端钝圆，可拆卸；圆顶，帽体前低后高，帽内常用网巾束发。帝王常服的头衣翼善冠也是乌纱帽的一种，不过是折角向上而已。明代乌纱帽的式样由唐宋时期君民共用的幞头发展而来，明代成为统治阶层专用的帽子并成为做官的代称。

乌纱帽的发展演变：

东晋成帝时（334年），令在宫廷中当差的官员戴一种用黑纱制成的帽子，称作"幅巾"，这种帽子很快在民间流传。

唐代称作"幞头"，是在魏晋幅巾的基础上形成的一种首服。在幅巾里面增加了一个固定的饰物，幞头形状可以变化多样，主要流行软脚幞头。

宋代幞头，由唐代流行的软脚幞头变成硬脚幞头，并且展脚长度增加，每个约有一尺，两个展脚呈平直向外伸展的造型，据说是为了防止官员上朝后交头接耳而设计。幞头内衬木骨或藤草，外罩漆纱，形成固定造型。

自魏晋至唐宋一直在官民中流行的幞头，到明代成为统治者的专属品。从此，乌纱帽成了只有当官者才能戴的帽子，平民百姓无权问津。

3. 男子一般服饰——仪态端庄

古代劳动人民通常衣着朴素，一方面是劳动的需要，另一方面却是因为统治阶级严格的服饰规定。精美的丝绸和印花布是上层社会的奢侈品，平民百姓没有资格穿用。明代一般男子也不例外，多为棉布袍衫和短褐，足衣多为布鞋。

（1）直裰（直身）。明初有句民谣："二可怪，两只衣袖像布袋。"这种衣袖像布袋的衣服就是明代儒士穿的斜领大袖袍，明代称为直裰或直身。这款衣服衣身宽松、衣袖宽大，四周镶宽边，腰间系两根带子，与儒巾或四方平定巾搭配，一般为明代读书人穿着，风格清雅。这种衣服用来表现儒士的潇洒飘逸很合适，但对于劳动者来说，未免过于拖沓，因而被劳动阶层认为是一怪也在情理之中。明代对一般男子的服饰也有严格的规定，举人、监生的直身用玉色绢布制成，袖口、领口、下摆等处装饰黑色缘边；差役、皂隶等职位卑下者穿青色棉布衣。

（2）巾、帽。"六合一统帽""四方平定巾"——朱元璋的良苦用心。

明代帽子有很多种，可以说是历代王朝中帽子、头巾最多的一个，从某种程度上说，这归功于朱元璋的良苦用心。历史上亲自设计服饰的皇帝，除了汉高祖刘邦以外就是朱元璋了。但两个皇帝的情况有所不同，刘邦所制的"刘氏冠"是随着他本人的发迹而被推广的，而朱元璋亲自问过衣帽之事，却有着和武则天一样的目的，那就是拉拢人心。朱元璋推广的巾帽主要有四方平定巾、六合一统帽。

①四方平定巾。"四方平定巾"，顾名思义，是取江山稳固、四海升平之意。四方平定巾是明代职官、儒生常戴的一种便帽，用黑色纱罗制成，戴时呈四角方形。据说这种巾帽最早是一个叫杨维桢的儒士戴用的。杨维桢是明初浙江一带颇负盛名的诗人，明太祖朱元璋曾多次邀请他出山做官，但都被他拒绝了。有一次，朱元璋在南京召见杨维桢，见他戴着一顶式样奇特的帽子，便问这是什么帽。杨维桢虽然不愿入仕当官，但也是想极力取悦皇帝，当即阿谀奉承说："此乃四方平定巾。"当时朱元璋刚打下江山，当然希望天下太平，听到这种话自然十分高兴，于是诏令天下职官、儒生都戴这种头巾。就这样，一顶帽子不仅满足了帝王的心愿，也巧妙地赢得了天下士子的支持，可谓一举两得。

②六合一统帽。六合一统帽，即后人俗称的"瓜皮帽"，据说此帽也始于明太祖。六合一统帽是用六片罗帛缝制而成，寓意天、地、四方；下部另制一道一寸左右的帽檐，寓意天地、四方统由（皇帝）一人统辖。因此帽实用方便，士庶纷纷戴用，一直到清代、民国，乃至中华人民共和国成立后仍有人戴用此帽，足见其影响之深远。

③网巾。明代网巾是一种系束发髻的网罩，多以黑色细绳、马尾、棕丝编织而成，与今日妇女戴的发网、发套相似。只是明代的网巾，网顶不封顶，两头直通，像一个网筒，上小下大，两头都有网绳，可以扎紧。上口束于首，下口则与眉齐。上口露出的苦顶，便于横插绾发的簪子。网巾的作用，除了约发外，还是男子成年的标志。一般衬在冠帽之内，也可直接露在外面，其缘起据说也与明太祖有关。有一天，明太祖朱元璋穿着便服，在市街走走，到了神乐观，见到一位道士在灯下编结网巾，问道："这是什么织物呀？"道

士回答说："这是网巾，用以裹头，则万发俱齐。"第二天，朱元璋下圣旨，唤来道士，命他掌管道教，并挑出十三条裹头的道巾，发给全国十三省，要求不分尊卑贵贱，人人都用网巾束发。为什么朱元璋会对网巾情有独钟呢？原来是道士说的网巾"用以裹头，则万发俱齐"这句话，激发他将网巾与"万事俱备，万法一统"联系起来。如果全国男子都戴上网巾，如同全国罩上了一个大网巾，万民都像万发那样遵守国法，人人归顺，不就天下太平、统治万世了吗。朱元璋的一道圣旨，使这种网巾在男子头上风光了三百多年。

除了上述巾、帽外，明代男子的巾帽还有许多形制。常见的有唐巾、晋巾、汉巾、四带巾、儒巾、万字巾、皂隶巾、老人巾、凌云巾和山谷巾等。

4. 鞋履

明代官员脚下穿靴或穿云头履（俗称"朝鞋"）。儒士生员等准许穿靴，庶民、商贾等都不允许穿靴。百姓多穿蒲草鞋、芦花鞋、棕鞋等。只有北方严寒地带，许穿牛皮直缝靴。但到明代末年，这些规定又不能实行了。

（三）女子服饰

1. 冠服——凤冠霞帔

明代命妇所穿的服装，都有严格的规定，大体分为礼服及常服。礼服是命妇朝见皇后，礼见舅姑、丈夫及祭祀时的服饰，以凤冠、霞帔、大袖衫及褙子等组成。凤冠霞帔，可以说是明朝女子的最高追求目标。因为它造型华美、做工精良，同时还是后妃以及命妇穿用服装，所以凤冠霞帔就成为身份、荣耀的标志，成为旧时富家女子出嫁时的装束。明代是在短期异族统治后重建的汉人政权，明代统治者高度重视恢复汉族服饰礼仪，故明代女子的衣装也多承袭唐宋汉族服制。但在承继唐宋汉族服制的基础上，仍然有一些创新、改革的新式样出现，凤冠霞帔就是其中的典型代表。

（1）凤冠。凤冠是一种以金属丝网为胎，上缀点翠凤凰，并挂有珠宝流苏的礼冠，早在秦汉时代，就已成为太皇太后、皇太后、皇后的规定服饰。明代凤冠，有两种形式，一种是后妃所戴，冠上除了缀有凤凰外，还有龙、翠等装饰，另一种是普通命妇（也叫外命妇）所戴的彩冠，上面不缀龙凤，仅缀珠翠、花钗，但习惯上也称为凤冠。定陵出土的凤冠共有四顶，分别是"十二龙九凤冠""九龙九凤冠""六龙三凤冠"和"三龙二凤冠"。四顶凤冠制作方法大致相同，只是装饰的龙凤数量不同。它们造型奇巧、制作精美，并饰有大量的珍珠宝石，使皇后母仪天下的高贵身份得到最佳的体现。

（2）霞帔。与凤冠相配套的霞帔，实际上就是南北朝时期的帔子。隋唐时期，因为它的形状像天上的霞红，因此被称作"霞帔"，至宋代被列为后妃礼服。霞帔是一条从肩上披到胸前的彩带，用锦缎制作，上面绣花，两端呈三角形，下面悬挂一颗金玉坠子。霞帔成为命妇的礼服，霞帔的纹饰随之成为命妇身份等级的重要标志。

2. 女子一般服饰

命妇燕居与平民女子的服饰，主要有衫、袄、帔子、褙子、比甲、裙子等，基本样式依唐宋旧制。普通妇女多以紫花粗布为衣，不许用金绣。袍衫只能用紫色、绿色、桃红等色，不许用大红、鸦青与正黄色，以免混同于皇家服色。

（1）褙子。明代褙子，有宽袖褙子、窄袖褙子。宽袖褙子，只在衣襟上以花边作装饰，并且领子一直通到下摆。窄袖褙子，则袖口及领子都有装饰花边，领子花边仅到胸部。

（2）比甲。"比甲"的名称见于宋元以后，但这种服饰的基本样式早已存在。比甲为对襟、无袖，左右两侧开衩。隋唐时期的半臂，就与比甲有一定渊源。明代比甲大多为年轻妇女所穿，且多流行在士庶妻女及奴婢之间。

（3）襦裙。上襦下裙的服装形式，是唐代妇女的主要服饰，在明代妇女服饰中仍占一定比例。上襦为交领、长袖短衣。裙幅初为六幅，即所谓"裙拖六幅湘江水"；后用八幅，腰间有很多细褶，行动褶如水纹。明末，裙子装饰日益讲究，裙幅增至十幅，腰间的褶裥越来越密，每褶都有一种颜色，微风吹来，色如月华，故称"月华裙"。腰带上往往挂上一根以丝带编成的"宫绦"，一般在中间打几个环结，然后下垂至地，有的还在中间串上一块玉佩，借以压裙幅，使其不至于散开影响美观，作用与宋代的玉环绶相似。

（4）水田衣。明代水田衣是一般妇女服饰，以各色零碎锦料拼合缝制而成，因整件服装织料色彩互相交错形如水田而得名。它简单别致，具有的特殊效果，深受明代妇女喜爱。在唐代就有人用这种方法拼制衣服，王维诗中就有"裁衣学水田"的描述。水田衣的制作，开始时比较讲究匀称，各种锦缎料都事先裁成长方形，然后再有规律地编排缝制成衣。后来就不再拘泥，织锦料子大小不一、参差不齐，形状也各不相同。

3. 发髻与头饰

（1）发髻。明代妇女的发式，虽不及宋代多样，但也有许多本朝的特色。据史志记载，明初女髻变化不大，基本还是宋元时的样式。嘉靖以后，变化较多，妇女将发髻梳成扁圆形状，并在发髻的顶部饰以宝石制成的花朵，时称"挑心髻"，以后又将头髻梳高，以金银丝挽结，远远望去，如男子头戴纱帽，头上也有玉珠点缀。顾炎武《日知录》谈到嘉靖时妇女的发髻时说："髻高如官帽，皆铁丝为胎，高六七寸。"嘉靖以后，发式名目越来越多，样式也由扁圆趋于长圆，有"挑尖顶髻""鹅胆心髻"诸名称。也有模仿汉代"堕马髻"的，梳时将发朝上卷起，挽成一个大髻，垂于脑后，这种髻式，屡见于明代画家的仕女图中。

（2）头饰。此时讲求以鲜花绕髻而饰，这种习惯延续至民国。今日还有人时常摘朵鲜花别在头上，以凸显大自然的风采。除鲜花绕髻外，还有各种质料的头饰，如"金玉梅花""金绞丝顶笼簪""西番莲梢簪""犀玉大簪"等，多为富贵人家女子的头饰。年轻妇女喜戴头箍，尚窄，老年妇女亦戴头箍，则尚宽，上面均有装饰，富者镶金嵌玉，贫者则绣以彩线。其样式似从宋代包头发展而来，综丝结网，此时发展为一条窄边，系扎在额眉之上，谓之"貂覆额"，上露各式发髻。另外，1996年浙江义乌市青口乡白莲塘村出土的金丝鬏髻（发髻罩）、1993年安徽歙县出土的金霞帔坠子，上有镂空透雕凤凰祥云，都说明了明代女子的头饰及其他佩饰，整体造型美观，工艺精湛。

4. 鞋履

明代妇女沿袭前代旧俗，大多崇尚缠足。她们所穿的鞋，称为"弓鞋"。这种鞋是以樟木为高底。如果是木放在外面的，称为"外高底"，又有"杏叶""莲子""荷花"等名称；如果是木放在里边的，一般为"里高底"。这种鞋至清末民国初还有人穿着。老年妇女则多穿平底鞋，称为"底面香"。

（四）其他

1. 军服

明代军服可以分为实战中的盔甲，兵勇的战袄、战衣、战袍以及朝会中的仪卫、卤簿所服用的服饰两种类型。这两类既有相同处，也有不同处。

实战军人的护身武器，首有铁盔，身有战甲、遮臂及下裙、卫足等几个部件，其形式大体与宋、元相似，但制作技术较高。质料以钢铁为主。据《明会典》载，明代将士头上所着有铁帽、头盔、锁子护项头盔、抹金凤翅盔、六瓣明铁盔、八瓣黄铜明铁盔、四瓣明铁盔、摆锡尖顶铁盔、水磨铁帽头盔、水磨铁锁子护领头盔、镀金宝珠顶勇字压缝六瓣明铁盔、黄铜宝珠顶六瓣明铁盔、黄铜十字铃杆顶勇字压缝明铁盔、红顶缨朱红漆铁盔、黄铜宝珠顶红漆及浑贴金铁盔等。以上这些盔的名称不同，是以制作上、形式上和材料色泽上的差异而名之。将士身上所穿的甲有齐腰甲、柳叶甲、长身甲、鱼鳞甲、曳撒甲、圆领甲、明甲、锁子甲等，也是以其长短和甲片形式不同而定名。

大朝会的仪卫官、卤簿、将军红盔青甲、金盔甲、红皮盔金甲及描银甲，均悬金牌，持弓矢，佩刀，执金瓜、叉、枪。这种武装与实战将士虽有相同之处，但装饰性多些。

2. 服饰纹样

总观明代的织物，其纹样主要有祥云纹、如意纹、龙凤纹和以百花百兽等各种纹样组织起来的"吉祥图案"。吉祥图案的历史源远流长，早在远古时期，我国人民就把这些雄健的猛兽形象比作"威武"，用于男服的装饰，而将一些文丽的珍禽比作美好，用作女服的纹样。唐宋以后，这种风气更加普遍，人们常将几种不同形状的图案配合在一起，或寄于"寓意"，或取其"谐意"，以此寄托美好的希望和抒发自己的感情。例如，把松、竹、梅这三种耐寒的植物合画在一起，比喻经得起考验的友谊，取名"岁寒三友"（寓意）；把芙蓉、桂花、万年青三种花卉画在一起，比作永远荣华富贵，取名"富贵万年"（谐音）；把蝙蝠和云彩画在一起，叫"福从天来"；把太阳和凤凰画在一起，叫"丹凤朝阳"；把青鸾（一种瑞鸟）和桃子画在一起，叫"青鸾献寿"；把喜鹊和梅花画在一起，叫"喜上眉梢"；把金鱼和海棠画在一起，叫"金玉满堂"；把萱草和石榴画在一起，叫"宜男多子"；把莲花和鲤鱼画在一起，叫"连年有余"；把花瓶和长戟（一种古兵器）画在一起（一般都画三把戟插在瓶中），叫"平升三级"，等等。此外，还有"八仙""八宝""八吉祥"等名目。所谓"八仙"，即道教中的八大仙人。八仙手中拿的物件有扇（汉钟离用）、剑（吕洞宾用）、葫芦和拐杖（铁拐李用）、拍板（曹国舅用）、花篮（蓝采和用）、道情筒与拂尘（张果老用）、笛（韩湘子用）、荷花（何仙姑用）；所谓八宝，即八种物品，如宝珠、方胜、玉磬、犀角、古钱、菱镜、书本、艾叶等；八吉祥也由八种器物组成，取吉祥之意，如舍利壶、法轮、宝伞、莲花、金鱼、海螺、天盖、盘长等。尽管这些图案的形状各不相同，结构也比较复杂，但可在一幅画面上被组织得相当和谐，常在主体纹样中穿插一些云纹、枝叶或飘带，给人一种轻松活泼之感。同时，此时的刺绣也十分精美，并在传统的手法上创造了平金、平绣、戳纱、铺绒等特种工艺技巧，具有细腻、精美之感，充分体现了明代服饰文化之特色。

二、清代服饰

在中国服装史上，清代是一个较为特殊的历史时期，它以满族的服饰装束为主，具有典型的北方游牧民族特色。清代统治者严令汉族臣民依照满族的制度剃发蓄辫。清代服装尽管在外观形式上摈弃了许多传统形制，但它内在的东西并没有改变。其服饰制度仍然坚守旧制，不做轻易改变。清虽废除了明代服饰制度，但在某些方面还是沿用前代，其中最显著的即是明代官服的补子（图2-17）。其精神实质与整个中华民族服装文化是一脉相承的。清代的服饰制度，在服装形制和风格上既体现了本民族的习俗特征，又保留了数千年遗存下来的等级制内容，然而其条文的庞杂、章规的繁缛却超过了历代，人们的穿着也更为严格、规范。受此影响，后期服装追求更加烦琐、精致的装饰效果，在装饰繁复方面成为历代之最。由于历史原因，清代女服始终保持着

图2-17　清代头品文官仙鹤补服

满汉两民族原有的服装形式，使不同风格特色的女装长期共存，在相互影响下逐步融合，并对近代女装的变化产生了直接影响。妇女缠足风，到清代更加盛行。汉族妇女以穿着弓鞋为多，旗女不裹小脚，大多穿装有木底的绣鞋，时称"高底鞋"。清代是我国封建社会最后一个王朝，1840年的鸦片战争使西方资本主义用武力打开了中国的大门，从此西学渐入中国，清末服饰也逐渐受到欧美服装时尚的影响。

（一）概述

1616年，女真族努尔哈赤统一女真各部，建立后金政权。天聪九年（1635年），皇太极改女真为满洲，1636年，皇太极登皇帝位，改国号大清，是为清太宗。顺治元年（1644年）清世祖入关，定都北京，从皇太极改国号为大清起，共历11帝，统治276年。随着清朝的建立、强盛、衰微及至灭亡，直接牵动着中华服饰艺术风格的重大变化。女真族原是尚武的游牧民族，有他们自己的生活方式和服饰文化。他们打败明朝统治者之后，就想用满洲的服饰来同化汉人，用满族统治汉人的意识推行服装改革，所以入关之后，就强令汉人剃发、留辫，改穿满族服装，这一举动遭到汉族人民的强烈抵制，乃采纳了明朝遗臣金之俊"十不从"即"男从女不从，生从死不从，阳从阴不从，官从隶不从，老从少不从，儒从而释道不从，娼从而优伶不从，仕官从而婚姻不从，国号从而官号不从，役税从而语言文字不从"的建议，在服饰方面，如结婚、死殓时女性都许保持明代服式。未成年儿童、官府隶役和出行时鸣锣开道的差役，以及民间赛神庙会所穿，也用明式服装。优伶戏装采取明式，释道也没有更改服装样式，才使民怨得到一些缓和，清朝的服饰制度才能在全国推行。而清朝的服饰，也得以充分承继明代服饰技艺的成就。

清朝中后期因统治者日趋腐朽，国力衰微，人民饥寒交迫，被迫起义，帝国主义的炮舰侵略，攻破了清朝封闭的国门。为了挽救清朝覆没的命运，清廷乃以"中学为体，西学为用"的思想为指导，希望引进西方军事知识强化军队，镇压人民起义，先后派遣留学生到西欧留学，军队也以西式操练法改练新军。从此，西式的学生操衣、操帽和西式的军装军帽，开始在中国学生和军人中出现。由于西式服装功能合理，故一经引进，就对近代中国服装结构的改革产生了重要的影响。随着西方势力的入侵，西方的文艺形式也渐

中国传统**服饰文化**的历史传承与时代创新

渐进入清朝宫廷，使闭关锁国的清朝统治者开阔了眼界，并对清朝王室成员的生活衣着观念产生了一些影响。

（二）男子服饰

1. 帝王冠服

清代作为中国最后一个封建王朝，其服装的繁缛华丽是此前任何一个王朝都无法比拟的。皇帝冠服便是其中典型。皇帝冠服有礼服、吉服、常服和行服四种。每种都有冬、夏两式。礼服包括朝服、朝冠、端罩、衮服、补服；吉服包括吉服冠、龙袍、龙褂；便服即常服，是在典制规定以外的平常之服；行服则用于巡幸或狩猎。

（1）朝服。礼服中的朝服是皇帝在重大典礼活动时最常穿着的典制服装。按清朝《大清会典》规定，皇帝的朝服一般"色用明黄"，祭圜丘、祈谷用蓝色，祭日用红色，祭月用月白色。其式样是通身长袍，另配箭袖和披领，衣身、袖子、披领都绣金龙。根据不同的季节，皇帝的朝服又有春夏秋冬四季适用的皮、棉、夹、单、纱等多种质地。朝服的形式与满族长期的生活习惯有关。满族先祖长期生活在无霜期短的东北，以少种植、多渔猎为主要经济来源。"食肉、衣皮"成了他们的基本生活方式，尤其是满洲贵族穿用的服装，多为东北特产的貂、狐等毛皮缝制。为方便骑马射箭、活动自如，服装的形式采用宽大的长袍和瘦窄的衣袖相结合。衣领处仅缝制圆领口，并配制一条可摘卸的活动衣领，称"披领"；在两袖口处各加一个半圆形可挽起的袖头，因形似"马蹄"，称为"马蹄袖"。清入关后，满族生活环境发生变化，长袍箭袖已失去实际的作用。但清前期的几位皇帝认为，衣冠之制关系重大，它关系到一个民族的盛衰兴亡。到乾隆帝时进一步认识到，辽、金、元储君，不循国俗，改用汉唐衣冠，致使传之未久，趋于灭亡，深感可畏。于是，满族祖制的服饰不但没有改变，还不断恢复完善，最终形成典章制度确定下来。

（2）吉服。宫中遇有喜庆的事，皇帝穿吉服。吉服又称龙袍，其形式是上下连属的通身袍，右衽、箭袖、四开裾；领、袖都是石青色，衣明黄；通身绣九龙十二章（清代服装在保留本民族传统的同时，也吸收了历代皇帝服装的纹饰），龙纹分前后身各三条，两肩各一条，里襟一条。龙纹间有五彩云；十二章分列左肩为日，右肩为月，前身上有黼、黻，下有宗彝、藻，后身上有星辰、山、龙、华虫，下有火、粉米；领圈前后正龙各一，左右行龙各一，左右交襟行龙各一，袖端正龙各一，下幅八宝立水。穿吉服时，外面罩衮服，挂朝珠，佩吉服带。清代皇帝的龙袍也有裘、棉、夹、纱等多种质地，适合一年四季穿用。

（3）常服。皇帝在平常的日子穿便服，又称常服。皇帝在宫中穿常服的时间最多，常服有常服袍和常服褂两种，其颜色、纹饰没有特殊的规定，随皇帝所欲。但从故宫博物院收藏的皇帝便服的颜色、纹饰来看，也都有明显的隐义。清代皇帝便服的衣料多选用单色织花或提花的绸、缎、纱、锦等质地，无论织花还是提花，多采用象征吉祥富贵的纹样。

（4）行服。行服是皇帝和王公百官外出巡行、狩猎、征战时所穿的服装，特点是便于骑射。行服包括行冠、行袍、行褂、行裳、行带五部分。穿用时，行袍穿在内，腰间系行带，外面罩上行褂，下系行裳。

（5）冠帽。清代服饰制度规定，穿不同的服装，头上要戴相应的冠帽。皇帝的冠帽有朝服冠、吉服冠、常服冠、行服冠。朝冠有冬夏之分，冬朝冠呈卷檐式，用海龙、熏貂或黑狐皮制成，外部覆盖红色的丝绒线穗，正中饰柱形三层金顶，每层中间饰一等大东珠一颗。环绕金顶周围，饰以四条金龙。金龙的头上和脊背上各镶嵌一颗一等大东珠，四条金龙的口中又各衔一颗东珠。夏朝冠呈覆钵形，用玉草、藤、竹丝编制。其顶亦为柱形，共三层，每层为四金龙合抱，口中各饰一颗东珠，顶上端一颗大东珠。另在冠檐上，前缀金佛，嵌十五颗东珠，后缀"舍林"，前饰七颗东珠。皇帝的吉服冠，冬天用海龙、熏貂、紫貂，依不同时间戴用。帽上亦缀红色帽缨，帽顶是满花金座，上衔一颗大珍珠。夏天的凉帽仍用玉草或藤竹丝编制，红纱绸里，石青片金缘，帽顶同于冬天的吉服冠。常服冠的不同处是帽为红绒结顶，俗称算盘结，不加梁，其余同于吉服冠。行冠，冬季用黑狐或黑羊皮、青绒，其余如常服冠。夏天以织藤竹丝为帽，红纱里缘，上缀朱氂。帽顶及梁都是黄色，前面缀有一颗珍珠。

（6）朝珠与腰带。皇帝穿朝服时要戴朝珠，根据不同的场合戴不同质地的朝珠。朝珠源于佛教数珠。清代皇帝祖先信奉佛教，因此清代冠服配饰中的朝珠也和佛教数珠有关。按清代冠服制度，穿礼服时必于胸前挂朝珠。朝珠由108粒珠贯穿而成。每隔27颗穿入一颗材质不同的大珠，称为"佛头"。

朝珠的质料以产于松花江的东珠为最贵重，此外还有翡翠、玛瑙、白玉等。皇帝在穿戴服饰中，腰间都要系相应的腰带，穿朝服系朝服带，穿吉服系吉服带。朝带有两种，一种用于大典，另一种用于祭祀。

2. 百官冠服

（1）蟒袍。蟒袍，也叫"花衣"。蟒与龙形近，但蟒衣上的蟒比龙少一爪，为四爪龙形。蟒袍是官员的礼服袍。皇子、亲王等亲贵，以及一品至七品官员俱有蟒袍，以服色及蟒的多少分别等差。如皇子蟒袍为金黄色，亲王等为蓝色或石青色，皆绣九蟒。一品至七品官按品级绣八至五蟒，都不得用金黄色。八品以下无蟒。凡官员参加三大节、出师、告捷等大礼必须穿蟒袍。

（2）补服。补服是清代文武百官的重要官服，清代补服从形式到内容都是对明朝官服的直接承袭。补服以装饰于前胸及后背的补子的不同图案来区别官位的高低。皇室成员用圆形补子，各级官员均用方形补子。补服的造型特点是圆领、对襟、平袖，袖与肘齐，衣长至膝下。门襟有五颗纽扣，是一种宽松肥大的石青色外衣，当时也称为"外套"。清代补服的补子纹样分皇族和百官两大类。皇族补服纹样为五爪金龙或四爪蟒。各品级文武官员纹样为：文官一品用仙鹤，二品用锦鸡，三品用孔雀，四品用雁，五品用白鹇，六品用鹭鸶，七品用鸂鶒，八品用鹌鹑，九品用练雀。武官一品用麒麟，二品用狮子，三品用豹，四品用虎，五品用熊罴，六品用彪，七品和八品用犀牛，九品用海马。

（3）官帽——顶戴花翎。清代男子的官帽，有礼帽、便帽之别。礼帽俗称"大帽子"，其制有二式：一为冬天所戴，名为暖帽；二为夏天所戴，名为凉帽。凉帽的形制，无檐，形如圆锥，俗称喇叭式。材料多为藤、竹制成。外裹绫罗，多用白色，也有用湖色、黄色等。官员品级的主要区别在于帽顶镂花金座上的顶珠以及顶珠下的翎枝，这就是清代官员显示身份地位的"顶戴花翎"。顶珠的质料、颜色依官员品级而不同。一品用红宝石，二品用珊瑚，三品用蓝宝石，四品用青金石，五品用水晶石，六品用砗磲（又称车渠，一种南海产的大贝，古称七宝之一），七品用素金，八品镂花阴纹、金顶无饰，九品镂花阳纹、金顶。雍正八年（1730年），更定官员冠顶制度，以颜色相同的玻璃代替了宝石。顶珠之下，有一枝两寸长短的翎管，用玉、翠或珐琅、花瓷制成，用以安插翎枝。翎有蓝翎、花翎之别。蓝翎是鹖羽制成，蓝色，羽长而无眼，较花翎等级为低。花翎是带有"目晕"的孔雀翎。"目晕"俗称为"眼"，在翎的尾端，有单眼、双眼、三眼之分，以翎眼多者为贵。清初，花翎极为贵重，唯有功勋及蒙特恩的人方得赏戴，而"顶戴花翎"也就成为清代官员显赫的标志。到清中叶以后，花翎逐渐贬值。道光、咸丰后，国家财政匮乏，为开辟财源，公开卖官鬻爵，只要捐者肯出钱，就可以捐到一定品级的官衔，穿着相当的官服，荣耀门庭，欺压地方。清初极为难得的翎枝，此时也明码标价出售，此时的顶戴花翎其实已变了味道，但其象征荣誉的作用依然存在。晚清，李鸿章因办洋务有功，慈禧赏他戴三眼花翎。

（4）行褂（马褂）。行褂，是指一种长不过腰、袖仅掩肘的短衣，俗称"马褂"。如跟随皇帝巡幸的侍卫和行围校射时猎获胜利者，缀黑色钮襻。在治国或战事中建有功勋的人，缀黄色钮襻。缀黄色钮襻的称为"武功褂子"，其受赐之人名可载入史册。礼服用元色、天青，其他用深红、酱紫、深蓝、绿、灰等，黄色非特赏所赐者不准服用。马褂用料，夏为绸缎，冬为皮毛。乾隆时，达官贵人显阔，还曾时兴过一阵反穿马褂，以炫耀其高级裘皮。清代皇帝对"黄马褂"格外重视，常以此赏赐勋臣及有军功的高级武将和统兵的文官，被赏赐者也视此为极大的荣耀。赏赐黄马褂也有"赏给黄马褂"与"赏穿黄马褂"之分。"赏给"是只限于赏赐的一件，"赏穿"则可按时自做服用，不限于赏赐的一件。如乾隆时曾给提督段秀林赏穿黄马褂。段秀林为官古北口，一次随驾扈从热河，乾隆帝召见时，见他须发皆白，便问他尚能骑射否？段秀林答："骑射乃武臣之职也，年虽老，尚能跨鞍弯弧，为将士先。"乾隆帝遂在宫门前悬鹄一只，令段试射。段秀林一箭中鹄，乾隆大喜。为奖励其武功，便赏穿黄马褂。

（5）披领与领衣。披领，加于颈项而披之于肩背，形似菱角。上面多绣以纹彩。冬天用紫貂或石青色面料，边缘镶海龙绣饰。夏天用石青色面料，加片金缘边，为文武官员及命妇穿大礼服时所用。清代服式一般没有领子，所以穿礼服时需加一硬领，为领衣。因其形似牛舌而俗称"牛舌头"，下结以布或绸缎，中间开衩，用纽扣系上，夏用纱，冬用毛皮或绒，春秋两季用湖色缎。

3. 男子一般服饰

清代一般男服有袍、褂、袄、衫、马甲、裤等。

（1）长袍。长袍，原是满族衣着中最具代表性的服装。清兵入关后，在必须"剃发易服"的命令下，汉族也迅速改变了原来宽袍大袖的衣式，代之以这种长袍。长袍于是成为全国统一的服式，成为男女老少一年四季的服装。它可以做成单、夹、皮、棉，以适应不同的气候。旗袍的样式为圆领、大襟、平袖、开衩。与长袍配套穿着的是马褂，罩于长袍之外。

（2）马甲。马甲即背心、坎肩，也叫紧身，为无袖的紧身式短上衣。有一字襟、琵琶襟、对襟、大襟和多纽式等几种款式。除多纽式无领外，其余均有立领。多纽式的马甲除在对襟的门襟有直排的纽扣外，在前身腰部也有一排横列的纽扣，这种马甲穿在袍套之内，如果乘马、行走觉得热时，只要探手于内解掉横、直两排纽扣，便可在衣内将其曳脱，避免解脱外衣之劳，满语叫作"巴图鲁坎肩"。原来这种多纽式马甲只许王及公主能穿，后来普通的人也都能穿，并把它直接穿在衣服外面，"巴图鲁"是好汉、勇士之意，俗谓十三太保。单、夹、棉、纱都有。马甲四周和襟领处都镶异色边缘，用料和颜色与马褂差不多。

（3）裤。清朝男子已不着裙，而普遍穿裤，中原一带男子穿宽裤腰长裤，系腿带。西北地区因天气寒冷而外加套裤，江浙地区则有宽大的长裤和柔软的于膝下收口的灯笼裤。

（4）帽。

①瓜皮帽。清代男子不分长幼，一年四季都要戴帽，这可能与满族的习俗有关。最常见的是瓜皮帽，瓜皮帽系沿袭明代的"六合一统帽"而来，又名小帽、便帽、秋帽。帽子作瓜棱形圆顶，下承帽檐，红绒结顶。帽胎有软、硬两种，硬胎用马尾、藤竹丝编成。为区别前后，帽檐正中钉有一块明显的标志，叫作"帽正"。贵族富绅多用珍珠、翡翠、猫眼儿等名贵珠玉宝石，一般人就用银片、料器之类。八旗子弟为求美观，有的在帽疙瘩上挂一缕叫作"红缦"的一尺多长的红丝绳穗子。这种形制也有变化。咸丰（1851—1861年）执政初期，"帽正"已为一般人所不取，为图方便，帽顶又作尖形。帽为软胎，可折叠放于怀中，名"军机六折"。

②毡帽。毡帽为农民、商贩、劳动者所戴，有多种形式，例如，半圆形，顶部较平；大半圆形；四角有檐反折向上；帽檐反折向上作两耳式，折下时可掩耳朵；帽后檐向上，前檐作遮阳式；帽顶有锥状者。士大夫所戴者，用

捻金线绣蟠龙、四合如意加金线缘边，有的加衬毛里，为北方及内蒙古一带民众所戴。

③风帽。风帽又名"风兜""观音兜"。多为老年人所用，或夹或棉或皮，以黑、紫、深青、深蓝等色居多。清末，上海等地用红色绸缎或呢料做风帽，有的再加锦缎为缘。风帽戴于小帽之上，老太太、老和尚、尼姑亦戴黑色风帽。

④孩童帽。帽顶左右两旁开孔，装两只毛皮的狗耳或兔耳朵，以鲜艳的丝绸制作，镶嵌金钿、假玉、八仙人、佛爷等；帽筒用花边缘围，称狗头帽、兔耳帽。有的前额绣上一个虎头形，两旁与帽筒相连，帽顶留空，称为虎头帽。

⑤鞋。清代男子着便服时穿鞋，着公服时穿靴。靴多用黑缎制作，尖头。清制规定，只有官员着朝服才许用方头靴。士庶穿白布袜、黑布鞋。体力劳动者穿蓬草鞋。

（三）女子服饰

清初，在"男从女不从"的约定之下，满汉两族女子基本保持着各自的服饰形制。满族女子服饰中有相当部分与男服相同，在乾嘉以后，开始效仿汉服，虽然屡遭禁止，但其趋势仍在不断扩大。汉族女子清初的服饰基本上与明代末年相同，后来在与满族女子的长期接触之中，不断演变，终于形成清代女子服饰特色。

1. 清代命妇冠服

（1）冠饰。妇女服饰中的最高等级是皇后、皇太后，亲王、郡王福晋，贝勒及镇国公、辅国公夫人，公主、郡主等皇族贵妇，以及品官夫人等命妇的冠服。清代命妇的冠服与男子的冠服大体类似，只是冠饰略有不同。冠有朝冠、吉服冠，分冬夏两种。皇太后、皇后朝冠，极其富丽。冬用熏貂，夏用青绒，上缀红色帽纬，顶有三层，各贯一颗东珠，以金凤相承接，冠周缀7只金凤，各饰9颗东珠，一颗猫睛石，21颗珍珠。后饰一只金翟，翟尾垂珠，共有珍珠302颗。中间一个金衔青金石结，末缀珊瑚。冠后护领垂两条明黄色条带，末端缀宝石。皇后以下的皇族妇女及命妇的冠饰，依次递减。嫔朝冠饰以金翟，以青缎为带。皇子福晋以下将金凤改为金孔雀，也以数目多少及不同质量的珠宝区分等级。

（2）朝褂。皇后朝褂均为石青色，用织金缎或织金绸镶边，上绣各种纹饰。领后均垂明黄色绦，绦上缀饰珠宝。朝褂都是穿在朝袍外面，穿时胸前挂彩，领部有镂金饰宝的领约。颈挂朝珠三盘，头戴朝冠，脚踏高底鞋，非常华美。

（3）霞帔。旗女皇族命妇朝服与男子朝服基本相同，唯霞帔为女子专用。明时狭如巾带的霞帔至清时已阔如背心，中间绣禽纹以区分等级，下垂流苏。类似的凤冠霞帔在平民女子结婚时也可穿戴一次。

2. 清代满族女子一般服饰

满族女子一般服饰有长袍、马甲、马褂、围巾等（图2-18）。

（1）衬衣。满族女子着直身长袍，长袍有二式，衬衣和氅衣。清代女式衬衣为圆领、右衽、捻襟、直身、平袖、无开衩、有五个纽扣的长衣，袖子形式有舒袖（袖长至腕）、半宽袖（短宽袖口加接二层袖头）两类，袖口内再另加饰袖头。是妇女的一般日常便服，以绒绣、纳纱、平金、织花为多。周身加边饰，晚清时边饰越来越多。常在衬衣外加穿坎肩。秋冬加皮、棉。

（2）氅衣。氅衣与衬衣款式大同小异，小异是指衬衣无开衩，氅衣则左右开衩高至腋下，开衩的顶端必饰云头；且氅衣的纹饰更加华丽，边饰的镶滚更为讲究，在领托、袖口、衣领至腋下相交处及侧摆、下摆都镶滚不同色彩、不同工艺、不同质料的花边、花绦、狗牙等。大约咸丰、同治期

图2-18　清代女子服饰

间，京城贵族妇女衣饰镶滚花边的道数越来越多，有"十八镶"之称。这种以镶滚花边为服装主要装饰的风尚，到民国期间仍继续流行。在氅衣的袖口内，也都缀接纹饰华丽的袖头，加接的袖头上面也以花边、花绦、狗牙加以镶滚，袖口内加接袖头之后，袖子就显得更长了，而且看上去像是穿了好几件讲究的衣服。加接的袖头磨脏了又可以更换新的。北京故宫博物院藏有大量清代的氅衣成件面料、氅衣实物、氅衣画样，花式繁多，纹样内容设计均含有吉祥的含义，如折枝桂花、兰花，题为"桂子兰孙"；葫芦蔓藤题为"子孙万代"；双喜字百蝶题为"双喜相逢"；喜字、蝙蝠、磬、梅花题为"喜庆福来"，等等。慈禧太后在一般场合都喜欢梳大拉翅，穿宽裾大袖的氅衣。她常常亲自指点如意馆画师修改服装小样，她最喜欢的氅衣花纹是竹子、藤萝、墩兰、牡丹、芍药、栀子花、海棠蝴蝶、百蝶散花、圆寿字等。

（3）马甲。马甲，又名坎肩、紧身、搭护、背心，为无袖短身的上衣，式样有一字襟、琵琶襟、对襟、大捻襟、人字襟等，多穿在氅衣、衬衣、旗袍的外面。工艺有织花、缂丝、刺绣等。花纹有满身洒花、折枝花、整枝花、独棵花、皮球花、百蝶、仙鹤、凤凰、寿字、喜字等，都寓有吉祥含义。清中后期，在坎肩上施加如意头、多层滚边，除刺绣花边之外，加多层绦子花边、捻金绸缎镶边，有的更在下摆加流苏串珠等为饰。北京故宫博物院藏有光绪年间设计的慈禧紧身画样六件，附有白鹿皮条，上墨书"慈禧衣服样六件"。六件花样为品月地雪灰竹子、雪青地湖色竹子、酱色地绿竹子、茶色地品月竹子、白地寿山竹子、藕荷色地水墨竹子。图案布局匀称，形象写实生动，色调雅致。

（4）马褂。女马褂款式有挽袖（袖比手臂长的）、舒袖（袖不及手臂长的）两类。衣身长短肥瘦的流行变化情况与男式马褂差不多。但女式马褂全身施纹彩，并用花边镶饰。

（5）围巾。清代满族女子在穿衬衣和氅衣时，在脖颈上系一条宽约2寸、长约3尺的丝带，丝带从脖子后面向前围绕，右面的一端搭在前胸、左面的一端掩入衣服捻襟之内。围巾一般都绣有花纹，花纹与衣服上的花纹配套。讲究的还镶有金线及珍珠。

3. 清代满族女子的鞋

满族妇女的鞋极有特色。以木为底，鞋底极高，类似今日的高跟鞋，但高跟在鞋中部。一般高一二寸，以后有增至四五寸的，上下较宽，中间细圆，似一花盆，故名"花盆底"。有的底部凿成马蹄形，故又称"马蹄底"。鞋面多为缎制，绣有花样，鞋底涂白粉，富贵人家妇女还在鞋跟周围镶嵌宝石。这种鞋底极为坚固，往往鞋已破毁，而底仍可再用。新妇及年轻妇女穿着较多，一般小姑娘至十三四岁时开始用高底。清代后期，着长袍穿花盆底鞋，已成为清官中的礼服。

4. 清代满族女子的发式

满族女子的发式变化较多，孩童时期，与男孩相差无几。女孩成年后，方才蓄发挽小抓髻于额前，或梳一条辫子垂于脑后。已婚妇女多绾髻，有绾至头顶的大盘头，额前起鬏的葫头，还有架子头。"两把头"是满族妇女的典型发式，这种发式使脖颈挺直，不得随意扭动，以此显得端庄稳重。梳这种发髻者多为上层妇女。一般满族妇女多梳"如意头"，即在头顶左右横梳两个平髻，似如意横于脑后。劳动妇女只简单地将头发绾至顶心盘髻了事。以后受汉髻影响，有的将发髻梳成扁平状，俗称"一字头"。清咸丰以后，旗髻逐渐增高，两边角也不断扩大，上面套戴一顶形似"扇形"的冠，一般用青素缎、青绒、青直径纱做成，是为"旗头"或"官装"。俗谓"大拉翅"，就是指这种戴扇形冠的头饰。在旗头上面，还要再加插一些绢制的花朵，一旁垂丝绦。

5. 清代汉族女子的服饰

汉族妇女的服装较男服变化少，一般穿披风、袄、衫、云肩、裙、裤、一裹圆、一口钟等。

（1）披风。披风是外套，作用类似男褂，形制为对襟，大袖，下长及膝。披风装有低领，有的点缀着各式珠宝。里面为上袄下裙。

（2）袄、衫。清初袄、衫以对襟居多，寸许领子，上有一两枚领扣，领形若蝴蝶，以金银做成，后改用绸子编成短纽扣，腰间仍用带子不用纽扣。清后期装饰日趋繁复，到"十八镶十八滚"。

（3）云肩。云肩为妇女披在肩上的装饰物，五代时已有之，元代仪卫及舞女也穿。《元史·舆服志》记载："云肩，制如四垂云。"即四合如意形，明代妇女作为礼服上的装饰。清代妇女在婚礼服上也用，清末江南妇女梳低垂的发髻，恐衣服肩部被发髻油腻沾污，故多在肩部戴云肩。贵族妇女所用云肩，制作精美，有剪裁为莲花形，或结线为璎珞，周垂排须。慈禧所用的云肩，有的是用又大又圆的珍珠缉成的，一件云肩用3500颗珍珠穿织而成。

（4）裙。裙子主要是汉族妇女穿，满族命妇除朝裙外，一般不穿裙子。至晚清时期，汉满服装互相交流，汉满妇女都穿裙子。清代裙子有百褶裙、马面裙、襕干裙、鱼鳞裙、凤尾裙、红喜裙、玉裙、月华裙、墨花裙、粗蓝葛布裙等。

①百褶裙。百褶裙前后有20厘米左右宽的平幅裙门，裙门的下半部为主要的装饰区，上绣各种华丽的纹饰，以花鸟虫蝶最为流行，边加缘饰。两侧各打细褶，有的各打50褶，合为百褶。也有各打80褶，合为160褶的。每个细褶上都绣有精细的花纹，上加围腰和系带。底摆加镶边。

②马面裙。马面裙前面有平幅裙门，后腰有平幅裙背，两侧有折。裙门、裙背加纹饰。上有裙腰和系带。

③襕干裙。襕干裙形式与百褶裙相同，两侧打大折，每褶间镶襕干边。裙门及裙下摆镶大边，色与襕干边相同。

④鱼鳞裙。鱼鳞裙形式与百褶裙相同，因百褶裙的细褶日久易散乱，后来以细丝线将百褶交叉串联，若将其轻轻掰开，则褶幅展开如鱼鳞状，故名。

⑤凤尾裙。李斗《扬州画舫录》卷九，说扬州乾隆初年民间时装，"裙式以缎裁剪作条，每条绣花，两畔镶以金线，碎逗成裙，谓之凤尾"。凤尾裙有三种类型，第一种是在裙腰间下缀绣花条凤尾；第二种是在裙子外面加饰绣花条凤尾，每条凤尾下端垂小铃铛；第三种是上衣与下裙相连，肩附云肩，下身为裙子，裙子外面加饰绣花条凤尾，每条凤尾下端垂小铃铛。第三种凤尾裙在戏曲服装中称为"舞衣"，在生活服装中也作为新娘的婚礼服用。

⑥红喜裙。红喜裙为新娘的婚礼服，式样有单片长裙及襕干式长裙，以大红色地绣花，与大红色或石青色底绣花女褂配套。红喜裙在民国时期仍为民间普遍使用的女婚礼服。

⑦玉裙。玉裙为乾隆时期民间流行的一种裙式。《扬州画舫录》卷九："近则以整缎褶以细裥道，谓之百褶。其二十四褶者为玉裙，恒服也。"

⑧月华裙、墨花裙。月华裙、墨花裙的每一裥中五色具备，似皎月晕耀光华，可能为喷染而成。后来苏州生产一种用同类色的经丝牵排成由深到浅

的晕色经丝织成花缎，名"月华缎"，是20世纪30年代流行面料。清代用喷染法"弹墨"制作的"墨花裙"，十分别致淡雅。

⑨粗蓝葛布裙。粗蓝葛布裙为满族下层劳动者穿的裙子，此种穿粗蓝葛布裙的习俗，在我国汉族劳动人民及众多少数民族中也有，汉族民间不仅用粗蓝布做裙子，而且用蓝印花布制作裙子。裙式有蔽膝裙、中短裙、长裙等。

（5）裤。只着裤而不套裙者，多为侍婢或乡村劳动女子。因上衣较长，着坎肩时坎肩也较长，所以裤子在衣下仅露尺许。腰间系带下垂于左，但不露于外，初期尚窄下垂流苏，后期尚阔而长，带端施绣花纹，以为装饰。

（6）一裹圆。妇女的便服四面不开衩者，叫"一裹圆"。男子亦有之，及前后不开衩者，如后世的长衫。

（7）一口钟。一口钟，又名"斗篷"，为无袖、不开衩的长外衣，满语叫"呼呼巴"，也叫大衣。有长短两式，领有抽口领、高领和低领三种，男女都穿，官员可穿于补服之外，但蟒服不许用。行礼时须脱去一口钟，否则视为非礼。妇女所穿一口钟，用鲜艳的绸缎作面料，上绣纹彩。里子讲究的以裘皮为衬。

（8）清代汉族女子发式。汉族妇女的发髻首饰，清初大体沿用明代式样，以后变化逐渐增多。清中叶，模仿满族宫女发式，以高髻为尚。将头发分为两把，俗称"叉子头"。又有的在脑后垂下一绺头发，修成两个尖角，名"燕尾式"。后来还流行过圆髻、平髻、如意髻等式样。清末，又有苏州撅、巴巴头、连环髻、麻花等式样。年轻女孩多梳蚌珠头，或左右空心如两翅样的发式，或只梳辫垂于脑后。以后梳辫渐渐普及，成为中青年妇女的主要发式。头饰，北方妇女冬季多用"昭君套"，是用貂皮制作覆于额上的。《红楼梦》中写刘姥姥见到"那凤姐家常带（戴）着紫貂昭君套，围着那攒珠勒子"（《红楼梦》第六回），就是这种打扮。江南一带还时兴戴勒子，上缀珠翠或绣花朵，套于额上掩及耳间。髻上饰物还有簪，用金、银、珠玉、翡翠等制作，有的做成凤形而下垂珠翠，有如古代的步摇；还有的做成各种花形，行走时轻微摇动，华丽而动人。

（9）清代汉族女子的鞋。汉女缠足，多着木底弓鞋，鞋面多刺绣、镶珠宝。南方女子着木屐，青楼女子喜镂其底贮香料或置金铃于屐上。

（四）太平天国服饰

清代末年，统治者对外屈辱妥协，对内欺压百姓，使中国处于半独立和不统一的状态。中国人民饱受了帝国主义与封建主义的欺凌和践踏，纷纷发动起义。农民革命家洪秀全领导了太平天国运动，使旧式农民战争发展到最高峰，他们改革历法，重视绘画，批判儒家经典，并设计规定了自己的服装式样与色彩，是第一支拥有自己独特服装的农民起义军。

太平天国鄙视清代衣冠，认为剃发垂辫是"强加给人民的奴隶标记"，于是开始时着传统戏装（实则唐宋明汉族服装）打仗，而将清代官服"随地抛弃""往来践踏"，并规定"纱帽雉翎一概不用""不用马蹄袖"等。在太平天国永安年间，初步拟定冠服制度，攻下武昌后，"舆马服饰即有分别"，定都天京（今南京）以后，又做修改，并建立"绣锦营"和"典衣衙"。

男子仍继承汉族传统，认为龙袍不可随意穿用。当时除天王可穿之外，其他官员须根据场合，低级官员绝对不能着龙袍，但缀有龙纹的朝帽是大多数官员的首服。洪秀全发动起义时曾借上帝之口，称龙为"魔鬼""妖怪"，而后自己穿龙袍时，无法解释，于是以将龙一眼射穿，谓之宝贝金龙来自圆其说，图案表现上即为龙的一只眼圈放大，眼珠缩小。其他规定多来自《周礼》，以五行四神来确定背心图案、服装以及缘边的颜色。

女子着圆领紧身阔下摆长袍。用一块红绸或绿绸扎于腰际，下摆开衩，不着裙子而直接着肥腿裤。袄、袍等边缘也是镶很宽的边饰，只是较之民女所服要简洁大方。太平天国女子放开脚，以"天足"显示解放思想，着布鞋。

（五）其他

1. 军服

清代铠甲分甲衣和围裳。甲衣肩上装有护肩，护肩下有护腋；另在胸前和背后各佩一块金属的护心镜，镜下前襟的接缝处另佩一块梯形护腹，名叫"前挡"。腰间左侧佩"左挡"，右侧不佩挡，留作佩弓箭囊等用。围裳分为左、右两幅，穿时用带系于腰间。在两幅围裳之间正中处，覆有质料相同的虎头蔽膝。清代一般的盔帽，无论是用铁还是用皮革制品，都在表面髹漆。盔帽前后左右各有一梁，额前正中突出一块遮眉，其上有舞擎及覆碗，碗上有形似酒盅的盔盘，盔盘中间竖有一根插缨枪、雕翎或獭尾用的铁或铜管。后垂石青等色的丝绸护领、护颈及护耳，上绣有纹样，并缀以铜或铁泡钉。清代八旗兵的甲胄用皮革制成，此服供大阅兵时穿用，平时收藏起来。清代除满八旗外，在蒙古设蒙古八旗，在汉族设汉八旗，参加大阅兵的实为二十四旗。

2. 清代纺织工业与服饰纹样

清代纺织工业规模宏大，创历史的最高水平，纺织工业在手工业生产中占主要地位。清代的织物生产，不但在前代的基础上有很大的发展，而且不断地创新。以绣工而言，除继承明代的传统技术外，还增加了堆绫、钉线、打子、穿珠等品种。织工方面，主要适应服饰的要求，如将一组图案织造在一件衣服的彩缎上，经过裁制，便可直接成衣，省去了许多绘刻刺绣工序。装饰纹样也新颖别致，收到良好的效果。至于染工，仅一般小型作坊就能染出几百种颜色。清代织物的纹样多以写生手法为主，龙狮、麒麟、百兽、凤凰、仙鹤、百鸟、梅、兰、竹、菊、百花，以及八宝、八仙、福、禄、寿、喜等，都是常用的题材，色彩鲜艳复杂，图案纤细繁缛，层次清晰，变化万千。

第六节
近代服饰文化

民国是中国历史上较为动荡的年代之一，它终结了封建王朝，向旧社会半殖民地的状态发起了冲击，是中西文明碰撞最为激烈、文化相互交错最特殊的阶段。这一时期，国人从思想到行为都发生了翻天覆地的改变，完全可以用"解放"二字来形容，这种"解放"的本质是思想的开放和进步。而在一系列的变化中，服饰方面体现得尤为明显。民国初期，国人还不能完全脱离旧时代的束缚，穿着仍非常臃肿、单调，在民国中后期逐渐向简单、曲线美过渡。在这个阶段，国人服饰不再烦琐，越发简单轻快，开始讲究摩登化，也有了追求美的方向，审美也在不断提高。只是，在服饰演变的过程中，不可避免地蕴含着等级观念的思想。从服饰款型来看，从长袍马褂到中山装、旗袍，在一定程度上又标志了经济实力与文化思潮的影响。

一、概述

民国服饰的变化是剧烈的、新旧并存的，此时的服饰可以形容为亦中亦西，它有着独特的风格，在发生着一场巨大的"革命"，这种变革有其历史的必然性，但任何改变都存在"破而后立式"的自然缺陷。这种缺陷在服饰上尤为明显，我们总结民国时期服饰总的变化特点：化繁为简，同时蕴含着一些等级观念的思想。而长期被压抑的服饰革新潮流能够一下子迸发出来，是源于"昭名分，辨等级"的封建等级制突然被废除（图2-19、图2-20）。

图2-19　民国女子服饰　　　　图2-20　民国男子服饰

以女士服装为例，此时她们的着装多为上衣下裙的形式，上衣是能够垂到膝、挡住臀部的宽大衬衫，下衣也是有着长长的裙摆，或是宽大的裤角，没有活力。之后，女子的衣衫开始由长变短、由肥变瘦、窄且紧身，色泽方面的话，也不再是灰黑色，而是色彩鲜艳、款式多样，这一切归功于国人的思想不再被束缚，而是在逐渐开放。1912年元旦，《申报》一篇名为《新祝词》的文章写道："我四万万同胞如新婴儿新出于母胎，从今日起为新国民，道德一新、学术一新、冠裳一新，前途种种新事业，胥吾新国民之新责任也。"

二、服饰特色

这个阶段年轻男女开始追寻自由时尚，意识到了"曲线美"和"时尚美"能够完美展现自我。这种审美观的进步，映射了时代的进步和变革，而在传统文化里，旗袍和中山服的出现是最具代表性的。

（一）旗袍

在西方文明的影响下，旗袍开始流行于中国大地，此时的旗袍不再宽大、平直，早已窄且紧身。在1926~1929年，旗袍的下摆一升再升，甚至提到了膝盖处，露出了女士们修长的美腿，透露着满满的青春气息。此后，旗袍的花样层出不穷、不断翻新，上海还掀起了一场"旗袍花边的运动"，除了美感的突破，还注重实用性。这一时期的旗袍可以视作一种西化的服装，它使中华的女子们秀美的身段完美地展现出来，"线条美"展露得彻底，成为当时女性钟爱的服饰（图2-21）。

图2-21　旗袍

但是，旗袍的出现在当时并不是绝对开放的。一些劳动大众和一般市民仍穿得较为朴素，穿着粗布衫，色彩还是较为灰暗，将上层社会的女士和劳动大众的对比展示得异常明显。也就是说，"思潮"影响进步最大的群体只是"阔太太""潮学生"之流。当然这种分化也是社会的经济、文明的对撞，并没有实现纯粹的为了美而美，以美为基点彻底解开思想束缚。

（二）中山服

这一时期，中山装成为中国男子最常见的服装之一。辛亥革命后，孙中山感受到西服的款式烦琐、穿着很不方便，而中国的长衫等又不能充分表现中国人的求知心理和奋发向上的精神。于是，孙中山将当时在日本流行的学生制服作为基本的款式，把西服的立领改成直翻领，前面开四个口袋，上下左右对称。每一个口袋上都加了一个"倒山形"笔架式的兜盖，这就是人们所说的中山服的基本样式（图2-22）。

人们为了纪念孙中山把它命名为中山服，它最大优点是方便、实用、简单，口袋里可以放钢笔、圆珠笔、小抄本、笔记本、书本等用品，兜口一盖又使兜里的东西不易丢失。这款衣服很快就广受欢迎，后来就成为中国的官方礼服。只是，中山服的进步性虽不言而喻，但也残留了当时的阶级界限。

图2-22　中山服

西服、中山服以及西式的博士帽、卫生帽等各式的帽子的流行，在当时社会占据了主导地位。穿西服和中山服的还是以官员和各行各业的上层人士为主，也有极少的男学生穿起稍加变化的中山装。用高档丝绸做成的长袍马褂主要是一些商人们穿，一般的乡村人士则用较为中档的布料做长袍马褂穿。一些大学生或教师一般都是上身穿普通布料的长袍、下身穿西装裤。这一时期男子西装很盛行，有些女子也认为穿西装很时尚，以使自己着西装更加性感美艳。我们可以看到，在服饰革新的潮流中，标志政治等级制的封建的袍褂、礼服和满式的鞋帽、衣饰迅速被人们厌弃，"大半旗装改汉装，官袍裁作短衣裳。"但封建等级制虽被废除，却依稀能够看到一些等级观念还是蕴含在服饰之中，这种思想进步不是一蹴而就的。

民国时期的服饰在一定程度上是中西方文化合璧的产物。而也正因如此，传统与当时环境的结合，造就了民国服饰的异彩多样。不论是知识分子还是劳动大众，都抛开了以前的长袍马褂和一些烦琐的服饰，追求时尚，注重简单。民国时期，全国上下掀起的西化的潮流："革命巨子，多由海外归来，草冠革履，呢服羽衣，以成惯常"，是时代的特殊印记。

第三章 中国传统服饰文化对当代服装设计的影响及传承

　　我国的传统文化可以说是包罗万象，很多现代服装设计的灵感就来源于此，只有对传统服饰文化有了比较深刻的了解，掌握了其中的内涵，设计师才可以对其进行继承和充分的运用，乃至创新。继承传统文化并不是说要把自己的眼光局限在一些特定的元素上，而是要在继承的基础上，对其不断完善与创新，不仅要注重形式，也要追求其中的内涵，这样才能更好地领略和发扬传统服饰文化的精髓。所以作为设计师，一定要将掌握服饰文化内涵作为一项重要的工作，努力把内涵隐喻到形式的背后，在设计过程中，充分且巧妙地运用这种思想。摆脱传统形式中的一些束缚，创建新的带有民族特色的服装体系。

　　传统服饰文化是多姿多彩的，它有着非常丰富的历史，为现代的服饰设计提供了丰富的素材和灵感，近年来，我国乃至全球都掀起了中国风的热潮，很多国内以及国外的服装设计师们开始重视传统服饰中的一些元素，将注意力放在了华丽的图案、艳丽的色彩以及宽大的款式上。很多一线大牌的设计师都设计出了带有中国传统服饰元素的新的作品，以表现自己对东方风情的理解和喜爱。那些艳丽且有光泽的面料，有着传统风情的牡丹、凤凰等图案，还有刺绣、盘扣等独特的中式服装元素都逐渐被设计师们广泛应用，他们巧夺天工的手将中国的独特韵味发挥得淋漓尽致。

第一节
传统服饰的艺术特征

一、造型精致而含蓄

　　因为中国人民自古以来都爱好和平，具有中庸知足的性格特征，所以，中国传统的服饰都带有含蓄婉约的特点。儒学中所说的"中庸"的"中"和"中国"里面的"中"都体现了追求和谐的态度。同时，在中国的传统服饰文化里也明确地反映了这一点，中国的传统服饰大多使用了半适体的形式，它不会像西方服饰那样精确地展现人体的线条。也不会像古希腊时期的一些国家那样只用一块布随意地把身体裹住或者披盖住，而是追求一种既把身体包藏住又会若隐若现人体的含蓄之美。从古至今，我国的先辈就以"和"作为中华民族的一种传统美德。同时也认为，幸福的真谛并不只是物质的进步，更重要的是精神娱乐的休闲，在服装文化中体现为追求和谐、随意的造型。从而给人一种平和含蓄之美，而不是过分夸张和刻意。因此，在传统服装的设计与制作中，设计师要凭着自己的经验与直觉，创造出给人以含蓄之美的服装作品。而不是像西方国家那样基于数理的精确尺寸展现出的理性美。

中国传统美学追求的是含蓄之美，设计者通过这样含蓄的表达手法把情感融入作品的形象与意境中，以达到启发人联想的艺术效果，这与中国画的写意手法有着异曲同工之妙，不会特别去追求对事物的客观呈现，而是更强调那种带有朦胧感的含蓄之美，在虚实关系上更加突出"虚"的重要性。在服装设计中，设计师带着这样的思想进行创作，不刻意追求精确的数字和形式上的客观美，而是更加强调灵动、不着迹象的美，含蓄地表达情感与意境。例如，设计师会把几何图案、动物图案、花草图案等变形后以抽象的形象呈现在宽衣大袍上，从而展现和伦理、政治相关的意向。

（一）款式特点

在中国的传统服饰中，最常见的服装外形是长衣宽袖，如长衫、袍服等。宽松的服饰披挂在身上，并用一根宽腰带束腰，从而形成一些很自然的褶皱，整体上呈现出直线感，并且给人非常飘逸的感觉。这些长衫、袍服、罗裙等典型的传统服饰很少是经过裁剪的，都是由一整块大大的面料制作而成。由于裁剪很少，款式就会相对简单些，为了使衣服更具特色，设计师会在上面添加饰物进行装饰，并进行绣花、收边等工艺制作。这些都很好地体现了中国古代含蓄的人文理念。

中式与西式这两种风格的服装在经过了多年的演变之后，形成了各自不同的风格，在款式、工艺、色彩、文化等多个方面都具有独一无二的特色，很好地突出了地域性与民族性。

（二）样式

中国传统服装样式是前开襟，其又分为大襟与对襟两种样式。这样的服装风格早在黄帝时期就已经初步形成，随着这种服装样式的推广和发展，出现了当时两种基本的服装形制，一种是上衣下裳，另一种是衣裳连属。随着我国几千年社会的发展，这两种形制在使用上也发生了很多变化，展现出明显的区别，慢慢演变成男性的连属式服装，女性则多为上衣下裳。

（三）外形特征

中国传统服饰通常会使用纵向装饰的手法，在进行服装架构设计时会采用竖向的线条。服饰呈从衣领处一直下垂的样式，肩部会和身体自然地贴合，不会进行过多的修饰。衣袖长且宽，并盖过一部分手，长袍裙长至脚踝，这样会显得人挺拔且修长，展现出健美的视觉效果。会出现这种样式的原因可能在于黄种人通常身高不及黑种人和白种人，想在视觉上达到拉长人体的效果。

对于亚洲人身材偏矮的情况，服装在外形设计上多会采用纵向的方式，从而在视觉上给人一种修长的错觉，从而使人体比例更为协调。这样的服装会让人显得更加健美、窈窕，同时也和亚洲人含蓄的面部线条相统一。我国传统的服装——旗袍，原本并不是像现在这样修身的，在清朝贵族中非常流行旗袍，而那时的旗袍是较宽松肥大的，在下摆与袖口处都会呈现出扩展的趋势。清朝的妇女头上会带很高的旗髻，脚下会踩着高高的厚底旗鞋，整体上会显得她们的身材更加修长和窈窕。

（四）结构特征

中式服装在结构上通常会采用简单的平面裁剪方式，每一件服装只有基本的结构线，衣身与衣袖是一体的，不会分开。这与西方服装不同，西方服装通常使用的裁剪方式会把人体所有独立成面的部位单独构造出结构，这样就会区分出结构线，这样的服装与人体会很贴合，所以穿起来舒适且活动方便。

对于东西方两种风格的服装可以用绘画和雕塑进行形象的比喻。中式服装就像山水画，反映出平静、美好的内涵。西方服饰更像是一件雕塑，一个充满活力的物体，符合人体运动规律，并在现代世界深受人们的喜爱。

二、色彩和谐而自然

传统服装通常以艳丽的色彩为美，这与历朝历代的风俗和信仰有着密不可分的关系，红色和黄色通常是皇室最喜欢的颜色，他们会用这两种颜色来展现自己的王者风范。官员则多使用蓝色和黑色，以显示法制的严肃和自身的清正严明。书生大多穿白色的长衫，给人一种飘逸、洒脱的美感。老百姓则会穿灰色的麻衣，具有自然、质朴的特点。女性大多穿彩色的衫裙，显得更加贤淑、清秀。这些不同的服装色彩为我国多彩的服装色调奠定了相当的基础。

在艳丽的传统服饰中，通常会使用多种颜色对比的方式进行配色，使颜色和谐地搭配在一起，不仅色彩鲜明，而且带有自然和谐的美感。为了使色彩搭配得更加和谐，会采用不固定、不对称的用色方法，使色彩以不同的形状、面积在不同的部位进行聚散和组合，从而在服饰上呈现出和谐统一、主次分明的效果。

在上古时期，人们认为天帝是黑色的，它是至高无上的权力的象征。所以，在封建社会早期，君王的冠顶与袍服都会制成黑色。后来，封建专制越来越盛行，开始实行分封土地制度，人们慢慢对大地产生了崇拜之情，黄色也成了尊贵的象征。君王们开始使用黄色，来彰显自己崇高的地位。

在我国的传统社会中，非常流行五行学说，五行分为五种颜色，分别是红色、青色、黄色、黑色以及白色，人们普遍认为这几种颜色是正色，正色大都被上流社会所使用，以此来彰显自身的高贵身份。虽然在民间服饰中，也有很多艳丽的颜色，但是这样的正色依然被百姓推崇和喜爱。

我国传统服饰在配色上对比分明，颜色非常艳丽。有些强烈的对比色会给人很大的视觉冲击，因此，人们会使用一些中性的颜色对其进行缓冲，使服装整体看起来不仅有着鲜明的颜色，同时又带有一种沉稳、端庄、大气的风格。有一点不得不提，那就是我国民间传统向来非常喜欢蓝色，原因在于蓝色和我们的黄色皮肤非常相称，搭配在一起十分协调，会给人一种自然亲近之感。

（一）面料风格

在我国古代的服装设计上，会使用很多类型的面料，如被西方世界称作"中国草"的苎麻，以及葛藤、大麻等都可以用来制作布料。我国最有名的服装面料要数丝绸了，丝绸是我国古代人民智慧的结晶，为世界纺织品的发展与进步做出了不可磨灭的贡献。在元朝时期，棉花从印度来到我国，然后便广泛发展起来，人们从此开始穿上了棉布衣服。

麻纤维十分耐磨，并且有着一定的潮性，这是由于麻本来就是生长在水里的植物，它的纤维具有不错的防水功能，而且耐高温，散热效果也好。麻是天然的植物纤维，用麻制成的面料与人的肌肤很贴合，而且能保护肌肤，可以对身体的温度进行调节。

丝绸是用蚕丝制作而成的面料。其可以分为很多种类，每个种类都有各自的特性。丝绸是非常轻薄透气的，颜色很漂亮且带有天然光泽。另外，蚕丝本身含有蛋白，可以起到滋养肌肤的效果，因此非常适合用来制作女性的服饰。直到现在，市场上丝绸面料的服装依然深受大众的喜爱，但价格也比较昂贵。

棉面料具有穿着舒适、吸汗、容易皱、容易变色和被染色的特点。棉面料清洗起来比较方便，而且成本低，价格便宜，所以深受大众的喜爱。

在古代社会，在面料的使用上有着一定的等级制度。因此，社会层次不同的人们在面料的使用上也有着明显的区别。普通百姓通常都会穿棉麻面料的衣服，而上流社会的人们则大多穿丝绸面料的衣服。

（二）服装装饰具有象征性

服饰通过自身的形式反映了人们的思想、社会制度、地位与身份等，属于一种文明符号。因此，服饰文化不但有着非常丰富的知识以及系统的技术，而且蕴含着不同时代人们的思想、风俗、伦理道德等群体观念。

服饰不仅能够生动反映社会成员的内心世界，也能反映出一个民族的精神内涵。服饰不仅是丰富的物质文化成果的代表，而且服饰文化也反映了人们的群族思想以及民族情怀，表现出了人们的社会状态，有着非常重要的文化价值。

服饰上的图案是代表本民族文化信仰的符号，服饰的样式是对民族情感的形象化。在艺术文化中，服饰文化占有一定的地位，蕴含着我国深厚的民族文化底蕴，是历史文化的载体，具有非常重要的参考价值。传统服饰多种多样，每一个种类与样式的背后都蕴含着传统文化，对传统服饰文化进行深入的研究，可以更加客观地对各个历史时期的社会文化进行了解，在发展与继承民族文化上有着非常重要的参考价值。

我国的传统文化元素是多种多样且丰富多彩的，每一种元素的背后都有其独特的寓意与内涵。西方文化的审美更注重生动形象，而我国则不同，尤其是在服装设计上，我国拥有传统的艺术审美观，更加注重传神而非写实，追求清新脱俗、自然古朴的意境美。虽然传统服饰是现实的作品，但却是抽象的文化表达；不仅要有美丽的外在形象，还要生动且传神；不仅有明确的风格样式，还在其中有着未知的内涵。这样的作品有着丰富的意境内涵，如果审视的眼光不同，那么感受到的效果也是不一样的。这些年来，设计师们广泛使用像中国结这样的元素，并将其加入自己的创作中，以此向人们传达渴望美好生活的愿望。我们可以从传统艺术的发展中看出，艺术是一个开放的系统，它是在新的物质、观念和技术的共同影响下通过不断地更新、容纳而发展起来的。传统艺术的内涵并不是与生俱来的，而是经过长期的历史精神文化的积累而来的。在西方世界中并没有吉祥文化，吉祥文化是东方世界独有的，它有着非常丰富且广泛的题材与形式，在世界的艺术殿堂中傲然而立，其独特的魅力是无法被代替的。

对于我国传统服装文化的精髓，要努力继承与发扬，借鉴其优雅的外在形象设计，发扬其丰富的文化意境，传承其洒脱的神韵，在现代的服装设计中充分运用传统文化元素，延伸其文化内涵，使精神文明变得更加完美。通过国际现代化的设计语言，运用精神文化元素慢慢融汇成新颖且富有内涵的艺术主流。服装设计一定会向社会性、人文性的方向发展。

第二节
中国传统服饰文化对当代中西方服装设计的影响

一、传统美学思想对当代服装设计的影响

这些年我国的经济在不断发展，我国的文化也开始被整个世界所注意到，服装文化作为其重要组成部分，也慢慢得到了人们的认可，开始将中式服装作为一种时尚，由此可见，神秘的东方文化慢慢走向世界舞台，在时尚界，

每年都会从各种传统文化中汲取很多创意和灵感，东方文化始终凭借其自身的独特魅力吸引着越来越多人驻足。正是由于传统文化这一特殊且重要的元素，促进了我国的服装与国际接轨，从而站上世界的舞台。

在现代的服装设计中，我们不能只是一味地吸收外来的优秀文化，还要试着充分利用我国民族的、传统的文化元素，让现代设计更好地传承与发扬传统文化，使其更加丰富并超越自身，使我国传统文化更具生命力，让带有民族风格的服装走向全世界。

我国传统服饰在美学方面也有着非常独特的魅力，可以很好地体现华夏民族的审美观。由于我国古代在各个方面都深受儒家和道家思想的影响，所以在服饰方面也体现出了中庸以及闲适的风格特点。中式的传统女装会将人体紧紧包裹起来，这样更具神秘感。中式传统的男装则注重工整与修长，使服装更具美感。

传统美学一直是客观存在的，对设计有着非常重要的影响。传统美学是我们的先辈造就出来的，而现在的我们也在创造着以后的美学，我们站在了前人的肩膀上。人类文明史中的辉煌事迹，也都和传统文化有着密不可分的联系，传统文化对于人类文明的发展有着无可替代的重要地位。例如，十二章纹之制象征着我国服饰几千年的等级制度，这样的服章制度从东汉初年到清帝逊位一直沿用着，由此可见，传统美学对于现代服装设计有着深远的影响。随着时代的变迁，有了更多的材料可以选择，工艺方面也有了很大的提升，使设计手法有了很多新的变化，但是归根究底，传统和现代依然是一脉相承的。

传统美学与现代服装艺术设计之间的关系就像鱼和水一样，二者是无法分离的。我国服装文化历史悠久，带有浓厚的东方情怀和丰富的内涵，其散发的独特气息让世人深深地沉醉其中。当然，不仅仅是我国的服饰文化有这样的传承性，其他国家也是如此。西方世界在百年的时间里从古典转变为现代，从装饰性转变为功能性，同时也开启了风格化的时代，而这个时代的引领者就是一个又一个优秀的设计师们。我们按照时间线索去梳理就会发现，时尚的发展离不开传统所提供的灵感，正是因为传统服饰文化所带来的灵感，才使得时尚界发生了一次又一次华丽的转身与蜕变。欧洲服饰文化非常追求时尚创新和标新立异，在服装设计中，深受哥特艺术风格、巴洛克艺术风格等的影响。这些风格都是数千年沉淀下来的，在当今时代，依然深受人们的推崇。这也很好地说明了不管是在东方，还是西方，现代的服装设计都深受传统服饰文化的影响。

五千年历史的中国传统服饰文化，为人类文明史留下了不朽的篇章，是人类服饰文化学上最有特色的东方文明的代表。不得不说，这是我们本土设计师的特有优势，倘若能加以整理和发掘，并将传统文化运用到现代，推陈出新，配合现代的高科技，那么这种资源必将取之不竭。如果要创造出世界级的服装品牌，那务必要牢牢掌握本土文化的核心，设计出独特的具有明显传统文化内涵特点的，又兼顾时尚的国际风格。

而当中国传统的民族服饰文化与西方的前卫时尚概念相碰撞时，文化渗透就变成了民族文化的交融。传统的呐喊与现代的张狂，用书卷气对当代的时尚进行转换，具有"新古典主义"和"后现代"的倾向。有人说这是"朋克嬉皮遇着神仙，共占一片天。看也荒诞，想也自然，此所谓禅"。国际各大著名设计师们运用千变万化的形式创作出中西结合后的传统服饰，使这种服饰文化在传统与现代、古典与时尚之间的变化中得到发展。

总之，现代服装文化发展迅速，各个国家之间也在积极地互相学习和汲取经验，从而使自身得到更好的完善。令人欣慰的是，如今东方文化正在国际舞台上崭露头角，而我国的民族文化身为东方文化的代表，也得到了全世界的关注，特别是其中的民族元素，更是引起了人们的极大兴趣。这正是使中方服饰文化和西方服饰文化相互融合的契机，这不仅可以更好地促进我国服饰文化的发展，还有利于新的国际服饰文化体系的确立。

二、传统服装款式造型对当代服装设计的影响

对于服装设计来说，最基本的变化应该就是款式的变化了。款式的变化包括轮廓形象的变化以及一些细节上的造型变化。服装线条指的是服装的轮廓，此外，服装线条还会对服装款式流行程度造成直接的影响，服装细节造型包括多个方面的设计，如服装的纽扣、拉链、衣领等。我国传统服饰基本上运用的都是平面直线的剪裁方式，从而呈现出二维效果，因此在装饰上大多以二维效果为核心，在着装上更加注重平面装饰。在我国的服装设计领域，有很多传统的装饰方法，如镶、绣、盘等。虽然我国的传统服饰在造型上比

较简单，但是在这些传统工艺的应用下，服饰的纹样会更加精致生动且美轮美奂。

我国传统服饰在造型上大多是平面结构，且以宽松为主。相互缝合的面料在边缘处的形状是没有什么区别的，因此对其加以缝合时，重叠的裁片会存在于同一平面，完成了上述环节后，一件完整的衣服就做出来了，将其平摊开来也保持着二维平面。我国传统服装平直且宽松，不强调人的形体，更注重突出人的精神气质，具有飘逸、动态的美感❶。它不会刻意展现人体特征，而是通过一些样式、色彩、装饰等来进行男装和女装的区分。这种把人体藏于服饰当中的含蓄的装扮，和我国礼教中追求的审美情趣非常吻合。

以明代服饰为例，明代的七分袖、花边纹样、层叠的图案装饰等服装特点，在现代服装设计上也有比较广泛的运用。不管是时代的款式还是普通平凡的款式，在许多款式上都可以看到这些传统元素的影子，如在婚纱、礼服、牛仔服或者是连衣裙上。古代人用来当内衣的肚兜，在现代也流行起来，人们更为开放，将其作为上衣来穿。除此之外还有许多服装品牌借鉴明代服装元素的例子，在此不一一列举。

要说到款式的应用，有一个非常具有代表性的款式，那就是旗袍，旗袍是我国服装史当中比较重要的款式。可以毫不夸张地说，脱胎于满族旗女之袍的旗袍是中国文化的象征，人们称它为"中国国服"，把它当作中国服饰文化的代表之一，它几乎受到各国人士的一致称赞。宋庆龄女士但凡出席重要会议尤其是外交场合，总是要郑重地穿上旗袍，这也让旗袍出现在了政治的舞台上。

旗袍带有的非常贤淑与典雅的风情是别的服饰难以替代的。改良后的旗袍可以用多种材料制作，也会因此形成很多不同的风格。旗袍端庄、娴静，可以很好地代表我们民族女性的形象，展现东方女性的含蓄神韵。现代旗袍出自对我国传统旗袍款式和西方裁剪方式的结合，是中西结合的范例，在几十年来得到了中西方女性的喜爱。

旗袍不是一件单件的上衣或者下衣，也不是一件套装，而是上下一体的，上下的花纹和颜色都是一样的，因此，较矮的人穿上会显得身体更加修长，

❶ 胡雅丽. 现代服装艺术设计中传统服饰元素的运用[J]. 大众文艺，2008（12）：103–104.

即便是中等身材，穿上了旗袍以后，也会显得亭亭玉立。如果是身材比较胖的人穿上，也不会显得非常臃肿，而有一种丰满的美感。瘦瘦的女性穿上之后，会显得更加苗条，并给人一种精干的感觉。旗袍是我国传统服饰的代表，就像日本的和服一样，非常具有代表性。但是有一点非常值得我们反思，那就是旗袍在当代并未像和服那样找到它应有的端庄且富有内涵的文化位置。在日本，和服作为特有的服饰形象被运用到传统仪式典礼中，而旗袍从某种意义上讲，其国服的价值在跌落，甚至在一些场合成为工作服。时代在呼唤着旗袍的新生，我们要让旗袍再现往日的辉煌。

当时装界再度以中国式的一种神秘情节寻找灵感时，旗袍成为中国风的首要元素。例如，圣罗兰、迪奥等这些走在世界时装潮流前端的大牌，都曾经将旗袍元素运用到设计中。一向以典雅、高贵为设计风格的设计师亚历山大·麦昆也在春夏发布会上运用了中国传统服饰的元素。他讲究裁剪、结构、线条，并以改良旗袍形式和翩翩水袖形式相结合的方式设计出了令人回味的充满艺术气息的中国情结。

由上所述，传统服饰的款式主要以大度、自由随意以及与大自然和谐呼应为主要风格。笔者认为此类风格可以广泛地运用到现代服装设计之中。并且我国传统服饰的形式也很多，如曳地的长裙、广袖拂风的汉袍、轻薄袒露的唐代大袖纱罗衫长裙等。在设计现代服装时，设计师应该以现代和传统相结合的眼光来对中国传统服饰元素进行审视，对现代服饰的形式特点以及具体细节进行分析，也可以将中国传统服饰的造型元素拆开，重新进行整合，再注入时尚的气息设计出符合现代审美观点的服装。我们还可以通过对西方服装设计师设计出的成功的例子来学习和思考如何将中国传统服饰的造型加以利用。例如，西欧的服装比较紧凑，大都是根据人体的曲线进行设计的，主要特点是突出身体的曲线。而对于中国的服装，其空间就要宽裕得多，笔者认为，这主要是承袭了传统的服饰元素，中国的服装设计师在极力打造着人体与服装之间的活动空间。

三、传统服装色彩对当代服装设计的影响

可以说，色彩是文化的产物，色彩的运用可以很好地反映一个民族的意识形态，就像我国的传统服饰的色彩就带有浓浓的中国风。例如，我国夏、

商、周这三个朝代，是非常崇拜天神的，认为天神可以随意支配世间万物，天神是以黑色示人的，所以，人们普遍认为黑色是可以支配世间万物的代表色，因此，那个时期的皇帝加冕服装就会使用黑色。到了汉代，人们开始尊崇大地，大地的颜色是黄色的，所以黄色又成了主流颜色，此时的黄色象征着高贵，是帝王的御用颜色。在阴阳五行的影响下，出现了青、红、黑、白、黄这五种正色，多被用于官服中，这就是我国的彩调文化现象。这里的彩调体现的更多的是装饰画面的和谐感。很多服装设计师在设计带有东方风格的服装时，往往会使用"中国红"，比如很多的意大利设计师在设计服装时都会带有中国的色调，这样就能使自己的作品更加华贵，并带有东方气息。

对于服装来说，最引人注目的应该就是其色彩的变化了，同时，色彩也最能体现穿衣人的心状，比如黄色象征着爽朗明媚，红色象征着热情似火，灰色象征着低调平实，蓝色象征着沉着安静，黑色象征着果敢坚韧，等等。不一样的色彩会给人不一样的感受，也会使人产生很多联想。

在服装颜色上，我国传统文化向来认为深色更为华贵，然后才是浅色，所以在一些比较正式的礼服上总是会使用深色的织锦图纹，其主色调往往是一种颜色，然后在上面加入一些艳丽华贵的刺绣图案作为装饰。而一些居家的服装和平民所穿的服装则会选用淡色。在明朝时期，可以从官员所穿的官服颜色来判断其官职的高低。色彩越少，所穿人的官职越低，反之则官职越高。在很多复古服饰设计上，都借鉴了明朝时期服装的吉祥色，如很多婚庆礼服通常会使用红色，以此来渲染吉祥的氛围。但是浅色更多地被用于普通的礼服设计中，这一点借鉴了明朝初期的服装色调，那个时期通常会用浅色象征服装的典雅与华贵。

古代人还习惯用颜色去象征每一个季节。例如，青色是春天的象征，红色是夏天的象征，白色是秋天的象征，黑色是冬天的象征等，并且也用到了明暗对比、色彩对比等。我国是红色的发源地，它身为我国传统文化中的重要色彩，具有吉祥、喜庆的寓意，不仅仅是在古代，就算是在当今社会，人们依然会使用红色来彰显喜气。翠绿色和红色也一样，是我国的代表颜色，但是设计师们好像更喜欢使用中国红。由此看来，传统服装色彩对于现代的复古服装设计用色上有着非常大的影响。

四、传统面料在当代服装设计中的运用

服装的面料对于服装整体来说，也有着非常重要的影响，其服用性能和舒适度都和面料有着十分密切的关系。例如，面料的软硬、薄厚以及面料的垂感、光泽度、弹力等都会对服装的穿着感产生直接的影响。对于服装来说，其垂感、柔软度以及舒适度是最为关键的。

对于一件衣服来说，其物质基础就是面料。面料对于服装是非常重要的，因为面料对于服装的款式、风格有着直接的影响。在明朝时期，使用的面料主要是绫罗绸缎，现代的服装面料是以此为基础改良的，使面料不仅有明代面料的柔软度，还具备丝绸面料的潮性和弹性，制造出了更为舒适、深受大众喜爱的服装面料。

近年来，纺织技术发展迅速，由此出现了很多新型面料，这些面料使现代的服装设计有了更宽广的发展空间，面料的各种性能也得到了很大提升，但即便是这样，传统面料的特有感觉仍然无法被取代。像锦缎、丝绸等这些传统面料在现代社会，其地位依然是无法复制、无可替代的，这些面料不仅带有中国特色和民族情怀，还蕴含着深厚的文化底蕴。设计师要做的就是针对面料的特点进行合适的风格设计。例如，丝绸面料不仅细腻柔软，还十分飘逸，就像女性温婉的气质，用它制作出来的女装可以很好地彰显女性的性格特点。如今，丝绸面料在国际上也得到了一定的认可，很多国际上著名的设计师都会选用丝绸面料来设计服装。

服装设计师为了更好地传承和发扬传统文化，将部分传统面料进行了一定的改革和创新，如在丝绸面料中混入化纤材料，这样会使面料更结实，从而延长服装的使用年限。此外，通过新型技术也使得麻纺织品在种类、质地等方面得到了提升，从而使麻面料使用得更加广泛。目前有很多麻面料的商品也非常柔软且轻薄，可以使人们对面料细腻的或粗犷的需求都得到满足。

五、传统图案在当代服装设计中的运用

（一）图案的定义

图案是在原始社会里将物象的装饰性与实用性慢慢结合发展而成的美术

形式，这是人类社会发展的重要产物。从设计的角度而言，图案是基本素材，但非常复杂，要想自然地掌握形式美的法则，表达形式美的语言，必须对图案进行深入的研究。从广义上讲，图案是把自然界的物象通过设计加工形成的具有装饰性与审美性的样式。从狭义上讲，图案仅仅是人们生活用品上的一些装饰。服饰的含义可分为两层：一是指服装及配饰的统称，衣服、饰品等都包含其中；二是仅仅指衣服上的图案。服饰图案则指的是根据审美需求，利用抽象、夸张、变形等手段设计出来的装饰在衣服、配饰上的纹样。

如果要给服饰图案的分类的话，可以按空间中的立体关系将图案分为两类——平面图案、立体图案；按构成形式可分为单独图案、连续图案；按工艺可分为绣、拼、染、缀、缕；按素材划分可以分为风景、人物、植物、动物及抽象图案等。

以上从空间、构成形式、工艺、素材等方面对服饰图案进行了分类，角度不同分类方式也不尽相同。随着技术上的革新、思维方向上的变革、新观点的提出等，随时都会产生更多的图案。

（二）服饰中图案的共通的特征

服饰图案就是装饰在服装上的纹样图案，这些图案和服装的材料有着密切的联系，它们不仅具有装饰性、功能性等基本的特征，还有着自身最本质的特质。

纤维性是指装饰图案与服饰材料的物质相适应所呈现出的美学特征。由于纤维性的种种特点，服装设计师和图案设计者在设计及运用图案时，必须采用勾、织、绣、印染等工艺手段，它们会将纤维所特有的线条特征、凹凸特征、经纬特征等特质变成图案的质感和美学特征。

体饰性是服饰图案符合着装人体的体态而呈现出来的美学特征。服装的初级功能是保护人体，所以装饰在服装上的图案也必须符合保护人们的特征。

动态性是指当人体着装时服装及服饰图案随着人体晃动所产生的美学特征。这种不停变化的动态美，体现了服饰最本质的审美效果，达到了服饰最基本也是最终的一种穿着目的，那就是展示了穿着者的审美品位及其个性特征。

再创性是服饰图案在面料图案的基础上创造转换的一种独有的美学特征。面料图案和服饰图案是两种截然不同的概念。面料图案是在生产面料时，通过各种工艺手段将图案纹样加工在面料上的。而服饰图案则是通过面料图案结合其他手法二次设计创造出来的，这就是服饰图案再创造的过程。

而中式服装传统图案在这些基本图案的基础上还有别具一格的特色。

（三）传统图案在现代服装设计中的运用

在中式服装上应用传统图案，可以更加充分地展现我国服装文化的魅力。在现代的设计中，有很多传统图案可以借鉴，如明清花卉纹样、彩陶纹样等，通过运用这些图案，可以使我国的传统文化成为设计的主题，从而对我国服饰文化的神韵进行凝集。

现代服饰图案既传承了传统图案，又对传统图案进行了创新。中华民族在传统服饰文化上书写下浓墨重彩的一页，也给传统手工艺留下了极为宝贵的遗产。传统图案的绘制与制作是离不开传统手工艺的，我国传统手工艺主要包括蜡染、扎染、手工绘染、刺绣、盘花纽扣等。下面就来简要地介绍一下。

1. 蜡染

隋唐时代曾经盛行，至今贵州、云南等地区仍在传承，具有浓厚的民族特色。蜡染是一种防染工艺，可直接在布料或裁好的衣料上，根据设计需要随意进行绘制。蜡化在织物上凝固后，经过多次染色，蜡层自然龟裂，蓝色燃料随裂缝渗透，最终形成奇妙的冰纹。

2. 扎染

古代称为绞缬或扎缬，它的特点是扎缝时针足的大小、缝线的松紧和皱痕折叠的变化，加上染色过程中由于浸染时间不同，使染液不能完全渗透，形成了别致的无规则晕染，颇有一种神奇的艺术感染力。

3. 手工绘染

在纺织织物上用印染染料进行装饰的一种创作手法。手工绘染可以自由构思，可根据服装款式及其所要体现的艺术效果灵活选取纹样并进行布局，能够将绘画艺术、图案完美地融入服装设计。故手工绘染制品最能直观体现创作者的构思创意及个人的艺术造诣。

4. 刺绣

刺绣在我国古代发展了近千年，直到明清时期达到了鼎盛。当时出现了很多种类的丝线材料，这对于刺绣技艺的发展也起到了一定的推动作用。我国刺绣工艺可以说是有着非常悠久的历史，并且图案多样，在时装中，我们总是会见到很多不同的刺绣工艺，如彩绣、珠绣、贴布绣、盘绣等。随着科技的进步，人们生活方式和生活观念的改变，女装也发生了划时代的变革。服装的面料不仅更加轻薄舒适，典雅简洁，而且性感娇媚，很好地突出了女性的曲线美。近年来，女性夏季服饰通常会带有小花的刺绣图案，抑或在前胸位置带有我国传统的象征吉祥的图案刺绣，在袖口、领口等位置会加以刺绣绲边，也会在衣服上镶嵌亮片等，这样显得穿着者更加活泼、自在、秀美。在传统服饰中有着各式各样的元素，纹样图案在其中占有非常重要的地位，通过对这些纹样图案的分析与借鉴，可以获得很多现代服装设计的灵感。

极具中国特色的吉祥图案可谓是"图必有意，意必吉祥"。提起传统的吉祥图案，那真是数不胜数。其中有托物寓意的，如松、竹、梅象征着清高正直，鸳鸯象征着夫妻恩爱，石榴代表多子，松鹤代表长寿，牡丹象则象征着富贵荣华。也有的是因为谐音而成为图案题材的，如瓶寓意着"平安"，鹿寓意着"禄"，荷花寓意着"和"，金鱼寓意着"金玉"，蝙蝠寓意着"福"，鱼寓意着"喜庆有余"等，还有几种方式联合起来的设计，如万字锦地上绣花舟就是锦上添花，万字、蝙蝠和寿字组合在一起就是"福寿万代"，万字和牡丹连起来则叫作"富贵万代"。"三羊开泰"代表"吉祥如意"；喜鹊与梅花象征"喜上眉梢"；莲花与鱼象征"年年有余"；牡丹与花瓶寓意"富贵平安"等。在古代，龙凤纹样通常是君王和权力的象征，而如今被广泛用于服装设计中，使其不再是权力的象征，而是象征着我们整个民族的精神与文化，这也是其发展和升华的体现。我们一定要对民族图案背后的文化内涵进行充分探索，弘扬民间艺术，将优质的元素提取出来进行重组后应用于现代服装设计中。

传统的服饰纹样千汇万状，款式与样式非常丰富，这也体现了我们民族的人文精神以及对美好事物的向往。近几年掀起了复古风，使得很多服装设计师开始从传统服饰中寻找灵感，大量运用很多传统服装的元素。例如，在服装的一些小的部位会使用盘扣、门襟等中式传统服饰的元素，使其更具代表性，并能够让人很快领略到其中的精髓。我们在现代服装设计中经常会见到团花设计、文绣设计等，这些设计的灵感都源于我国的传统服饰。在图案设计上，经常会采用印花图案以及文绣花样，然后与各种盘扣搭配在一起，色彩十分丰富。团花主要应用的位置是衣领、后背以及前襟，有着非常强烈的装饰性。文绣则主要用在衣服的袖口和领口，虽然文绣装饰非常小，但是非常亮眼，会使服装更加素净且灵秀。此外，在大裙摆上会经常使用描绘的花样，这样会使服装更具中国韵味。近些年在现代服装上，不管是裤子还是裙子，传统的图案纹样都是非常常见的。

例如，现代时尚的代表服装——牛仔装上就有大量印花图案的应用，既有装饰的作用，又可以表现设计者的设计元素及设计目的，让现代服装更趋完美。

中国传统服饰文化的精髓除了图案纹样还有传统的装饰，这些装饰有着独具一格的造型，我们可以将它们大范围地运用到现代服装设计中，包括人物的、动物的、植物的，还有一些图腾、符号、几何纹样等。在现代的服装设计中，恰当合理地使用配饰，会使服装的整体风格更为明确。明代的服装配饰可谓繁杂多样，主要是由翡翠、珍珠、珊瑚、玛瑙、金、银、玉器等组成。明清时期大量运用首饰以及服装饰品，由于配饰运用繁多，因此体现出明代服装的高贵华丽。从而也直接影响了现代服装的设计和穿着，配饰对服装风格及服装整体印象的体现较为重要。

几千年来，我国传统文化一直追求的是安稳融洽、喜庆祥和。我国传统的服饰图案都是比较大且完整的，以坚韧不拔、奋发向上的品质作为情感思路，并通过图案把中华民族的历史以及审美文化都体现得淋漓尽致，这种设计理念沿用至今。

在目前的很多设计里，设计师都乐于通过使用传统的纹样来承载自己的希冀与理想，以寄托自己的情感。除此之外，也可以在设计中加入一些时尚的元素对饰物的造型工艺进行简单调整，使其与现代的一些时尚元素更加和谐，然后将其运用到一些日常的服饰中，或者是晚礼服中。

第三节
中国传统服饰文化在服装设计中的应用意义

一、弘扬中国传统文化

在现代服装设计中，我国传统元素有着非常重要的意义与影响力。由于现在社会发展的速度非常快，新媒体出现以后，又为人们增添了更多接触现代化元素的机会，一些新一代的设计师们对于我国传统文化了解得并不多，而且很难从现代化的生活环境里接受传统文化的熏陶，所以很多年轻的设计师往往会忽视我国的传统文化，而是只追求一些所谓的现代化的时尚元素。要知道，在创新发展的道路上没有意识到传统文化的重要性从而忽视传统文化中的元素，势必会使服装设计的理念与内涵缺乏很多带有本国和本民族的特色文化。

因此，面对这样的问题，就需要我国设计师不断加强对传统文化的学习与掌握。只有真正懂得并充分掌握传统文化，才能更好地对其进行运用，继而更好地继承和发扬，在自己的设计中充分体现其文化精髓和民族性❶。对于我国传统文化的学习，需要从小培养，让人们从小就树立正确的人生观、价值观，加深对传统文化内涵的理解，因为只有理解它，才能去合理地运用它。例如，在人们的日常服饰中加入一些诸如京剧脸谱、中国结等的文化元素，这样人们就有了更多接触传统文化的机会，然后对其有大致的了解并产生一定的兴趣，从而进一步了解和学习其中的内涵。

身为新一代的年轻人，不仅要成为我国传统文化的继承者，也要成为一个合格的发扬者，要努力将我国优秀的传统文化传播至世界各地，使越来越多的人了解并喜爱我们的传统文化。所以，需要开设一些与我国传统文化相关的教育课程，为人们营造良好的与传统文化相关的氛围，使新一代有机会

---

❶ 柳文艳. 现代服装设计中传统元素设计的启示[J].吉林工程技术师范学院学报，2008，24（5）：43-45.

系统地学习和了解我国传统文化的内涵，与此同时，还要注重创新与发展，通过多种方式加强人们对传统文化的认识与了解。

二、提升设计师的文化和职业素养

设计师的素养是非常关键的，设计师的整体素养对于以后传播设计理念、文化和日后的职业发展都有着一定的影响力。所以，培养设计师的专业水平是必不可少的。要知道，服装设计师是设计的直接参与方，把握着设计理念，只有设计师自身水平够高，才能通过服装这个载体更好地把文化的具体内容和理念传播出去，并将其展示在大众的面前。可见，提高一个设计师的文化素养以及职业素养是多么重要。

设计师在具体的设计过程中，对于服饰元素的应用不能只是简单地以书本上的内容为依据，也不能单纯地将元素进行拼凑，否则只会使服饰看起来非常不协调，也无法很好地呈现出这些服饰元素的美感，更加难以将其很好地传播出去，甚至可能会使很多人对其产生反感的情绪。不管国内还是国外设计师，在进行服饰设计时，要想运用一些我国的传统元素，首先就必须去切实地了解这些元素，设计师自身要有一定的设计品位，要对浓厚的地域文化有一定的了解，对不同的文化内涵进行深度的研究，这样才能准确地把握设计理念，才能让人们感受到传统文化内在的强大力量。

每一位设计师在实际的设计过程中，势必会自然地将自己学到的、体悟到的传统文化融入自己的设计，这也是设计师对服装文化发展的价值体现。传统元素的融合，会使更多人了解我国传统文化的内涵，真正走入每一位国人的心中，甚至走向世界，让更多的外国人也爱上我们的传统文化。

随着时代的发展，服装设计领域的竞争也越来越激烈，有人尝试着将我国的传统服饰元素和现代化的一些元素结合在一起，使得很多设计师慢慢意识到我国传统元素的价值。设计师要站在国际化的视角，将其与我国传统元素进行融合，这样才能更好地将我国传统文化传播出去，这也是身为一个中国设计师应该做的事，把传统元素融入现代设计，让越来越多人了解我们的传统服饰，了解我们的文化，顺利地将我国的艺术作品推向更大的国际性的舞台。

三、造就刨糯意识和品牌意识

要知道，我国的传统服饰，在整个的服装领域里的地位越来越高。我国的传统工艺、技巧和理念越来越受到人们的喜爱与欢迎。此时，设计师们在对我国传统元素和现代设计融合的过程中，要深刻意识到创新和品牌打造的重要性。

对于服装设计来说，能不能使自己的设计走向全世界，让更多人知道，品牌的打造是非常重要的。就拿我国来说，我国的消费者对于品牌有着一定的重视度，因为服装的种类和造型是各式各样的，而且不管是在质量上还是在服装品位上，都分出了多种层次。因此，树立品牌对于自身的发展就起到了关键作用。要知道，树立品牌不只是起一个名字设计一个Logo那么简单，更多的是要带有自身的设计理念，然后将这一理念传播出去。

把传统文化和现代化的设计进行融合是一种理念上的创新，只有始终带有这种意识与理念，才能设计出更多与现代人审美相符的作品。因此，作为一名设计师，必须要注重增强创新意识以及品牌意识。要想使我国的传统服饰走向世界，就必须打造出能代表我国服饰的优质品牌，不是单纯从表面改变，而是要将真正融入理念。品牌体现了服装的精髓，如今我们在服装领域更加注重工艺和高质量，如果缺少了品牌，势必会对民族服饰的发展产生制约与影响。

四、凝练独具"中国风格"的设计符号

生产和设计服饰是具有艺术性的，服饰也是一件艺术品。最早出现"中国风"的时候，很多国外的服装设计师们在了解我国传统服饰文化时，大多是抱着猎奇的思想，会根据流行时尚元素的需求，在自身品牌风格不变的前提下加入我国的传统元素，从而设计出符合当下流行趋势且与自身品牌风格相符的服装。

在我国，很多服装品牌都带有中国风，是在符合我国传统文化的基础上创新和发展的。一般设计师在进行创作时会对那些传统元素符号进行深度挖掘。"中国红"也是中国风的一部分，应把这样的独具特色的色彩很好地运用起来，把它打造成符号品牌。中国传统文化和现代设计的结合，就是把传统

元素运用到设计中，二者在合理的融合之下达成和谐与统一。

如今，在现代设计中融入一些传统元素已成为潮流，然而对于这样的潮流，设计师们不能一味地追求运用而滥用，而是要切实理解其深层的含义，不管是文化内涵还是民族内涵，都要深度挖掘，这样一来，才能真正设计出能够代表"中国风"的服装，才能为设计不断增添新的理念，从而让更多人记住并认可我们的服装和文化。

第四节
中国传统服饰文化在当代服装设计中的传承与创新

民族民间传统工艺是民族文化的重要组成部分，是持续延绵的文化基因，是历经时光洗礼而依然活着的文化传统。这种传统是一个民族一个区域的内在精神观念、文化之脉的最鲜活、最生动的体现。在传统的延绵中，彰显的是人对自然、对生命、对生活、对现实的生生不息的向往、关注、热爱与想象，流露出人对自身价值实现的不懈追求和巨大热情。因为有了这种不懈的追求与传承，历史才有了温度，生活才有了色彩，生命才有了光泽。

一、传统刺绣工艺在服装设计中的传承

（一）刺绣在现代服装设计中的地位与作用

刺绣是中国传统民间艺术，在工艺美术史上占据重要地位。而刺绣则是广大民众自行创作的手工艺，通过刺绣艺术、内容、功能、技法等方面能够将广大民众日常生活、社会情感、传统习俗等真实展现出来。特别是在服饰领域，刺绣就更为重要了，不仅仅能体现出刺绣背后的文化，与此同时还关乎刺绣技艺、色彩、人们的生活等，把刺绣与现代服装设计的特点进行有效融合，可以彰显出各个时代的艺术与文化。

1. 刺绣在国内现代服装设计中的作用

在现代服装设计中，由于刺绣的融入，使得现代服饰有了更为特别的韵味。可以说，刺绣已经成了现代服装设计里常用的工艺，在现代服装设计中有着非常重要的地位。在设计过程中，我们除了要考虑服装的整体造型以及色彩搭配以外，还可以运用刺绣工艺进行合适的点缀，这样会给服饰锦上添花，使其更具个性化。

如今，很多人都非常热衷于追求时尚，于是，很多服装品牌便开始追求个性完美，不论是选择面料，还是在工艺加工上都力求完美。例如，牛仔裤在设计师们的努力创作下出现了多种款式，也会将刺绣点缀在裤腰、裤腿等位置，为传统的牛仔裤增添一抹时尚。在进行服装搭配时，还可以选用绣花鞋和裙子、裤子进行搭配，也会显得更加别具一格。

在现代的服装设计中使用刺绣元素，是发扬和传承我国优秀文化的有效方法。

我们在继承传统文化时，最应该重视的问题就是找寻最能代表我国传统文化、地域文化的符号。我国是一个多民族的国家，经过了五千多年的发展，每一个民族都拥有属于自己的文化，这些文化不仅丰富还非常具有魅力。在现代设计中寻找最具传统文化代表性的符号，然后将其作为信息的媒介，对传统文化进行继承，也就是我们所说的通过设计语言对"符号"进行解释。我国的传统文化是内涵和外在形式综合在一起的整体，有着非常顽强的生命力。就中国的传统文化来说，人们对于"形"是有着很高的重视度的，我们从历朝历代的物品、服装都可以明显看出这一点，虽然形式各不相同，而且用途也不一样，但是却会在很多方面来体现皇家的地位和身份，同时，民间刺绣也可以充分展现吉祥如意的含义。批判地继承并不是说要将传统的文化和习俗都运用到刺绣设计当中，而是应该更加注重对文化内涵的呈现。因此，我们要明确哪些符号是和我国传统文化相适应的。要想使刺绣和地域文化、传统文化很好地结合，必须对文化的内涵有一个准确的把握，通过现代化的语言对其加以设计。这样才能将文化内涵通过符号传递出去，从而对我们民族的文化精髓与灵魂进行继承与发扬。

2. 刺绣在国外服装设计中的地位

刺绣的体系最早是在东方形成的，后来由于贸易发展，传到了西方。古埃及人认为，刺绣的一针一线都体现着人类的灵性，带有无尽的力量。到了古罗马帝国时期，刺绣工艺发展到了顶峰，直到后来古罗马帝国没落，在伊斯兰教的影响下，刺绣才重新有了活力。后来，阿拉伯人开始用绣品对他们的靴子、帐篷等进行装饰，人们会用金线、银线去绣《圣经》，把刺绣当作非常神圣的艺术，在君王和后妃的衣服上进行刺绣则象征着非常高的尊严与权力。在《圣经》中，相貌非常美丽的女子在宫里时身着金线制作的衣服，而在出嫁的时候，则是穿着刺绣的锦袍。金线制成的衣服象征着荣耀，刺绣锦袍则代表着灵魂的重生，通过一针一线的刺绣工艺，把神的灵性绣进衣服中，从而成就新的自己。

与欧洲的刺绣工艺相比，东方刺绣更加善于运用精妙的针法将一些植物、动物或者风景呈现出来，刺绣的材料主要是丝线。而欧洲人更加注重对刺绣材料的研究，会大量使用贝壳、宝石、珍珠等物品，使用的线也不是只有丝线，还会使用毛线、棉线等。到了近代，由于水溶技术的诞生，出现了镂空刺绣，这样的绣品更加华丽美观，由于水溶材料的更新，军服上的徽章也变得更为精致，轻薄的纱上面也出现了美丽的刺绣。

到了大工业时代，由于刺绣机器的发展，使得刺绣的质量与产量都得到了大幅度的提升，一台刺绣机器有1000根左右的绣针，只需要几小时就能制成经久耐用的水溶刺绣，但是，机器刺绣是永远代替不了手工刺绣的。

在几千年的工艺传承和文化积淀下，手工刺绣展现出了一种特有的魔力，并且还带有无穷无尽的创造性。人们对艺术创作、传统工艺的膜拜和细致且专注的研究，就是其价值的最好体现。正是因为人们的魅力信仰，才使得它经久不衰，而且会在人们追求品质的加持下，一直走向更加辉煌的未来。

着装心理也体现了对美的心理需求。人对美的需求是人类求美的心理活动的内在动力。当它一旦与对象的美的特质发生碰撞，会自然产生出一种对美的形式的意志需求和表现欲。而刺绣这一元素在几千年的文化积淀中，始终保持着经久不衰的艺术魅力，这说明它是人们普遍能接受与认同的艺术代表，如果设计师能把这种最能代表文化内涵的元素巧妙地应用到现代服装设计中，那将会把现代服装的设计推向更高的艺术巅峰，能让现代服装更具有文化深度。随着人们的文化素养的提高，对美的追求体现在了对精神美的追求上，所以只有选择最能代表民族文化的艺术元素，才能把民族文化的精髓体现在服装设计上，刺绣就是现代国内外服装设计师们最宠爱的设计元素。

（二）传统刺绣图案在现代服装设计中的应用

每一幅刺绣作品都蕴含着丰富的文化内涵，具有时代感和前瞻性，这是世世代代的人们通过不断努力创造而得来的，尤其是我国的传统图案，都是由世世代代的能工巧匠经过不断的打磨而提炼出来的。目前国际化的脚步越来越快，传统文化很难使现代化需求得到满足。于是，设计师们开始努力尝试把传统元素和现代化的元素相结合，然后再体现在服饰上，如今我们看到的一些复古风的服饰就是这种结合的典型例子。因为古代服饰有着非常鲜明的时代特色，所以复古风格的衣服并没有直接去复制那些传统元素，而是在现代化形式的包装下，使服装不仅能体现古代服饰的特点，还具备一定的时尚感，从而满足人们的审美需求，传统元素、现代工艺的结合使得刺绣工艺始终处于时代的前沿。

服装装饰为刺绣的发展提供了巨大动力，并且贯穿在我国的传统文化中，不管是上衣、帽子，还是鞋袜、手套，只要是人们日常穿戴的物品，都可以用刺绣装饰，如今看来，在服饰领域，刺绣已经取得了非常好的成绩。在长期的演变下，不管是在装饰的部位还是模式上都发生了巨大的改变，与此同时刺绣种类也从最初的单一模式逐渐向多元化方向发展，目前主要涉及京绣、苏绣、粤绣、蜀绣、湘绣、汉绣、顾绣等，除此之外还包含苗族、彝族、瑶族、黎族、白族、蒙古族等民族刺绣。

以山西忻州为例，传统民间刺绣工艺大多都用在人们的穿戴上，通过妇女、儿童等服饰得以充分体现。仅就妇女服饰来看，由于部位不同自然花纹也会不尽相同，"腕袖"意味着平安、吉祥、如意等，通常设置为二方连续图案；"领口"则意味着如意，通常用花卉图案进行装饰；不管是古代还是现代，"裙子"都是妇女的日常衣物，通常会在服饰前后镶边绣花，且大多数服饰都以黑、蓝、红色为主；至于"上衣"则主要在胸口位置绣花，一般使用鱼戏莲、牡丹花等图案。

就拿民间刺绣来说，只通过刺绣工艺就可以把图案背后的精神内涵呈现出来。各种象征着吉祥如意的图案都是在为了满足人们驱邪辟邪、祈福的思想下形成的。苗族的服饰图案又是对长江、黄河、洞庭湖等真实景色的反映，对苗族人民的历代生活进行了非常详细的描绘。

在服装的一些精美部位使用了蜡染、刺绣，同时还会在领口、腰佩处、襟绣上很多象征着吉祥的花纹图案，如仙鹤、牡丹、龙凤等，刺绣技艺也有很多种，如堆绣、镂空、点珠等，以充分体现现代的形式美。不难发现，在绣制服装上的图案之前，总是会通过剪纸的方法将花样剪出来，而且这些花样大多是由剪纸艺人负责的，仅有一小部分会根据个人的一些意见去制作。由于刺绣工艺在很多方面都存在不一样的地方，制作出来的刺绣服饰当然也是各具特色的，如果我们选用多种颜色的散丝去绣制图案，就可以保证图案的光泽感；如果我们把丝线集聚在一起，凝结成一些不规律的小颗粒，然后再绣到底布上，就可以充分展现出绣品的大体形象；如果我们把丝线编成小辫子后再去绣制，就会给人清新、朴素的感觉。外观靓丽的刺绣不但可以满足人们的审美需求，还会通过对事物形态美的展示，使服装更具艺术意境和气韵，可称得上是技艺、艺术二者兼备的佳品。

在现代服饰设计中，通常对于民族服饰都是设计成斜襟或者大襟的长袍，给人一种厚实和宽松感，选择的材料多为锦缎、毛皮等，有些还会选用银饰、珠玉等装饰物，使广大民众被其独特的魅力深深吸引。欧美国家的刺绣考虑更多的是如何呈现出浪漫的氛围，图形非常繁杂，即便是每一个民族的服饰都带有独特的韵味，但从整体上讲大多给人非常沉稳的感觉。

随着时代的发展，国民经济和文化在不断提升，特别是一些沿海地区，在服饰领域的发展更是达到了惊人的速度，在很多品牌的服饰中，除了传统元素外，还融入了很多现代化的时尚元素，杭州图案给人一种大气、质朴的感觉，大大增添了现代服饰的魅力。例如，杭派服饰熏香、巧帛等，这些品牌服饰的刺绣不管是技术还是工艺水平都非常高，每一种刺绣都带有不一样的韵味，可以更加充分地展现江南女子的美。

1. 传统图案与现代刺绣工艺手法的结合

传统刺绣通常是手工制作而成的，我们一般会在人们日常所穿戴衣物中见到，随着科学技术的进步，在刺绣方面也出现了很多现代化的设备与工艺，极大地满足了人们日益丰富的需求，使得制作出来的服装可以更好地达到人们的审美标准。我们所熟悉的龙凤图案在古代是皇家专属的，在服装上大多以刺绣的形式出现，但是发展到了现代，刺绣手法发生了很多改变，将珠绣、刺绣进行了很好地结合，使其不仅可以被印染，还可以制成雕花镂空。

我国古代的很多图案都有着非常重要的寓意，而到了现代服饰设计中，则发生了很多变化，如我们不会把龙凤这样的图案当成是权力的象征，而是将这些图案绣在现代服饰中，以展现我们的民族精神。

2. 传统图案与现代材料的结合

把传统意义上的图案和现代时尚元素相结合可以充分展现纹样的独特性，增添服饰魅力使之达到艺术的更高境界。传统纹样应用广泛，例如绸缎、棉麻、皮革以及诸多新型材料等。

3. 传统图案与现代服装款式结合

传统图案可以说是我国服饰文化中的亮点，因为存在独创性，致使很多传统元素被应用到了现代的服饰设计当中，不过，在具体的应用中，我们必须对传统元素对现代风格的渗透进行谨慎的思考，一定要在现代审美观的基础上将二者合理地融合在一起，然后将传统元素的内涵和现代审美意识充分展现出来。

4. 古今结合、中西合璧

因为现代人的生活节奏非常快，传统纹样便显得有些复杂，从而很难和现代化的社会发展相适应。所以在应用过程中，设计师们更加注重对于纹样细节的简化，在保留其寓意的前提下，使其达到"宜男百草，吉庆（馨）有余（鱼）"的意境。通过设计师们多年的提炼，古代的传统纹样不仅有着深厚的内涵，而且在此基础上添加了典雅的风格，如果我们可以把图案的精神与内涵通过其他形式进行传承，势必会创造出更多新颖的元素。此外，传统图案和国外一些装饰方式的结合，可以创造出令人耳目一新的独特风格。

二、传统钩编工艺在服装设计中的传承

（一）设计题材的选择

1. 灵感来源

灵感是从丰富的自然界中而来的，大到山川河流，小到一朵美丽的花、一只漂亮的蝴蝶，都具有非常和谐且神秘的色彩搭配。人们不管是在工作还是在生活中，都会将不同色彩进行搭配来装扮自我，这也体现了色彩的独特

魅力，正是因为有了各种色彩的搭配，才使得我们的世界变得更加美丽。在这个大千世界，人们可以通过感官获得多种信息，是我们感受美的一种途径。在服装设计中，通过协调色、对比色等的多种搭配方式创造出美的享受，给人一种视觉上的冲击，通过服装去感染人的内心，带给人幸福感。

2. 设计手法

该系列的工艺手法主要是手工编结，通过它的独特风格和不同颜色、线材的编织工艺来设计服装，这样的设计手法主要是服装的款式以及图案、色块的对比和变换，通过流行元素、民间元素的结合，在图案、色块的对比、拼接下做出视觉冲击的效果，使人体、服装、色彩充分融合在一起，从而产生不一样的美，使女性对于色彩的欲望得到满足，并展现出穿衣人的独特品位和魅力，使其身心愉悦并展现出自信的光芒。

在现代服装设计中，可以将传统民间元素（如流苏）与当前的流行趋势结合在一起，通过不同颜色的线的缠绕给人一种独特的视觉美感，也能充分体现出传统工艺的色彩和现代文化结合的美。

设计师们利用优雅简单的廓型、对称与不对称的穿插设计，通过不同粗细、类型、颜色的线材，运用丰富的传统手工钩编手法编出各种花型及图案，结合部分机织辅助，采用拼接与整面设计形成独特的视错觉，展现了"线"与色彩合奏的完美乐章。

（二）钩编工艺的运用

这个系列的灵感来自七色花，七色花来源于动画片《花仙子》，七色花是此片中最漂亮的花，通过魔法可以变出很多漂亮的衣服，如果女孩穿上了这些衣服，就可以帮助人们摆脱苦难，然后收获幸福，这是能够带来快乐和幸福的花。在这个系列中，采用的都是手工钩编工艺，通过环绕式的针法起针，利用短针、长针、锁针等多种针法钩编立体的花形，根据制作的需求，在材料上选择的是奶牛棉和长绒棉纱，用这两种线钩编的成品在质感上有着非常明显的差异，强烈的对比性能够呈现出不一样的视觉效果。钩编手法主要分为三种，即一片成形、小片拼接、镂空钩花。整个盖在服装上，会呈现出一种肌理的质感，同时还在细节上添加了流苏，使整个系列变得更加有质感和趣味性，充分展现了钩编服装的个性化特点。

在运用图案的时候，通常会采用二方与四方连续的排列方式，把条纹和块状的图案进行有序排列；通过镂空钩花的手法制成镂空的图案，经过拼接，把立体钩花组合成块面，将其和平面的条纹进行结合，从而变成肌理图案。根据图案的变形运用不同的色彩进行钩编，以玫红色系和蓝色系的对比色为主要色调。运用对比色、调和色来进行搭配，颜色鲜明，色彩艳丽，带有民族特色，在设计中并没有运用过多鲜艳的颜色，在保留原有的色彩同时，也加入了降低纯度和明度的色彩，产生了很强烈的视觉效果，迎合了现代的流行风格，使整个系列在具有民族特色的同时又具有独特的风格与浪漫的个性。通过传统手工编结工艺，结合钩编服装特点和不同颜色的线材编织设计服装。整个系列的设计整体造型以A型、H型、S型为主，突出服装色彩和图案的变化对比。合身的钩编服装可展现优美的人体曲线；立体造型是以同种形态、不同色彩的线材钩织一些以立体纹理为主的设计，在服装的视觉上形成了一定的张力。

三、传统拼布工艺在服装设计中的传承

（一）现代服装设计中的拼布艺术

拼布是传统的装饰手法，它在我国的传统服饰中应用得非常广泛。随着民俗的发展以及宗教的影响，拼布手法展现出了工艺精湛、色彩丰富、风格多样的特点。如今，我们在很多的时尚舞台上也总是能看到拼布服装。拼布的构成形式是多样的，在现代的服装设计中，也经常被使用。时装发布会上，总是会出现拼布服装，它以其独特的风采吸引着大众的眼球。不管是几何图形整体的拼接，还是图案的局部拼接，都是设计师们对层次感与服装风格进行塑造的重要手法。

（二）传统拼布在现代服装设计中的形式

在当今欧美拼布艺术发展迅猛之时，金媛善女士以其巧夺天工的作品，让世人感受到中国传统文化独特的魅力和沉静典雅的古典韵味。金媛善女士被誉为"目前唯一能代表中国手工拼布艺术水平的艺术家"，在传统朝鲜族家庭成长的金媛善女士自幼受祖母和母亲的熏陶，擅长女红，曾多次参加日本、

韩国和美国的拼布艺术展，并获得国际拼布二等奖。

在现代服装设计领域，传统拼布艺术与现代生活需求结合后进行解构、重组创造了新的时尚，为消费者带来了全新的时装体验。传统拼布工艺并非我国所特有的，在日本也有相似的工艺，称为"BORO"意思就是"破烂的布"或者"褴褛"。BORO织物最初由日本贫苦的渔民和农民所穿着，因当时由棉花织成柔软舒适的棉布是非常珍贵的材料，许多乡下山村仍只能穿着层层粗硬的麻布御寒，但是麻布的舒适性不及棉布，于是人们只能非常节省地购置小幅棉布仔细地缝在衣服的衬里或是用来修补衣服破损处。日本设计师津吉学（Gaku Tsuyoshi）在保持传统的"破坏"中加入了大量的时尚元素，设计出了系列丹宁服饰品。

（三）拼布艺术在现代服装设计中的应用形式

随着现代拼布艺术的发展，拼布艺术被愈来愈多地运用到现代服装设计中，不仅丰富了服装设计元素和形式，同时也丰富了人们的审美情趣。下面将从应用面积、材质运用和呈现的造型三个方面探讨拼布艺术在现代服装设计中的应用形式。

1. 应用面积

从拼布艺术在现代服装设计中的应用面积来看，可分为整体拼布和小面积装饰。在现代服装设计中进行整体拼布时，服装整体的风格特征会更加明显。

2. 材质运用

从拼布艺术在现代服装设计中材质的运用来看，其面料的选择更加多样化。在拼布的面料中除了梭织面料外，也会运用一些皮革或是非纺织面料，使拼布服装呈现出不同的肌理美。

Sacai品牌的创始人阿部千登势（Chitose Abe），善于服装面料之间的混搭和层叠，让人看到服装设计中的搭配的无限可能性。拼布使不同面料之间产生强烈的对比、质感之间的交融，使Sacai服装有种抽象画般的艺术感。系列成衣运用机织、毛呢、皮革等不同面料进行拼接，重构创造出新的服装造型，呈现出一种不同肌理的视觉美。

3. 呈现的造型

从拼布艺术在现代服装设计中呈现的造型来看，可分为平面形式和立体形式两类。

在现代的拼布服装中我们可以看出，拼布艺术不只会以平面的形式呈现，还会把拼布艺术和现代的裁剪技术、设计方法结合起来，从而使制作出来的拼布服装更具立体感。

上文所说的这三种应用方法虽然存在形式上的区别，但是同样被人们所喜爱，其原因具体体现在三个方面。首先，拼布服装带有民族风情，除了可以满足人们对传统的、民族的追忆情结以外，还能满足现代人追求个性化服装的心理。其次，拼布设计的面料是多种多样的，而且在组合形式上也非常灵活，这就使服装造型和肌理的美感有了更多的可能性。最后，拼布面料和形式上的多样化，使消费者的视觉感受变得更加丰富。

我国的拼布工艺是一种非常古老的装饰手法，在我国的传统服装设计中应用得非常广泛。它蕴含着丰富的文化内涵，而且也非常具有实用性，因此慢慢成了人们身边十分常见且不可缺少的艺术。在现代人的生活中，这样的艺术非常常见，甚至在时尚圈内，我们仍然能时常见到拼布服装。传统的拼布在面料搭配、构成与应用形式上都是多样化的，因此，很多设计师会将其当成塑造层次感和服装风格的手段而应用在自己的设计中，从而被更多的人认可和喜爱。

四、传统扎染与蜡染工艺在服装设计中的传承

（一）扎染在服装设计中的应用

我国有着五千年灿烂的历史与文化，我们的先辈用勤劳、智慧的双手创造出了很多民族文化。其中，扎染技术就是我国民间很有特色的传统工艺。

衣、食、住、行是最贴近人们生活的行为活动，其中"衣"放在首位，可见人们对于服饰装扮的重视程度，在服装设计中，可以通过扎染的设计元素使服装更具时尚感，从而展现出不一样的艺术风格。

如今科学技术在不断进步，人们的生活水平也随之提高了一大截，在满足了物质需求的前提下，人们便将自己的关注点放在了精神追求上，在审美

上有了一定的提升，由于外界诸多因素的影响，扎染的传统服装装饰技术慢慢失去了往日的辉煌，没有得到很好的发展。扎染技术衰落与元代统治者对于中原的很多文化都持有的歧视态度有关，对其进行了一定的限制，直到明清时期，由于资本主义的萌芽，一些规模化的机械印花作坊慢慢出现，由于传统的扎染工艺是手工工艺，制作起来非常耗时耗力，呈现出来的图案也没有机械印花那么精美细致，而且用天然的草木染的颜色单一且不牢固，因此，扎染工艺受到了比较严重的制约。在中原和沿海地区，制造业非常发达，因此使用传统的手工印染技术的人更是少之又少。

近些年来，由于国家大力倡导自然环保，人们也慢慢追求质朴与自然之美。扎染手工艺才又回到了人们的视线中，人们逐渐注意到了环保、健康的扎染服装，沉醉于它独特的艺术风格当中。

1. 扎染在少数民族地区的应用

古往今来，扎染技法主要是在云南、四川、新疆等地的一些少数民族地区流传并沿用至今。特别是在四川，那里有一种非常有名的自贡扎染，从唐宋时期开始，就深得人们的喜爱，其多是作为贡品被皇室使用。目前，自贡扎染荣获了很多奖项，它是我国高水准传统技艺的杰出代表。

云南省有两个很有名的扎染之乡——周城和喜洲，特别是白族人的扎染，他们在传统的工艺上进行了突破，创作非常新颖，极具现代艺术特征。白族的扎染基本上是由花型和几何纹样组合而成的，不但在布局上非常饱满，而且形象生动。那里的人们大都会扎染手艺，而且对其非常珍视。

喜洲地区的白族女性敢于突破和创新，她们把古代的扎缝技法和现代印染技术进行了有效结合，使扎染的颜色更加丰富，形成了彩色的扎染艺术。这样的技法改变了以往的单一色调，注重多种颜色搭配在一起的和谐性与统一性，通过扎缝的紧和松对染色的深浅进行了控制，从而呈现出肌理纹样。彩色扎染使传统工艺更具魅力，不但呈现出了回归自然的质朴的美，还带有现代艺术的特色。

2. 扎染技法在现代纺织工业的应用

（1）扎染服装图案趋势。在现代的服装设计中使用扎染技术，强调以人为本的理念，此外，也会对服装的个性化研究起到一定的促进作用。通过对扎染图案趋势的分析发现，由于扎染工艺的影响，服装设计在色彩、形态等方面都发生了一定的改变。

扎染工艺与扎染图案的产生和发展有着非常紧密的联系。通常来说，扎染所呈现出来的效果都带有一种朦胧和梦幻的色彩，表现在服装上时，会使服装带有一种水墨画和抽象画的美。另外，扎染工艺也能呈现出一种粗犷的风格，带有一定的随意感和抽象感。不过，通过扎染工艺而呈现出的效果也具有满足大众审美的美感，几何纹理就是最好的例子。

在全球的各个秀场中经常会看到带有扎染工艺的服装，这些服装所带有的图案大多是一些抽象的图案，从这些图案中我们可以明显看出扎染自由随性的特点。在图案设计中还可以看出，现在的大部分抽象图案都是不规则的图案，这样抽象的美感恰恰可以满足现代人的审美需求，也符合如今服装行业的发展趋势与潮流。在现代化的发展中，扎染工艺主要是通过与其他工艺结合发展的方式呈现出最终的别出心裁的效果。

（2）色彩趋势。传统扎染工艺以单色扎染为主，而且在实际的扎染过程中，选用的颜色基本上是以白色和蓝色为主，呈现出一种素雅之美。随着社会发展脚步的不断加快，扎染技术在选择颜色时也变得不再单一，慢慢朝着多元化方向发展，色彩的多样化成了主要发展趋势。多样化色彩主要指的是色相、透明度以及纯度不同的色彩，在这样的综合的色彩扎染中，会展现出多姿多彩、变幻无穷的视觉效果，这样的视觉效果具有一定的独特性，其他的工艺很难做到。现代化的扎染技术正随着时代的变化而不断丰富，如今已从以往的染料单一发展到了多样化选择，而且从这一变化中也可以明显看出如今的流行变化趋势。

（3）面料趋势。扎染技术的进步也从一定程度上推动了该工艺在面料选择上的发展，如今科学技术在不断进步，因此出现了很多新型的扎染技术。从该工艺使用的面料可以看出，除了以前经常使用的丝、棉、麻等面料以外，还出现了合成纤维等一些现代化的面料。对皮革、锦纶等扎染的工艺也越来越精进，使扎染技术在使用范围上得到了很大的扩展，面料不同，呈现出来的扎染效果也不一样，刘健健在其著作中指出："如果要利用扎染工艺在捆、绑等工艺中容易形成褶皱的原理与高温高压定型的原理的话，那么就可以在理论上创造出一种独特的三维肌理面料，这种面料的产生，能够在一定程度上让面料从二维往三维的方式进行转变，从而能够营造出与品牌三宅一生同样的效果。"在当前的发展过程中，传统扎染技术和转移印花技术、数码印花技术等其他服装工艺合理地结合在了一起，这样的结合使扎染效果得到了很大的提升。

现代的纺织工业主要是依靠机械进行生产的，如印花的服装面料就是用机器制作完成的，这样的机器制作不仅成本低、产量高，而且质量也很好，印出来的图案非常精致，很少出现差错。然而近些年来，人们在审美上有了一定的改变，更加看重健康、自由以及环保，此外，还要突出个人特色，于是，传统的扎染服装以其独特的艺术气息引起了人们的广泛关注，从而被大量使用，在大街小巷我们不难发现这样的扎染服饰，特别是丝巾、背包、裙子等物品上会经常出现，这些物品通过扎染工艺变得更加自然、时尚且大方。慢慢地，印染厂商也都注意到了这一点，便开始大量投入生产，在江浙等一些沿海地区还出现了日资的扎染企业，主要生产的就是扎染的日本传统服饰，然后再销往日本。由此可见，扎染服装已经向工业化、规模化的方向发展了。

3. 扎染在现代生活中的作用

在现代生活中，扎染的魅力越来凸显。扎染工艺属于我国的非物质文化遗产，至今已经有2000多年的历史了。身为我国的国宝级文化，我们不仅要将这项工艺传承下去，还要在此基础上将其发扬光大。笔者认为，扎染工艺之所以能流传2000多年之久，并不是由人们的喜爱度决定的，而是在于它不仅仅是一项服装领域的工艺，它更像一门艺术一样有着很大的感染力和生命力，它值得我们不断研究和探索，去打破它的局限性，对其进行深度的挖掘与创新，使其更具活力。扎染虽然是我国的传统艺术，但是在国际上也有着一定的知名度，深受外国友人的喜爱，很多外国人因为扎染踏上了中国的土地，走上了探索扎染的道路。可以说，扎染在一定程度上是我国与世界各国交好的文化桥梁，这一传统工艺以我国民族文化的身份传播至海外，赢得了很多赞美与掌声。

通过机器生产、化学染织等现代化的手段制作出来的服饰让人们逐渐产生审美疲劳，这时，扎染服饰以其独特的素雅自然之风深深吸引了人们的眼球，深受人们的青睐。近些年来，扎染一直活跃在时尚的舞台中。特别是在夏天，各种扎染服饰更是层出不穷，争奇斗艳，人们从扎染中深深感受到了民间工艺独特的自然、纯粹之美。如今，扎染服饰也在不断推陈出新，通过一次又一次的创新变得更加精致和美观，越来越符合现代人的审美需求。笔者相信，在一代代能工巧匠的不断努力下，这项工艺一定会在保留了传统文化精髓的基础上，得到更好的发展，为一代又一代的人们提供更多、更好的服饰。

（二）蜡染在服装设计中的应用

我国现代化的发展也促进了染色技术的进步。尤其是其中的蜡染工艺，在目前的服饰设计中，蜡染工艺也得到了比较广泛的应用。我国现代化的染色技术与蜡染工艺进行了合理的结合，并在此基础上得到了一定的发展与应用。我们经常可以在背包、帽子、短袖、礼服等服饰中见到蜡染工艺，尤其是在一些旅游景区，会经常看到售卖蜡染饰品的摊位。随着现代化的发展，蜡染工艺也慢慢呈现出其个性化的发展特征。

1. 蜡染与T恤的结合

首先是蜡染工艺与短袖的结合发展，蜡染工艺与短袖的结合是目前蜡染工艺在现代化服装中结合得较为完美的一项。特别是短袖特有的面料以及平面结构为蜡染效果的有效呈现提供了良好的发展基础。在短袖所具有的比较大的平面结构中，能够让蜡染工艺的蜡染效果显得更加立体化，从而促进短袖本身艺术美感的不断增加。将蜡染工艺应用到短袖中，主要是为了体现不同地域中的民俗文化风情，在短袖的蜡染效果呈现中，蜡染的图案主要是在前心后背上，在短袖的其他地方进行了冰纹的处理，也能够让服装整体看起来更加具有现代化的时尚感。

2. 蜡染工艺在现代化配饰的应用

蜡染工艺在背包制作中被大量应用，而且在不断的发展中被慢慢应用到了其他种类的包中。蜡染工艺也会被应用到帽子中，但是用于帽子上时，其主要采用的是冰纹的形式，这为帽子的造型添加了很多新元素，使帽子更具时尚感和现代感。

3. 蜡染工艺在成衣中的应用

在目前蜡染工艺的发展中，蜡染工艺不仅运用到了一些配饰中，而且与成衣进行了相应的结合与发展。在其目前的发展中，主要是针对成衣增加了一些蜡染工艺的元素，让蜡染工艺在成衣中体现出一种民族风格。目前蜡染工艺与成衣的结合在女装的应用比较多。

总体来说，民族艺术在发展的过程中有着不同的艺术风格的体现，通过民族艺术的不断发展，也能够促进民族艺术作品的更新和发展，此过程中所产生的各种新的元素，被应用于现代化的服装设计中，这也是现代化服装设计的主要特点所在。目前在布依族的蜡染工艺中，其与现代化服装设计进行了相应的结合，说明蜡染工艺能够创造出与众不同的视觉效果。

从现代时尚的角度来讲，现代服装和蜡染能够结合在一起，不只是一种创新，也是把传统风格和现代技术以一种结合的形式进行的传承。如今，人们的生活方式在不断改变，蜡染工艺也不像以前那样进行作坊式的小规模染织了，而是在大批量的生产下给予了蜡染工艺更宽广的发展平台。在现代服饰中应用蜡染工艺，从某种程度上讲也是对我国传统文化的弘扬。

第四章

中国传统服饰的艺术风格与表现手法

在时尚的舞台上，服饰品对整个服装造型来说是一个不可或缺的元素，同时中国传统服饰装饰品的艺术风格与表现手法对于服装造型的重要作用也是不言而喻的。

第一节
中国传统服饰的划分

本节以人体不同的装饰部位为主线，其他类则主要以中外传统服饰与装饰工艺品的不同性质特点进行划分，分类依据有饰品的用途、饰品的名称以及饰品的材质等。

一、按人体装饰部位划分

（一）头饰

头饰是指戴在头上、用在头发四周及耳、鼻等部位的装饰物。与其他部位的饰品相比，头饰的装饰性更强，主要是女性首饰，包括发饰（发卡、头花等）、耳饰（耳环、耳坠、耳钉等）、鼻饰（多为鼻环）、唇饰（唇钻、唇贴、唇环等）、额饰（链式、坠式、贴片等）、面饰（贴片、钻类、面纱、面具、帘式、彩绘类等）和帽子（贝雷帽、鸭舌帽、钟形帽、披巾帽、无边女帽、八角帽、瓜皮帽、虎头帽）等（图4-1）。

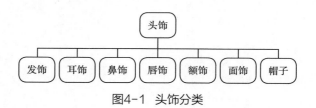

图4-1 头饰分类

据《周礼·天官》记载，王后从华丽的头饰到束发的簪，皆已相当齐备。此时，头因有"饰"而传达出不同的功用之意，也逐渐超越了单纯意义上的物质审美。在《中华古今注》中就曾记载，秦始皇下诏令皇后、三妃、九嫔分梳凌云髻、望仙九鬟髻和参鸾髻等，严格上、下格局的发式。

下面详细介绍一下常用的发饰、耳饰和帽子。

1. 发饰

发饰包括发簪、发钗、发卡、发套、发带、头巾等。发簪和发钗也是中国古代妇女的重要发饰，现代妇女通常使用发卡、发带、网扣等。面对琳琅满目的发饰，只要佩戴得体，就会增光添彩。

2. 耳饰

耳饰包括耳钉、耳环、耳坠等多种类型，是戴在耳垂上且最能体现女性美的重要饰物之一。中国耳饰的历史可追溯到新石器时代。最早的耳饰称为玉玦，形状为有缺口的圆环形，多为玉制。据说古人的玉玦有两个含义：一是表示有决断性，二是用玉玦表示断绝之意。

耳环是随着冶金技术而出现的，是耳饰中最受喜爱的装饰之一。据考证，最早的耳环用青铜制成，商代后期出现了嵌有绿松石的金耳环，到了明代，耳环式样已相当多了。耳环作为首饰的一种，具有悠久的历史和璀璨的文化渊源。通过耳环的款式、长度和形状的正确运用，可以调节人们的视觉，达到美化形象的目的。耳环样式变化多样，有带坠儿、方形、三角形、菱形、圆形、椭圆形、双股扭条圈、大圈套小圈、卡通造型、动植物造型等多种样式。再加上金、银、珠宝各种材料搭配相宜，使耳饰品更加争奇斗艳。

耳坠也是耳饰的一种，对整体风格的塑造很有帮助。利用耳坠的形状可以弥补脸形的缺陷，突出脸形的优势。除此之外，还可以利用耳坠的色彩来改变暗沉的肤色，美化明亮的眼睛，使人获得靓丽的容颜。现代的耳坠设计，具有突出个性化和艺术性设计的特点，耳坠在材质的选择上也推陈出新，利用各种材料如珠宝、金属、流苏来设计。其灵感题材、图案设计皆不受限制。

3. 帽子

现代帽子的品种繁多，按用途划分，有风雪帽、雨帽、太阳帽、安全帽、防尘帽、睡帽、工作帽、旅游帽、礼帽等；按使用对象和式样分，有男帽、女帽、童帽、少数民族帽、情侣帽、牛仔帽、水手帽、军帽、警帽等；按制作材料划分，有皮帽、毡帽、毛呢帽、长毛绒帽、绒线帽、草帽、竹斗笠等；按款式特点划分，有贝雷帽、鸭舌帽、钟形帽、三角尖帽、前进帽、青年帽、披巾帽、无边女帽、龙江帽、京式帽、山西帽、棉耳帽、八角帽、瓜皮帽、虎头帽等。

（二）胸腰饰

胸腰饰主要是指用在颈部、胸背部、肩部和腰部等处的装饰，胸腰饰具体可分为颈饰（项链、项圈、丝巾、毛衣挂链等）、胸饰（胸针、胸花、胸章等）、腰饰（腰链、腰带、腰巾等）和肩饰（多为肩章、装饰披肩之类的装饰品）等，如图4-2所示。

图4-2　胸腰饰分类

1. 颈饰

颈饰最能体现女性脖子和胸部的美，所以被荣耀地称为"一切饰物的女王"，在服饰设计中地位显赫。如今颈饰如项圈、项链等的制作材料极为丰富，可与珠宝、钻石、玉石、金、银等汇成五光十色的物品，令人眼花缭乱。项链是佩戴最广泛的一种颈饰，可以张扬个性，亦可以体现高贵和奢华，男女老少均可佩戴。

常见的项链由三部分组成：链索，是项链的基础；搭扣，位于链索的上部，用来联结或分开链索；坠饰，位于链索下部，形状多样，如鸡心形、观音、各种人物像、动物像应有尽有。

佩于颈上的各种串饰也十分常见，每件串饰由数量不等的饰物串组起来。饰物的形状可以是球形、方形、菱形、椭圆形、圆柱形、多边形，甚至是不规则形。用作饰物的材料也很多，有珍珠、玛瑙、水晶、翡翠、珊瑚、琥珀、软玉、绿松石、孔雀石等，这些都是常用的材料。

关于项链的起源，从民族学的研究资料里可以归纳为两种看法。一种看法认为源于"抢婚"习俗的演化，认为项链源于原始社会母系氏族向父系氏族的转变时期。当时，人类生存以靠狩猎和种植为主，男子在经济上已处于支配地位，私有观念开始产生。这导致女子从氏族核心地位跌落下来，成为男子的附属品。在氏族或部落战争中，胜者把对方部落的女子作为战利品掳来，为防止她们逃走，常用一根链子或绳索捆住她们的脖子和手。后来便逐渐演变成了一些地方的习俗，在男女正式成婚时，以"抢"的方式把女方接到男方处，同时以金属饰物套在女方脖子上或手上，以示束缚。如今抢婚早已被时代淘汰，防止女人逃跑的链子也演变成了用金、银、珠宝制成的漂亮的装饰品，成为当今式样精美的项链（项圈）和手镯（手链）。

另一种说法认为戴项链最初是为了显示力量和勇敢。因为考古发现，几十万年前北京周口店的"山顶洞人"就已使用串饰。那时的串饰是用兽骨、兽牙、贝壳等串成，并用染料染成红色。在与猛兽搏斗中人们发现，失去鲜红的血就失去了生命，同时也深深感受到猛兽的牙齿、四肢和利爪的力量，人们在捕猎获胜后，把吃剩下的兽骨、兽牙、兽爪串在一起并染成红色佩戴在脖子上，一方面是显示自己的勇敢和力量，另一方面是企望借此来吸收猛兽的力量和生命力。由此可见，项链的演变与人类的精神生活密切相关。

2. 胸饰

胸饰的主体是胸针。女士用的胸针多佩戴于西装或大衣的驳领上，或插于毛衫、衬衣、裙装前胸的某一部位。佩戴胸针，常可起到画龙点睛的作用，尤其当衣服的设计比较简单或颜色比较朴素时，别上一枚色彩鲜艳的胸针，就会立即使整套装饰活泼起来，并具有动感。目前流行的胸针，可分为大型胸针和小型胸针两大类。前者长度一般在5厘米以上，图案较为复杂，大多镶有宝石。后者一般长2厘米左右，花样也较为简单。多为独枝花朵或多边形的立体造型，还有的采用十二生肖造型和一些创意的、怪异的胸针设计，深受年轻消费群体的喜爱。

3. 腰饰

早期的腰饰主要包括玉佩、带钩、带环、带板及其他腰间携挂物。材料一般以贵金属镶宝石或玉石居多。中国早期的腰饰主要是玉佩，即挂系腰间的玉石装饰物。玉佩在古代是贵族或做官之人的必佩之物。因为中国人以玉喻德，认为玉可体现清正高雅。现代人佩戴腰饰主要是女性。一般用于裙装腰带的装饰，或用玉石做带环，或在金属带钩、带环上镶一块或数块宝石。现也常见一些时尚男性在腰带上戴一块兽头等形状的玉佩。如果与衣服的材料、款式及颜色搭配得体，可进一步加强佩戴者期望的效果。民族服饰中腰部装饰尤显特色，例如，藏族服饰腰间的装饰类型很多，包括缀挂火镰、小刀、鼻烟壶、银圆、奶桶钩、针线盒等装饰品，其腰饰大部分来自生产劳动工具，这是由游牧文化的特性所决定的。

4. 肩饰

从设计的角度讲，装饰肩部可以改变服装的廓型和比例，在设计中突出的视觉重点自然是强势的肩部。肩部装饰形式多样，有平面刺绣、立体花样、动感流苏、双肩装饰、单肩装饰等；装饰种类也很多，有肩章、披肩、肩带、肩花等。

夸张的肩部增加了视觉效果，在肩部进行大面积的水晶装饰，可尽显华丽精致。搭配干净利落的发型，有效地转移了焦点，对比作用下，也能起到缩小脸部的视觉效果。

（三）手饰

手饰是指佩戴在手部的饰品，狭义上，通常把首饰按人体所在位置进行划分，戴在手上的装饰品称为手饰，包括手镯、手链、戒指、指环等。广义上，在服饰中用于装饰手和臂的各类饰品，都可以称为手饰，包括甲片、手套、臂环等。现在流行的指甲上镶的水钻，也可以说是手饰品之一。分类如图4-3所示。下面介绍几种常用的手饰品。

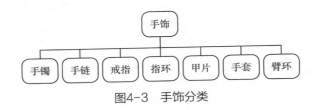

图4-3　手饰分类

1. 手镯

是一种套在手腕上的环形饰品。按结构一般可分为两种：一是封闭形圆环，以玉石材料为多；二是有端口或数个链片，以金属材料居多。按制作材料，可分为金手镯、银手镯、玉手镯、镶宝石手镯等。手镯的作用大体有两个方面：一是显示身份、突出个性，二是美化手臂。手镯一般佩戴在左手上，镶宝石手镯应贴在手腕上；不镶宝石的，可宽松地戴在腕部。只有成对的手镯才能左右腕同时佩戴。

2. 手链

其区别于手镯和手环，手链是链状的，以祈求平安、镇定心志和美观作为主要用途。一般来说，手链是戴在右手的，而左手是用来戴手表的。手链有金属的、珠宝的、绳编的等，可选用材质繁多。

（四）脚饰

脚饰主要是指装饰人体脚部的饰品，主要包括脚链、脚镯、脚趾环、鞋靴、袜等，如图4-4所示。

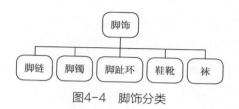

图4-4　脚饰分类

在许多少数民族，如高山族在节庆和礼仪活动时常用贝珠铜铃脚饰，即在蓝布条上饰有用贝珠串成的流苏，流苏的末端挂有小铜铃。铜铃是高山族装饰的重要特色，他们不仅追求色彩的夺目，而且希望声音悦耳。试想人们在跳脚踏舞时，铃声铿锵，歌声阵阵，一定是风情万种、韵味十足。当然，许多时尚的女孩，也时常会在夏季佩戴各类材质和款式的脚镯、脚链、脚铃和趾环，在足间摇曳，以轻松纯净的心灵与跃动娇俏的双足体现着美丽。也有些成人会给小孩子脚上戴上金、银或编织的红绳，用来寄托"平安"或者用来表达"拴住今生，系住来世"的美好意愿。现代鞋靴不再只起到保护脚部的实用功能，更多地体现了较强的装饰作用。

二、按饰品名称划分

饰品还可以按名称进行细分，如坠、针、环、圈、铃、串珠、卡、花、发梳、夹、锁、链、带、戒指、佩、冠、鞋、帽、包等。这些数不尽的种类，每种又可以派生出许许多多款式。

以发簪（图4-5）为例。发簪的种类繁多，从材质上可以是竹、木、石陶、骨、牙、玉贝、金、银、铜、铁、铝等；从形制上有繁有简、有长有短、有宽有窄，有雕刻的、有镶嵌的，有花鸟状的、有龙

图4-5　发簪

风形的等。另外，有的高贵、有的典雅、有的自然、有的民族化，款式繁多，风格各异。

三、按材质划分

服饰品设计较服装设计在材质选择上更加广泛，不仅可采用传统的宝石、贵金属、纺织材料，近年来为配合服装回归自然、返璞归真的潮流，还流行骨、木、线、皮、石、塑胶等非传统材料。这些材料在外观上有不同的视感和触感，有光与无光、细腻与粗糙、厚重与轻柔、人造与自然同时并存，可以设计出意想不到的视觉效果。

第二节
中国传统服饰的艺术风格在现代艺术中的应用

一、经典风格——复古风

经典风格是指正统的、真实的、传统的保守派风格，是不太受流行左右的、表现真实思想的服饰形象。其风格严谨，格调高雅，在高雅中透出一股淡淡的情绪（图4-6）。

沉淀的经典摒弃了糟粕并保留优点，生命的意义在于不断地进步和延续地学习、自省、淘汰、收获、重生，在这个轮回中总有一些经过洗礼后恒久不变的美丽，它们便成为经典，成为时尚风格的标签。经典设计是一个相对的概念，它的形成有着特殊的历史背景，不仅仅是文化的，还包括政治的、经济的等。

图4-6　经典风格——复古风

一件经典作品的背后是一个时代乃至几个时代的映射，具体反映着当时的审美观点与价值取向，并且这种反映不是一成不变的，而是动态的、流动的，是随着时间的推移而演变的。所谓"笔墨当随时代"，设计亦如此，从其内涵的观点、意念到外在的表现手法、形式，乃至材料或者物质载体，都是随着时代的变化而变化的，受着"时代的遴选与承传"，只不过相对于"流行""时尚"等概念而言，经典的背后有着更为深厚的文化意蕴和更加巩固、更加经得起考验的东西。

（一）主体印象

古典风格追求严谨而雅致、文静而含蓄，是以高度和谐为主要特征的一种服饰风格。古典风格的配饰在第一次兴起时可能是极有影响并具有时代特点的，但社会的发展使之成为历史，可由于这种服饰品被大众认可并不断被推上时尚的高潮，在后人眼中它就成了古典主义的服饰品，如礼帽、手杖、小洋伞、珍珠首饰、玉器配饰、宝石系列、长筒袜、丝绒手套、格子围巾等。20世纪30年代，具有英国传统服饰特点的、搭配细长造型的服装等造型，在当时都是颇具前卫风格的形象，但现在看来都成了古典正统风格的表现：颜色是较为古典的色彩——藏蓝、酒红、墨绿等沉静或淡雅的色调；以单色材料及传统条纹或格子皮质为主。服饰品所体现的内秀、柔美、含蓄的古典形象，源于古典服装风格。

（二）主要设计元素

复古是人们对过去经典的一种回味与怀念，经典风格的服饰品往往具有古典气质，或是皇家贵族气势，或是独特英国绅士品位，或是20世纪30年代的中国风情，或是埃及艳后的魅惑……复古是将历史上的经典烙印以时尚的外貌展现在当今的时代里。中国复古风格的主要设计元素有很多，如青花瓷、文物器物原始图形及有代表性的经典纹样等中国传统的复古纹样图案，黑色对应水墨、蓝色对应青花瓷等具有代表性的中国古典色彩搭配，中国古典民俗技艺如"割绒绣""剪纸"等，在服饰中都有应用（图4-7）。

图4-7　复古元素

二、优雅风格——成熟风

优雅风格，简练、规范、精致、高贵的服饰品常常搭在该种服饰风格里，配在优雅纤弱、上品的服饰形象之中，表现出成熟女性脱俗考究、优雅稳重和知性的气质风范。

（一）主体印象

整体服饰多以女性自然天成的完美曲线为造型要点。最具代表性的服装是用有精细花纹的柔软的丝绸面料设计制作而成的礼服，极其奢华和精致，充满古典和现代优雅风格的文化氛围。多采用品质高雅的色彩和材料，设计时以能充分展示成熟女性的柔美、精致、高贵为美。同时也能充分体现佩戴者在都市生活中的经济地位和社会地位。

（二）主要设计元素

优雅风格的服饰品既能引起人们的注意，又不过分夸张，设计时可运用的主要元素及相关特点应符合大众的审美要求。在中国传统服饰品中，设计元素多以象征清新脱俗、高贵典雅等意境的素材来表现优雅风格，如梅、兰、竹、菊、荷花等元素在服饰中的运用。在色彩方面，多选用低纯度的高雅色彩或以高级灰色调为主，如孔雀蓝、翡翠绿等；廓型多以简洁流畅的曲线为主，如S形、X形等。

三、浪漫风格——清纯风

（一）主体印象

浪漫风格的服饰品多为年轻的未婚女子设计，强调柔美、甜美、可爱、纯真的效果，可完美表达这一形象主题。创作浪漫风格的服饰品时，在反映客观现实上侧重从主观内心世界出发，抒发对理想世界的热烈追求，常用热情奔放的语言、瑰丽的想象和夸张的手法来塑造形象（图4-8）。

（二）主要设计元素

在中国传统服饰装饰品中，表现浪漫风格的设计元素多在局部、细部采用波形褶边、花边布等进行装饰；色彩多用蜡笔色调（浅淡色调色）的柔和及精美的色彩搭配方式，如白色、浅藕色等；材质方面可用偏传统色调的莨绸，表现出飘逸与浪漫的氛围。如利用莨绸独特的天然属性，创造出飘逸灵动的东方风情。莨绸虽然是中国古代的传统面料，但经过设计师的研发，它具有了媲美欧根纱的坚挺轮廓感，也能展露轻薄的流动性。设计师梁子对莨绸进行保护、开发、创造，并制成四季时装，使"天意莨绸"成为时沿界独一无二的闪亮风景。

图4-8　浪漫风格——清纯风

四、田园风格——自然风

田园风格倡导"回归自然",美学上推崇"自然美",认为只有崇尚自然、结合自然,才能在当今高科技、快节奏的社会生活中获取生理和心理的平衡。因此,田园风格力求表现悠闲、舒畅、自然的田园生活情趣。

(一)主体印象

在田园风格里,粗糙美和破损美更能接近自然。田园风格的用料多为陶、木、石、藤、竹、贝、鲜花和绿色植物……越自然越好。在织物质地的选择上多采用棉、麻等天然制品,其质感正好与田园风格不加雕琢的追求相契合,可创造出自然、简朴、高雅的氛围,多采用淳朴自然的配饰。

(二)主要设计元素

田园风格服饰,是一种原始的、纯朴自然的美,不需要任何虚饰。其设计风格是崇尚自然,反对虚假华丽、烦琐的装饰美,追寻古代田园一派清新自然的气象。在情趣上注重纯净、自然、朴素却淡薄华丽的重彩,尽显明快清新且有乡土的风味,款式自然随意、色彩朴素。表现出一种轻松恬淡、超凡脱俗的衣韵。其服装款式造型以宽松为主,辅以碎褶装饰。棉、麻等天然面料为其主要材质。层次感的花边装饰、精美的蕾丝或具象、抽象的植物图案等都是田园服饰的典型特征。

大自然的草木花卉为其主要图案素材来源,给人以恬然、宁静、悠然自得的纯朴韵味。田园风格服饰的主要灵感常源自乡间的美景、蔚蓝的天空、明媚的阳光以及柔柔的微风等,这一切都带给人们无尽的遐想空间。花朵当是该风格服饰的经典演绎主题。花朵象征着浪漫,如彩蝶起舞,把女性的甜美展现得淋漓尽致。色彩素雅的印花连衣裙,带有浓郁的自然风情,蝴蝶结加花朵的装饰使连衣裙质朴又不乏活力。各种色调的几何图案与碎花图案拼凑,工艺纯朴又独具特色,即便是简单的款式也充满了大自然的生机与活力,这就是田园风格的奇特:平凡朴素中独显魅力。

五、民俗风格——民族风

民俗泛指一个国家、民族、地区中集居的民众所创造、共享、传承的风俗生活习惯，是民间民众的风俗生活文化的统称，是在普通人的生产生活过程中形成的一系列物质的、精神的文化现象，它具有普遍性和传承性及变异性。

民俗风格服饰品具有增强民族的认同感、强化民族精神、塑造民族品格的功能。可以以艺术的形式表达民俗工艺、民俗装饰、民俗饮食文化、民俗节日文化、民俗戏曲文化、民俗歌舞文化、民俗绘画文化、民俗音乐文化、民俗制作文化等。在现代社会，民俗文化领域中最引人注目的莫过于非物质文化遗产这一概念。

中国民族文化历史悠久，传统文化遗产极其丰富，每个时代、每个区域的民族文化都如同繁花绽放。在服饰设计中，对于民族元素的分析、提炼到改良应用，应充分考虑现代时尚设计的特点。

从服装廓型上看，不同时期的传统服饰具有独特的廓型特征。中国传统的汉服是民族风格的重要体现。从剪裁的角度看，汉服区别于西方立体裁剪的平面化裁剪，表现为大的松量，只有领部和肩部较为合体，四肢的活动量很大，袖子采用飘逸的云袖，服装的整体廓型呈现A型，静若垂柳，动如山岚飘逸，是民族服装的突出特点。其对整个亚洲服饰文化都有着深远的影响。从服装的色彩和图案上看，中国传统的花纹纹饰、色彩的审美情趣，以及少数民族精美繁复的刺绣，都对民族风格的形成产生重要的影响。例如，传统的绫罗绸缎具有中国韵味，华美的制作方法，清晰地勾勒出民族风格丝滑飘逸的特性。民族风格在工艺上的表现也是不可忽视的。且不说各种华美风格的刺绣、鲜明的蜡染和扎染工艺，单是传统的手工缝制工艺就令人叹为观止。

（一）主体印象

这种类型服饰的造型、色彩、材质感特征，大多依据灵感源进行确定，既可以是古朴、含蓄的，又可以是热情、奔放的。当然不是单纯的照搬，而是吸取民俗或民族传统服饰的精髓，再找到与时尚的融合点，吸收时代的精神、理念，用时代的新材料以及流行色等去诠释不同民族的传统的精神文化与现代的思想内涵。

（二）主要设计元素

中国地大物博，拥有丰富的物质及文化资源，具有许多有民族特色的工艺，诸如京剧脸谱、折纸、剪纸、水墨泼画、汉字文化、扎染、蜡染等经典艺术，设计师可从中获得丰富的创作灵感。中国现代时尚服饰品设计将奢华与经典互相糅合、混搭在一起，立足亚洲背景，捕捉纽约时尚圈最热门的创意，将东方的内敛精致和西方的简约大气紧密结合，并以传统奢华与现代感时装风格进行补充，将时代时尚精神诠释得更加完美。腰饰用传统的中国刺绣和中国结组合来装饰腰部，让腰部随人体运动而轻盈摇逸；胸链设计采用有民族色彩的亚克力、丝线与黑色低衬搭配，排列成传统图案，挂在胸前折射出不可抵挡的东方民族的服饰魅力。

六、前卫风格——创意风

（一）主体印象

前卫风格是有异于世俗而追求新奇的，是指抽象派、幻觉派、达达派、超现实主义等前卫艺术。其从爆炸式（朋克式）摩登派等市街艺术中获得灵感，奇特新异的服装形象与古典形成两个相对立的派别。如果说古典的风格是脱俗求雅的，那么前卫风格就是求异追新的，它表现出一种对传统观念的叛逆和创新精神，是对经典美学标准做突破性探索而寻求新方向的设计。

（二）主要设计元素

常用夸张、卡通的手法处理形与配色及选择材料。前卫的服饰风格，或标新立异，或造型怪异，或诙谐幽默，造型特征以怪、异为主线，富于幻想，它可以把宇宙的神秘感形象化，创造出超现实的抽象造型，突出表现诙谐、幽默或悬念、恐怖的效果，是对现代文明的嘲讽和对传统文化的挑战，追求离经叛道与标新立异的美。

第三节
中国传统服饰的表现手法

一、刺绣针法

刺绣是在毛、麻、丝、棉等织物上穿刺运针，以针带线，组成各种图案和色彩的传统手工艺。现代艺术刺绣十分重视针法技巧和用色技巧的巧妙组合，强调它的艺术规律性，涉及人、物、背景、动物、山水和饰物等各种刺绣的独到技巧。在刺绣行业中，苏绣、湘绣、蜀绣、粤绣是中国的四大名绣，此外还有京绣、顾绣、苗绣、汴绣、榕绣、汉绣、发绣、机绣、绒绣、剪绒绣、抽纱绣等。

针法就是针在织物上下运动所形成的轨迹，各种轨迹最终可以组合成赏心悦目的刺绣图案。传统的针法有平绣、钉线绣、刻形绣、铺绒绣、纳绣、挽浮绣、打籽绣、包梗绣和乱针绣等。现代艺术刺绣除了广泛应用以上针法外，还对浮绣类、凸绣类、拖丝绣类进行了大量探索，为刺绣对象的体形和质感增添了更新的内容。现代艺术刺绣工艺主张色彩的辨色、配色、拼色、转承、过渡、分割和合成，形成不同的色差和立体效果。同时，现代艺术刺绣针法除了继承和发扬传统刺绣的优良传统外，还具有更多优势。首先，针法更丰富，新的针法能制造出更多不同的层面，突破传统刺绣的平面格局，强调刺绣的立体效果；其次，充分利用现代新材料、新工艺、新技术的成果，强化并发展了刺绣工艺品的视觉效果；最后，现代刺绣作为一种艺术流派，能创造出一幅千针万绣的色线油画和软浮雕，装饰效果好，具有强烈的视觉冲击力。

一件绣品通常要经过设计绣稿、描稿、面料上绷、运针刺绣和绣片后整理5道工序。

（1）设计绣稿。传统刺绣的绣稿设计是用纸剪出花样粘贴在面料上作为刺绣时的底样。专业绣品的设计绣稿则由画工绘制而成。

（2）描稿。将刺绣花样描画到面料上，有多种方法，如剪纸贴稿法、铅笔描稿法、铅粉描稿法以及摹印法、版印法、漏印法、画稿法等。

（3）面料上绷。将面料平整地绷在绣花绷上称为上绷。上绷时，要注意将面料拉紧，面料丝缕不能歪斜。

（4）运针刺绣。在刺绣时，要注意正确的拈针和劈分花线，同时要熟练运用各种针法。

①拈针方法。右手的食指与拇指相曲如环形，其余三指松开呈兰花状。刺绣落针时，全靠食指与拇指用力；抽针时食指、拇指用力，掌心向外转动，小指挑线辅助牵引，手臂向外拉开。拈针动作要轻松自如，拉线要松紧适度。

②劈分花线。这是绣工的一项特技。劈分时需先在大花线上打活结，左手捏紧线头的一端，右手抓住线的另一端将线回松，然后用右手小指插入线中将其分成两半，并用右手拇指、食指各将一半线向外撑开，即可将线劈分为4根、8根、16根。劈分后的花线要求粗细均匀。

（5）绣片后整理。绣片完工之后，需经上浆、烫贴、压绷三道工序，才能从花绷上取下来。

①上浆。将花绷面平放在桌上（绣片反面朝上），用饭团在绣线处揉擦，使绣线紧贴面料背面。

②烫贴。即用熨斗将上过浆的绣线烫平。

③压绷。压绷分两步操作，先将上浆、烫贴后的绣绷放置两三天，待绣片定型不再皱曲时再从绣绷上取下。

二、剪纸技法

剪纸，又叫刻纸，是以纸为主要加工材料，以剪刀或刻刀为工具进行创作的一种民间造型艺术。它以讲究的刀法、玲珑剔透的纸感语言和强调影廓的造型，形成一种独特的艺术形式。剪纸是中国传统的民间艺术，历史悠久，流行广泛，特别受百姓的喜爱。根据考古发现，其历史可追溯到6世纪，但人们认为它的实际开始时间比这还要早几百年。剪纸不仅表现出群众的审美爱好，并蕴含着民族的社会心理，也是中国最具特色的民间工艺之一，其造型特点尤其值得研究。现在，剪纸更多用于装饰。

可以说，剪纸艺术自诞生以来就没有中断过，其流传面之广、数量之大、样式之多、基础之坚实，比任何一种艺术都更加突出。如今，剪纸的运用更为广泛，装饰性更强，不仅用于点缀墙壁、门窗、房柱、镜子、灯等，也可作礼品点缀之用，甚至服装设计师们也从剪纸艺术表现技法、图案造型形象和视觉效果中得到灵感，将之恰到好处地与服装设计相融合。

（一）种类及特点

中国传统剪纸有风格的淳朴美、手法的简洁美、构图的装饰美、造型的意象美、色彩的明快美等特色。中国幅员辽阔，从红土高原到长白山，从渤海之滨到河西走廊，不同的地理环境、风俗习惯、审美情趣形成了不同的地方特色。总体来说，中国传统剪纸分为单纯、粗犷、浑厚豪放的北方风格和秀丽、明快、玲珑剔透的南方风格。西北剪纸倾向粗犷朴拙；江南剪纸多为精巧秀丽。而各个地区又有其鲜明的特征，如云南丰厚灿烂的多民族文化土壤，把剪纸这门古老艺术滋养得尤其丰富又形式多样。

从技法上讲，剪纸实际是在纸上镂空剪刻，使其呈现出所要表现的形象。劳动群众凭借自己的聪明才智，在长期的艺术实践和生活实践中将这一艺术形式锤炼得日趋完善，形成了以剪刻、镂空为主的多种技法，如撕纸、烧烫、拼色、衬色、染色、勾描等，使剪纸的表现力有了无限的深度和广度。

从剪纸的表现形式上讲，重点归纳为单色和彩色两大类，还可细分为阳刻剪纸、阴刻剪纸、阴阳结合、衬色剪纸、套色剪纸、点色剪纸等。

（1）阳刻剪纸。阳刻剪纸通常是采用红纸、黑纸或其他颜色的材料剪刻出来的单色剪纸作品。阳刻剪纸的特征是保留原稿的轮廓线，剪去轮廓线以外的空白部分。它的每一条线都是互相连接的，牵一发将动全身。如今，服饰品设计师大胆地采用新型的金属、木质或特殊材质，并结合阳刻剪纸艺术形式来表现夸张的造型，进行质感的衬托与对比，充分显现出工艺的精美，体现出设计师独特的服饰品艺术创意。

（2）阴刻剪纸。阴刻剪纸的特点与阳刻剪纸恰恰相反，是刻去原稿的轮廓线，保留轮廓线以外的部分。所以阴刻剪纸的特征是它的线条不一定互连，作品的整体是块状的。设计师正是采用这样的设计原理，凸显出精细的工艺和整体的块面，表现出神秘与性感、大胆与热情的服饰美。

（3）阴阳结合。阴阳结合是根据画稿里虚实关系的需要采取阴刻和阳刻交叉的方法，使画面效果更为丰富、主次更加分明。设计师采用阴刻和阳刻相结合的多种表现手法来表现一件作品，如手链设计时缀上的装饰坠，坠子的设计有的用阴刻，有的用阳刻。

（4）衬色剪纸。衬色剪纸是彩色剪纸的表现形式之一，是以白色的底稿线条作为线条轮廓（选取的图案最好是阴刻剪纸），衬以各种深红或深蓝颜色，让它们呈现鲜明的黑白对比或红白对比效果。这种形式运用在服装设计面料的创新改造上将呈现丰富的透叠效果和立体的层次感，应用在解构主义的服装中更是一种创新。这类独具一格的设计在大牌设计师作品或品牌推广秀T台设计上屡见不鲜，深受广大顾客的喜爱。

（5）套色剪纸。套色剪纸分为整体套色与局部套色两类。整体套色以阳刻为主，多用深色纸张，刻好后将其正面分别扣合在所需各种色纸的背面，用铅笔把需要套色的形状勾画下来，然后分别剪好，再把剪出的各种色纸按要求部位，正面向下，准确地套粘在主稿背面。套色剪纸色彩的选择须注意搭配关系和主调。局部套色只需在某个局部进行，颜色要求少而精，在画面上起到画龙点睛的作用。

（6）点色剪纸。点色剪纸是将剪刻以后的作品用色彩进行加工后处理。多用轻薄渗透性强的宣纸洇染，为了适宜点染，以阴刻为主。这种染色剪纸在河北、山西、浙江等省均有流传，特点是用色明艳，具有韵味，有强烈的汉族文化特色。

（二）剪纸在服饰品设计中的创新价值

剪纸服饰品目前还是一个新的艺术形式，它可以在裁剪好的布料、皮革上根据穿着人的特点爱好裁剪出有镂空的剪纸效果的花饰图案，再把这些带有花饰图案的布料、皮革缝制成鞋帽、包袋等配件，使花饰图案定位在需要的位置上，成为具有剪纸艺术效果的服饰品。在剪纸服饰品上，具有剪纸效果的镂空的艺术美感，不仅把服饰品装点得更美观、更漂亮，并且通过必要的遮挡隐现，时隐时现地把人体衬托得更美。另外，根据图案的寓意赋予了整体服装新的内容及内涵，是服饰品制作上的一大突破，极具推广应用的价值。

另外，剪纸服饰品的装饰与创作过程是设计师以其特有的语言传达出设计的功能、目的和深层的文化含义的过程；它带有原创性，强化设计和制作的结合，推动着后现代服饰工艺设计的发展，最终达到装饰形式与工艺制作的完美结合。剪纸富有变化的表现形式可以在材料设计、色彩设计、造型设计上带来崭新的感受，如剪纸中的"拉花"工艺手法，将其运用在服装上既富有丰富的装饰作用又利于设计师的艺术思维的传达。剪纸工艺形式不仅可以局部应用在服装上，也可以大面积应用，局部细节设计可以使服装更富有内涵并提升品质，整体设计则可以迅速抓住人们的眼球。

在强调保留区域性文化特色，注重发展地域、民间、传统文化，以便形成良性循环的多元化格局的今天，服饰品设计正向更具文化性、审美性、实用加观赏性的方向发展。而继承发展传统剪纸工艺，在很大程度上要在新的艺术环境和新的市场竞争中重新选定、确认其位置与生存的土壤，以获得相应的养分，并完成蜕变过程，成为符合现代社会审美的工艺形式。如今，虽然剪纸早已走入现代设计的广阔天地，但在其与服饰品设计相结合的共同发展上还有待深入研究，开辟一条打破传统审美理念的共同发展之路，共同带领中国传统民间艺术迈向国际舞台。

第五章
中国传统服饰的原生态保护和现代创意设计

对于民族服装服饰，尤其是多民族地区的服装服饰，应该从生态保护和时尚创意两个方面来定位思考。生态保护是为了保持民族的文化价值和民族地位，因而这种保护越保持原生态越有意义；时尚创意则是从特定民族服饰中撷取元素资源，以流行文化、时尚创意为主导创造出符合时代审美旨趣的新型民族服饰。前者是民族服饰的内涵，后者是民族服饰的外延。

第一节
中国传统服饰的原生态保护

一、民族服装的价值

每个民族的服装都是其民族文化、民族特征的最直接表达，也是其民族价值、民族地位、民族形象的直接表达，服装可以说是穿在人身上的活的"民族博物馆"。由于文化的统一性和中国现代史的革命性、实用性，汉族民众的穿着基本消失了民族特性。尊重、研究、保护民族服饰是一种尊重和保护民族文化的具体方式，是促进民族文化传承的可行方式。

在经济发展和社会发展进程中，人们的服装服饰往往受到商业潮流的推动与影响，少数民族地区也不能避免。随着信息化、国际化进程加快，许多民族地区的年轻人的服装已经全盘潮流化。在这种国际化潮流中，更应该保护、研究民族服装的原生态，以保持民族自身的文化价值和民族地位。

二、如何保护民族服装的原生态

每一个民族的服装服饰都受到地域、气候、生活方式、生产方式、宗教信仰、礼教、伦理等多种因素的影响。在民族共生的地区，如云南怒江，各民族之间的服饰有许多共同特征，这是民族间文化传播交流和共同的生活条件的影响所致，但各民族之间也存在着明显的差异性，正是这些差异性特征，构成各民族既定的风格特色。

在认识和研究民族服饰的过程中，设计师梁明玉体会到，差异性因素越大，原生态特征越强，传统意味就越浓厚。人类对传统的承续，大多是靠对传统习俗的延续和遵守；对传统服装的继承，则是靠遵守前人的规范和约定俗成，代代相传，生生不息。如果没有外来因素的干扰，在相对封闭的条件下，传统服装样式、制作工艺、体制规范会原封原样地传承下来。

梁明玉团队曾经在黔东南州黄平县革族村寨考察了一个月，革族与苗族生活在相同的地区与环境中，语言相通，但服装却保持了一些独特的样式，革族人很注重服装与其他民族的差异性。革族小女孩从能捏住绣花针开始就在大人的指导下绣自己的嫁妆，一件嫁衣要绣许多年才能完成，所有的图案和工艺都是祖祖辈辈传下来的，这就是传统的力量。

每一个民族的服装服饰都蕴含着丰富的历史人文积淀。而正是民族之间的差异性，丰富了一个区域、一个国家的文化传统和景观。因此，保护各民族原生态服饰就如保护自然生态环境一样重要。保持民族服装的原生态，就是保持其独立性、差异性，否则就会使民族原生态消融在外来文化和时尚潮流之中。我们今天强调保护民族服装原生态，就是尊重、保持民族的文化传统价值和尊严。这种保护，我们认为越纯粹越好，尽量不用时代和外来文化等因素去干扰民族既定的原生态。

保护民族服饰文化原生态，应该通过保持家庭、部族的习俗传承，提倡保持本民族的礼仪传统、生活方式、语言环境和文化环境，使本民族的年轻人认识到自己民族服装的独特文化价值和审美趣味。同时，政府应注重加强对民族服装这一活的"博物馆"的保护措施，用政策和资金支持民族传统的面辅料和服装的生产方式、制作方式以及交易市场。此外，在文化教育以及生活习俗上，各民族应保留自身传统信仰，使之成为生活的重要内容而非旅游业招徕顾客的商品符号。

第二节
中国传统服饰的资源利用

一、抓住民族服装的要素

全球性文化共生现象，实际上就是以消费为核心的文化资源选择。我们的服装教育和服装观念，都立足于全球性的消费文化。民族服装要有长久的、与时俱进的生命力，也必须适应当下的文化环境。

所以，民族服装大赛的创意设计和评判标准都应以现代服装观念来对民族服装资源进行选择创造。我们在选择民族服装资源时，要抓住民族服装的要素和独特性、差异性，抓住最能表现这个民族生命本质和形象特征的东西。如设计师梁明玉根据巴渝地区少数民族服装特点，为《巴歌渝舞》设计服装，使土家族的傩戏以及传统民族服装经过再造设计呈现出新的生命力。

二、民族服饰的多元化创意设计

各民族的服装特点，实际上要靠设计师自己的眼光去观察、去捕捉、去选择。每位设计师的造型素养、审美眼光不同，其选择也就不同。所以，民族服饰创意创新是多元化的创造，跟原生态相去甚远。资源选择必须由设计师主体处理，这些资源可能是服装结构，可能是装饰风格，可能是色彩关系，也可能是局部工艺，但要符合其主题创意。在创意主体的指挥下，这些资源可以拼贴、复制、转移、重组、变异，并会产生丰富的效果。

这种创意效果，往往不能以像不像原生态来判定，而是在原生态资源选择上的全新创造。由于出自原生态，看上去会有原生态意味，但又蕴含多样化的现代语言，这种意味寓意丰富，有强大的生命力。这种创新就是以当代人的感受去表现历史和传统，再用历史和传统来扎稳我们当下的根基。

第三节
中国传统服饰的创意智慧和设计语境

一、民族服装的表现语言

在原生态民族服饰中，服装的表现语言有自身的规律，有自己的色彩心理、装饰观念、仿生意识、财富观念和表现心理等，由此形成独特的语境。比如，怒族的盛装是全身满绣，夸张极致，设计师就要做减法，把元素提炼归纳，根据现代服装构成意识，用素底去衬托局部的绣花。民族服饰尤其是云南民族服饰的整体特征是装饰性强，通常特别繁复，尤需按现代设计的视觉法则对其进行结构、图案、色彩元素的梳理和重组排序。

关于民族服装的表现语言，归纳起来，有如下四个方面。

观念性语言：原生态民族服装语言都是有观念性的，或者是自然崇拜、生命繁衍，或者是财富表现、伦理秩序……这些观念决定了民族服装的特殊语言，当前设计对于这种观念性，是立足于现代人的观念去选择、提取和反思的，将这种观念并入现代人观念就决定了服装设计的创意灵魂。

结构性语言：在千百年的历史中，民族服装的结构性语言固化了其基本结构。在设计创意中，设计师按照国际流行趋势和现代人穿衣的结构特征与民族服装的固化结构冲撞、融合，要有意识地打破固化结构，把结构当成语言来抒情、表现，而不要被结构固化了创意思想。

装饰性语言：这是民族服装最大的特征和生命力所在。把这些装饰意趣充分调集起来运用到设计创意中，是一种容易产生视觉效果的方法。

差异性语言：即各民族之间的差异性，在设计中强调这种差异性，在差异性中找出某个民族最具独特性的因素，能使设计作品更具个性。例如，最突出怒江州傈僳族形象的是其巨大的头巾造型，经过专业设计师的再创造，将头巾要素放大体量，产生强烈的视觉效应，创造性地突出表现了傈僳族的形象。

二、民族服装的表现语境

民族服装的表现语境是指创意设计要达到的境界，有独特的美学境界、时空境界，或者虚幻的境界。总之，设计师的设计创意首先要营造一种独特的语境，才能给人以民族的美感和时尚的快意。

服装的语境是通过语言的形式达到特定民族的文化气氛和某种叙事场景的。由于地域、气候和民族文化的差异，民族服装会给设计师提供众多的文化景观审美叙事，设计师则需要根据自己的感受去捕捉和表现艺术语言所要表达的境界。比如，用五彩缤纷的轻薄面料和太阳伞去表现亚热带的风情；而大凉山的村民，披着羊毛毡披肩或裹着查尔瓦，打着黄色的大伞，设计师可以从这些服饰符号上着手，去表达那种雄浑而苍凉的生命环境和视觉气氛。

设计师叙事的语境和造型叙事的语境是充分自由的，往往要超越具体民族服装的规定性，抓住特征和符号，海阔天空、自由想象，有时候捕捉住其独特的服装款式而发挥，有时依据其独特的色彩而发挥。在基本款式上，用结构和色彩追求变化，比如生活中的土家族服装一般是蓝色和灰色居多，也点缀少量鲜艳的颜色，而设计师在表现的时候可以放大那些装饰性的颜色，将其变为服装的主体颜色。这样的创意既保持了民族服装的基本现状，又张扬了它的生命活力。

三、民族服装的表现语法

表现语法是指不同的手段和特别的话语，分别有取舍、缩放、排序、虚实、繁简、强弱等。取舍是指对原生态服装按需选择；缩放是把有效的资源在视觉上进行比例调整；排序是把选择的资源按现代视觉心理进行重组；虚实是一种广泛运用在面料、图案、裁剪比例上的有效方法；繁简、强弱的语法更涉及自己的艺术感觉和判断，其程度是靠设计师自己的艺术修养和造型能力、审美趣味去把握的。民族服装的视觉资源是非常丰富的，民族服装的审美心性也是非常自由的，其丰富的资源甚至大于设计师的创意主体。设计师如果没有对民族服装的深厚情感和充分认识，则其表现可能还不如民族服装的原生态。所以，设计师应该在民族服装的巨大宝库中寻求资源，拓宽自己的创意视野，用自己的专业修养和现代意识去选择民族服饰、表现民族服饰。在这个过程中，也会不断地生发出与众不同的表现语法。

第四节
中国传统服饰的现代创意设计

在保护民族服饰传承的同时，不可避免会受到当代文化潮流的影响，这是不以人的意志转移的。如何做到既保护原生态，又与时俱进地发展民族文化使其进入现代社会空间呢？设计师认为，需要把保护原生态和服装的现代化创新分开对待，才能处理好保护和发展的关系。

一、保护民族服装原生态是前提和基础

保护原生态应尽量避免当代文化潮流因素干扰原生态，使其在相对自治自为的环境中保持相对独立的生活方式、文化价值和艺术形态，形成其自身的文化主体。

二、民族服装的现代化创意设计

民族服装的创意设计，譬如服装设计大赛，则应被看作参与流行时尚、消费文化的一种积极方式。这种创意设计可以提高人们对民族文化的认知，增加整个民族地区文化生态的活力，使民族地区的服饰文化更富于现代性，同时可以促进旅游经济的发展。我们今天所有的发展意愿和创意设计都是以当代的文化标准和发展指标衡量、定位的，这与保护原生态并不矛盾。保护原生态是确立独特的人文价值，而创意设计文化发展是民族文化共时性的发展生态。

民族服装的创意设计是以时尚潮流、流行文化为根据的，它本身就是当代流行文化的一部分。明确了这个原则性前提，我们的创意设计定位就明确了，不是确立原生态，而是以原生态服装为灵感，创造出具有鲜明民族特征的现代服装时尚。明确了这个定位，就可以自由地创造，撷取原生态服装的要素，以当下的时代眼光去审视、去选择，从而创造出与时代潮流共生的民族服装形态。

第六章

乡村振兴战略背景下中国
传统民族服饰的创新设计

乡村振兴的20字方针——产业兴旺、生态宜居、乡风文明、治理有效、生活富裕，为传统服饰解决当下发展中所存在的问题提供了政策指引。中国传统服饰文化产业应与文化创意产业融合发展，使民族服饰文化走进现代人生活，通过满足人们生活与审美需求的文创产品，进行设计扶贫，让消费者的消费行为变得高尚，让居住在城市里的人的乡愁得以安放。在发展相关产业的同时更应注重对服饰文化本身的保护、对文化价值的深入研究、对服饰文化各要素的创新与发展，将具有教化意义的传统服饰文化厚植于乡土，成风化人，达到乡风文明之目的。而在中国传统服饰文化传承与发展机制的建设上，应采取因地制宜的方式，结合地方性特色有效治理。只有提高人民物质生活水平，满足人民精神文化需求，才是真正意义上实现人们生活富裕。所以，传统服饰文化传承与创新应与服饰相关产业齐头并进、同时发展。

第一节
中国传统民族服饰元素的借鉴

历史在发展，"越是民族的就越是世界的"这个论断也在不断发展。我们对民族风格时尚设计的认识不应只是对襟、立领、盘扣、刺绣、印染、编织、绸缎等元素的堆砌，民族元素的再现只是外化的具象的"形"，而真正需要抓住的是民族文化抽象的"神"，这是一个打破和再创造的过程：打破民族服饰中不适应现代生活的样式和服装结构，突破我们对民族服饰的具象认识，抽离出民族元素的本质精神，然后对民族元素符号进行再创造，这是民族服饰元素借鉴的一种方式，最终目的是设计出既有时尚感又有文化底蕴的现代民族服装。

一、造型结构的借鉴

造型结构是服装存在的条件之一。服饰的造型又分为整体造型和局部造型。整体造型即服装的外形结构，也是服装外轮廓线形成的形状（简称廓型），它是最先进入人视觉的因素之一，常被作为描述一个时代服装潮流的主要因素，因为服装的廓型是服装款式变化的关键，对服装的外观美起到至关重要的作用。局部造型即指服装的领、袖、襟线、口袋、腰带、裤腿、裙摆、褶裥等部位的细节变化。我国民族服饰无论是整体造型还是局部造型都十分丰富，均有规律可循，其中绝大多数民族服饰的造型属于平面结构，平面结构服装的裁剪线简单，大多呈直线状，表现效果是平直方正的外形，主要依靠改变服装款式的长短、宽窄、组合方式、穿着层次进行造型。从形式感的角度来分析，值得借鉴的有对称与均衡、变化与统一、比例与尺度、夸张与变形、重复与节奏等。

（一）对称与均衡

对称与均衡源于大自然的和谐属性，也与人心理、生理及视觉感受相一致，通常被称为美的造型原理和手段而用于具体的服装设计中。

对称的形式历来被当作一种大自然的造化类型而遍布于大大小小的物象形态之中，这些物象形态包括树的枝叶排置、花瓣的分布、自然界各种动物的形态构造，以及人的四肢、五官、骨骼的结构设置等，都显露出完美的对称态势。大自然中的这些对称形式适应各自环境下的生存需要，体现出整个宇宙间普遍存在的一种规律。严格来讲，对称是一定的"量"与"形"的等同和相当，任何物体形象中的"物理量"和"视觉量"的分配额，以及其"内在结构"和"外在形态"的分布所涉及的重量、数量、面积的多少，即决定了其对称的程度。因此对称又有绝对对称和相对对称之分。

绝对对称在服装上具有明显的结构特征，是以一条中轴线（或门襟线）为依据，使服装的左右两侧呈现"形量等同"的视觉观感，具有端庄、稳定的外形，视觉上有协调、整齐、庄重、完美的感觉，也符合人们通常的视觉习惯。相对对称也称为均衡，但它不是表象的对称，而更多体现在视觉的感受方面，是一种富于变化的平衡与和谐，表现在服装上同样是以中轴线（或门襟线）为准，通过服装左右两侧的不同布局达到视觉的平衡，追求的是自由、活泼、变化的效果。

在各民族服饰中，对称与均衡的造型结构形式随处可见，前者端庄静穆，有统一感和格律感；后者生动灵活，有动感。在设计中要注意将对称与均衡有机地结合起来并灵活运用。

（二）变化与统一

变化与统一又称多样统一。世间万物本来就是丰富多彩和富有变化的统一体。在服装中，变化是寻找各部分之间的差异、区别，营造出生动活泼感和动感；统一是寻求各部分之间的内在联系、共同点或共有特征，给人以整齐感和秩序感。在服装设计中，局部造型和形式要素的多样化，可以极大地丰富服装的视觉效果，但这些变化又必须达到高度统一，统一于一个主题、一种风格，这样才能形成既丰富又有规律，从整体到局部都多样统一的效果。如果没有变化，则单调乏味和缺少生命力；如果没有统一，则会显得杂乱无章，缺乏和谐与秩序。

民族服饰中服装、围腰、头饰、包袋、鞋、绑腿的运用通常都有着统一的款式和风格、统一的色彩关系、统一的面料组合，但各部分又呈现出丰富的变化和差异，这种在统一中求变化、在变化中求统一的方式是服装中不可缺少的形式美法则，使服装的各个组成部分形成既有区别又有内在联系的变化的统一体。

现代服装设计可以借鉴这种方式，在统一中加入部分变化，或者把多个有变化的部分有机地组合在一起，寻找秩序，达到统一。

（三）比例与尺度

服装的造型结构通常包含一种内在的抽象关系——比例与尺度。比例是服装整体与局部及局部与局部之间的关系，人们在长期的生产实践和生活活动中一直运用着比例关系，并以人体自身的尺度为准，根据理想的审美效果总结出各种尺度标准。从美学意义上讲，尺度就是标准和规范，其中包含体现事物本质特征和美的规律。也就是说，服装的比例要有一个适当的标准，即符合美的规律和尺度。早在两千多年前的古希腊，数学家毕达哥拉斯（Pythagoras）发现了迄今为止全世界公认的最能引起美感的黄金比例，并作为美的规范，曾先后用于许多著名的建筑和雕塑中，也为后来的服装设计提供了有益的参照。

和谐的比例能使人产生愉悦的感觉，是所有事物形成美感的基础。这在很多民族服饰上都有体现，一般是根据和谐的比例尺度，将服装诸如上衣、下裳（裤）、袍衫等的长短、宽窄、大小、粗细、厚薄等因素组成美观适宜的比例关系。如傣族、彝族、朝鲜族妇女的衣裙的比例关系就很明显：上衣一般都比较窄小，裙子则较长，这种比例尺度使她们的身材显得修长和柔美。我们可以借鉴这种方式，将其适当地运用在现代服装设计中，可以获得丰富的款式变化和良好的视觉效果。

（四）夸张与变形

夸张多用于文学和漫画的创作中，主要有扩大想象力，增强事物本身特征的作用。它是一种化平淡为神奇的设计手法，可以强化服装的视觉效果，强占人的视域。夸张是把事物的状态和特征放大或缩小，从而造成视觉上的强化和弱化。在民族服饰中，造型上的夸张很常见，通常还结合可变形的手法。如贵州西江、丹江地区的苗族支系头饰造型十分夸张，戴的银角高约80厘米，远远望去仿佛顶着银色的大牛角，有着摄人心魄的魅力。又如纳西族妇女身上的"七星披肩"、藏族喇嘛帽、广西瑶族夸张的大盘头、贵州施洞地区苗族女子的银花衣、云南新平地区花腰傣的超短上衣和造型夸张奇特的裙子等，这些少数民族非常善于采用夸张与变形的手段来塑造服饰形象，突出其民族特点，也由此形成了丰富多样的造型。

（五）重复与节奏

重复在服装上表现为同一视觉要素（相似或相近的形）的连续反复排列，它的特征是形象有连续性和统一性。节奏原意是指音乐中交替出现的有规律的强弱、长短现象，是通过有序、有节、有度的变化形成的一种有条理的美。在服装造型中，重复为节奏创造了条件。

民族服装中的重复与节奏的表现也很多，这是民族服饰变化生动的具体表现方法之一，如连续的纹样装饰在服装上的重复排列，可形成强烈的节奏感。装饰物的造型在服装上左右、高低的重复表现也是节奏感产生的重要手段。借鉴这种手段，可以让单一的形式产生有规律、有序的变化，给视觉带来美感享受。

二、色彩图案的借鉴

民族服饰中的色彩图案作为一种设计元素，绚烂而多彩，可以说是一个有着极其丰富资源的宝库，也是被设计师们借鉴得最多的因素。总体来说，民族服饰中的色彩大多古朴鲜艳、浓烈，用色大胆、搭配巧妙；图案更是形式多样，异彩纷呈。对民族服饰中色彩图案的借鉴，主要有两种方法。

（一）直接运用法

这是在理解民族服饰色彩图案的基础上的一种借鉴方法，即直接运用原始素材，将色彩图案的完整构成形式或局部形式直接用于现代服装设计中。这种借鉴方法方便实用，但要注意把握三个方面。首先，在运用之前要仔细解读该图案在原民族服饰中的文化内涵及色彩的象征意义，尽量做到与现代时尚感和谐统一。其次，直接运用的图案要考虑其在服装上的位置，因为有的民族图案适合做边饰，有的适合安放在中心位置，有的则适合做点缀，总之一定要找准该图案在现代服装上最适合的位置。最后，直接运用某一民族图案的时候，要根据服装的整体色彩再调整该图案的色彩，因为有的图案适合目前设计的款式，但原色彩过于浓艳与强烈，或过于沉稳与暗淡，不适合该款式或潮流，这时候就需要保留图案形状而改变其色彩关系。

这三方面对于初学者来说都是必不可少的，它有利于深化对图案的认识和理解。

（二）间接运用法

间接运用是在吸取民族服饰文化内涵的基础上，抓取其"神"，是一种对民族文化神韵的引申运用，也就是在原始的色彩图案符号中去寻找适合现代时尚美的新的形式和艺术语言。如以借鉴图案符号为主，对民族图案所形成的独特语言加以运用，可以进行局部简化或夸张处理，也可以打散、分解再重构，产生与原始素材有区别又有联系的作品。又如以色彩借鉴为主，即借鉴民族图案所具有的强烈的个性色彩用于现代设计中，设计中的其他方面，如构成、纹样、表现形式则以创作为主，产生既有现代感又有民族味道的设计作品。

三、工艺技法的借鉴

民族服饰的工艺技法也可以作为一种设计元素运用在现代服装设计中。

中国传统服饰文化的历史传承与时代创新

民族服饰工艺技法的借鉴可分为以下两方面：一是面料制作工艺技法的借鉴；二是服饰装饰工艺技法的借鉴。

（一）面料制作工艺技法的借鉴

民族服饰的面料基本都是当地人们全手工制作完成的，是为适应该地的生产和生活方式而产生的，典型的有哈尼族、基诺族、苗族等许多少数民族的土布；羌族、土家族、畲族的麻布；侗族、苗族的亮布；白族、布依族的扎染面料；藏族的毛织面料；鄂伦春族、赫哲族的皮质面料等。这些都是与民族周围环境相协调、与生产劳动相适应的面料，具有民族的独特乡土气息和朴素和谐的外观，也有其独特的制作工艺。

通常一匹传统民族手工布料的完成要经过播种、耕耘、拣棉、夹籽、轧花、弹花、纺纱、织布、染布、整理等过程，在我们今天看来，这种传统工艺制作工序复杂、生产效率低，但由于原料和染色工艺都具有无可比拟的优点而受到人们的重视。因为民间几乎所有的染色原料都来自不同种类的植物和动物材料，几千年来，当地民族遵循着基本相同的方法，用各种植物和树木的根、茎、树皮、叶子、浆果和花等来上色，所以它们的原料是可以再生的，不仅对人体无害，有时候还有利于人体健康。另外，染色工艺的化学反应温和单纯，与大自然相协调，和环境具有较好的相容性。因此，在当前呼吁环保、重视生态平衡的时代，民族服饰面料工艺技法是非常值得借鉴的。

对于传统面料工艺技法的借鉴有两种方法，一种是完全按照传统工艺技法进行制作，另一种是在传统工艺技法的基础上进行改进。民族传统面料具有保暖、干爽、透气、抗菌、无污染等健康环保的优点，也有着一些与现代生活不协调的缺点，因为民族服饰的面料工艺制作是一项家庭作坊式的手工劳动，而且天然染料会因为季节、产地、染色等诸多因素的限制和影响而染出有差异的色彩，使面料呈现出不均匀的外观，会降低生产效率和生产质量。所以，为适应现代服装设计的需求，必须在此基础上考虑改良，使新面料保持原有的天然外观和物理优势，同时提高面料质量和生产效率。

目前服装设计界对传统面料工艺的借鉴的成功案例首推香云纱。香云纱是我国广东佛山地区的一种传统纱绸面料，也叫"莨纱"，相传明朝时期就在顺德、南海一带开始生产。其制作工艺非常独特，需要在特殊的时间段于太阳光的照射下，将含有单宁质的薯莨液汁和当地河涌淤泥涂封在桑蚕丝上面，才能让面料呈现出一面蓝黑色，另一面棕红色的效果。香云纱在20世纪四五十年代曾是广东、港澳一带的时髦时装衣料，但目前只有很少几个厂家保存着这一传统工艺。我国著名时装设计师梁子在这种传统工艺的基础上进行了改良，结合现代生活的时尚需求，经过现代化的手段加工处理，设计开发出新的"莨绸"，结束了丝绸五百多年来一直只有黑色、棕红色两种颜色的历史，她将新的丝绸运用于现代时装设计，获得了巨大成功，为服装界开辟了一个新的里程。

（二）服饰装饰工艺技法的借鉴

民族服饰的装饰工艺多种多样，有缝、绗、绣、抽、钩、剪、贴、缠、拼、扎、包、串、钉、裹、黏合、编等几十种技法。这些装饰工艺都是全手工完成的，在各民族服饰上运用得非常广泛，有的是在实用的基础上进行装饰，有的则纯粹是为了装饰，体现出一种独特的民族审美情趣。

不管这些装饰工艺技法如何丰富，不同的民族在掌握同一技法上有粗犷与精细、繁复与简洁之分，在掌握不同技法上则各有所长。有的民族是多种技法的综合运用。不同的装饰工艺技法可以表现出不同的装饰效果，就是同样的装饰工艺技法也可以表现出不同的装饰效果。例如，同样是"平绣"装饰工艺，黔东南施洞苗族人运用极细的破成几缕的丝线来表现，四川汶川的羌族人则运用较粗的腈纶线来表现，所以前者风格细腻精致，后者风格粗犷大气。再如，同样是"缠"的装饰技法，在具体运用时，缠的方向、方式方法不同会形成不同的装饰效果。同样的还有"缝""绗"，针距的长短及线迹的方向、多少也会呈现不同的装饰效果……我们学习借鉴这些工艺技法，就要在熟练掌握各种装饰工艺的技法特点和表现手段的基础上，突破具体的工艺表象，抽离出其本质精神，再运用现代、时尚的服饰语言表达出来。例如，借鉴许多少数民族喜爱的"缠"的工艺技法的时候，因为各民族缠的方式方法各有不同，所以我们不能机械地照搬某一民族的技法，而是要找出"缠"的规律，提取"缠"这种民族装饰工艺所表现出来的精神本质，这种本质即民族的意境内涵，是真正打动人的东西，也是借鉴的最高境界。

民族服饰装饰工艺技法的成功借鉴，如梁子为了使羌绣技法更加"原汁原味"，请来几位四川羌族妇女亲自在她的设计作品上进行手工绣制，将羌绣工艺技法在现代时尚圈内演绎得美轮美奂、淋漓尽致，备受时尚界好评。

综上所述，民族服饰为现代服装设计提供了诸多设计元素，只要每个有心的设计者创造性地运用传统民族服饰里的设计要素，使服装设计不流于表面而深入民族文化与民族风格的精髓，就能衍生出独特的现代服装设计作品。

第二节
中国传统民族服饰的设计过程与创新手法

一、中国传统民族服饰的设计过程

对于民族风格服装设计来说，资料的准备和收集当然不限于民族服饰范畴，青花瓷、古代陶器、青铜器、传统建筑、书法、水墨画、瓦当、剪纸、皮影等都可作为灵感来源，资料的收集和分析方法都是一样的，此处以民族服饰为主进行分析讲解。

（一）资料收集

1. 民族服饰考察

设计资料的收集与分析离不开实地采风，采风之前必须对我国少数民族分布有一个全面的了解，确定考察的地点。如果没有外出考察条件，则可以通过文字资料、图片、影像资料来学习。当然，无论是否外出考察，都必须对该民族相关的文字资料做好查询准备，这是从宏观上对一个民族的理性认识，要了解该民族的人口分布情况、主要聚居地、历史沿革、居住环境、宗教信仰、风俗人情，以及该民族和其他民族的联系和差别，比如与羌族有着族源关系的民族有14个之多。实地考察的地点通常要选择最有特色、最典型的地区，最好可以参加当地的民族节庆活动，因为节庆活动期间可以收集到丰富的民族盛装的资料，可更直观地感受到民族服饰存在的环境和价值。

实地采风期间，资料收集的方式离不开影像记录，随身携带相机或录像机能在最短的时间内记录下珍贵的瞬间，收集的资料又快又多；此外，还可以采用速写或线描绘图的方式记录，用笔记录下当时的信息、感受或测绘数据，以便将来使用。通过实地采风，可以得到丰富的感性认知。

民族服饰考察的内容不能只停留在服饰的款式和图案上，还要更加深入地分析考察。如要考察一个民族的服饰情况，要了解这个民族有哪几种服饰，每种服饰有何不同，该服饰的着装过程和步骤（包括头发的处理和装扮），服饰材料和工艺情况（主要材料是什么？材料从哪儿来？预先做了哪些加工处理？服饰制作的工艺流程等），服装每部分的尺寸和比例关系（有必要用软尺测量，用笔记录），服装上的图案名称、形状、寓意和装饰的部位（尽可能拍摄纹样单位完整的图片或手绘），该服饰的发展变化（目前的样子与十年或二十年之前相比，在造型、装饰和工艺上是否有变化？变化在哪些地方？），该服饰传承的方式和意义，以及相关习俗和传说（如某些民族要举行成人换装，服饰的改变有其历史渊源和传说）。有必要的话，还可以亲自穿戴民族服装，这对进行下一阶段的研究会大有帮助。

2. 民族服饰元素采集与归类

考察一种民族服饰，除了了解其历史沿革、风俗习惯、居住分布特点外，其服装款式、服饰色彩、服装结构、服饰图案及材料、工艺更是考察的重点，要求各种数据细致且真实，比如考察某民族服饰图案，要找到其最有代表性、最有特点的图案，理解其纹样构成特征、纹样特色、色彩规律、文化内涵。除了拍摄记录，还有必要进行临摹。对学设计的人来说，临摹看似很简单，但临摹的过程其实也是学习的一种方式，可以提高人的理解认识，使人学会如何欣赏比较。以上这些方式都可以称为民族服饰元素采集。

然后对采集的资料进行归类整理，为以后查阅、分析研究做好准备工作。通过对民族服饰元素的采集与归类，可以体会到民族服饰的个性及魅力所在，提高对民族服饰的理性与感性的结合认识，为日后的设计创作打下良好基础。

（二）设计定位

当今的时装业极为普遍。绝大多数城市有时装和服饰的设计和生产，科技的发达、纺织业的繁荣促进了时装业的革命性的发展，世界各地都在努力培养时装设计师，以便迎合时装业不同的项目、不同的预算开支等。

1. 高级时装

高级时装（haute couture）——高级定制装，是为上流社会和富有阶层的人群定制测量、手工缝制、量体定做的，价格昂贵、代表服装市场的顶级服装产品。

被誉为"高级时装之父"的英国人查尔斯·弗雷德里克·沃斯（Charles Frederick Worth）于1858年开设了世界上第一家以上流达官贵人为对象的沙龙式高级时装店，成为巴黎高级时装店的奠基人；1868年又建立了高级时装联合会，主要防止服装设计作品被抄袭，确定服装品质、行业规范的高标准要求。巴黎高级时装联合会的成员必须严格遵守这些法令，任何加入协会的新时装品牌都必须经过严格的审查、批准，才能冠以"高级时装"的商标。

由于高级时装的价格令人望而却步，其存在的价值颇具争议。目前，高级时装已经让位于高级成衣，成了高级成衣、香水、服饰品和化妆品宣传促销的手段，尽管如此，人们仍然会被梦幻般的高级时装作品所折服。

2. 高级成衣

高级成衣（style风格成衣）指已经形成了的时装式样。其与高级时装最根本的区别在于：高级成衣的生产按照纯粹的商业目的、工业设计的原则，不必针对具体的顾客量体裁衣。消费者可以根据需求直接选择适合自己风格的尺寸不同、花色各异的服装。

在服装业中，高级成衣一般被认为具有很强的时尚性，制作工艺精良，有风格，表达了一定的设计理念，品质上乘。

最具代表的设计师有卡尔文·克莱恩（Calvin Klein）、玛丽奥·普拉达（Mario Prada）、川久保玲（Rei Kawakubo）等。高级成衣品牌不像高级时装品牌那样，设计公司必须位于巴黎，且每年举办两次时装周，它们可以自由选择时装发布会的地点。

（三）构思设计

构思是设计的最初阶段，是在寻找设计灵感、寻找素材的过程完成后即刻进入的部分。构思是围绕款式、色彩、面料三要素进行的多方位思考，是非常感性的，开始可能是纷杂的、无序的，非常模糊，随着构思的深入，思路慢慢变得清晰，进而对穿着效果和成本有了理性的思考。

1. 草图构思与方案确立

在构思过程中，产生的灵感要马上记录下来，可以是草图甚至涂鸦的形式，因为许多灵感只是在脑海中闪现，会瞬间消失。事实上，草图要经过几遍甚至几十遍的筛选，因为最初记录的草图是凌乱的、不完整的，经过比较、选择后才能得到完整的设计。如此，经过多次修改后，得到较为成熟的构思设计草图。

2. 材料的选择与运用

材料的选择是决定设计成败的关键，因为材料是设计构思的最终载体，其软硬、悬垂等质感因素会影响服装廓型的塑造，其色彩、图案、厚薄等外观因素会影响作品艺术性的表达，而其透气、保暖等性能因素将关系到服装的舒适度、可穿性，从而影响服装的实用性和市场营销。例如，硬挺面料便于服装廓型的塑造，丝绸、纱料则容易表现飘逸观感。此外，现代科技发展对服装行业有着极深的影响，对于服装本身而言，主要表现为对天然材料性能的优化和改造、对人造服装材料的开发运用以及染色处理，要将艺术与技术前所未有地结合在一起，如采用新兴的数码印染技术表现层次丰富、形象逼真的色彩图案。

（四）设计方案

设计方案主要包括彩色服装效果图、构思设计说明、黑白平面服装正背面款式图、所需面料小样、细节展示和工艺说明几方面内容，是设计构思的最终演绎和完美表达。

1. 绘制效果图

从最初的灵感闪现捕捉、想象到设计构思逐渐成熟，服装效果图是对整个过程及最终结果的记录、表达，同时也是对穿着者着装后预想效果的表现。

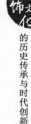

为此，服装效果图在表现包括服装的式样、结构、面料质地、色彩等最基本因素的基础上，还应当根据所设计服装的风格表现出穿着者的个性和着装后的艺术效果。关于人体比例，由于效果图表现的是一种经过艺术处理后的氛围，所以可以采取写实和夸张两种方法，即普通的七头身比例或者夸张的八头身以上的比例。

效果图的表现方法很多，大致有手绘、计算机绘画两种方式。两种方式都要基于精练而概括的线描，线描的基本要求是能够准确表现服装的款式造型和必要的内部结构，进一步要求能够生动地表现衣纹、衣褶的变化，若能根据不同服装面料表现出不同的线条风格则更佳。手绘的设色可以采用水粉颜料、水彩颜料、彩色铅笔、马克笔等。计算机绘画一般采用Photoshop、Illustrator等软件。无论是手绘还是计算机绘画，其设色的主要目的都是表现服装材料的色彩和质感，手法主要有平涂法、省略法、晕染法等。绘制的效果图，服装款式、细节表达要清晰、完美，服装材料的色彩质地表达要准确，以便于制板师了解设计意图，从而准确制板。

2. 绘制款式图

服装款式图是服装的平面展示图，能够清晰表现效果图中模糊的部位，是对效果图的必要补充，用于制板和指导生产。与服装效果图不同，款式图重点表现款式的外观和细节工艺处理，对生产的指导意义比较强。因此，款式图不绘制人体，只绘制单件服装的正面和背面图，以工整的线描绘制服装的外轮廓、内部构造、细节、零部件等，目的是便于制板师清楚地了解样式，以便打板、制作的顺利进行。

款式图的线条要流畅整洁，各部位比例形态要符合服装的尺寸规格，绘制规范，不上色彩，不表现面料质地，不画阴影、衣纹，不渲染艺术效果。由于款式图用于制板和指导生产，所以除绘制服装款式外，还需要附加设计说明。不同的服装设计对设计说明的要求各异，多用文字表达，叙述设计者对主题的理解、灵感来源、设计理念、对设计意图的具体说明、工艺要点等，包括必要的工艺说明、对板型宽松度的描述，粘贴面料和辅料小样，标注色号、对配件的选用要求以及装饰方面的具体问题等，最好能提供基本打板尺寸，或者对适用对象的必要描述，如年龄、使用场合、穿着时间等。这种方式多用于服装比赛设计说明或单件服装设计说明，而针对品牌的宣传，需要以图文并茂的方式表达品牌的设计理念、设计风格等。

二、中国传统民族服饰的创新手法

（一）相似联想

联想法主要是指由某一事物想到另一事物而产生认识的心理过程，或者是由当前看到的服装形态、色彩、面料、造型或图案等内容回想到过去的旧事物或预见未来新事物的过程。

在服装设计中，联想不仅能够挖掘设计者潜在的思维，而且能够扩展、丰富其知识结构，最终取得创造性的成果。联想的表现形式较多，有相似联想、相关联想和相反联想，它们都可以帮助设计者从不同方向来审视服装与服装之间的关联性和新的组合关系。

相似联想也称类似联想，是指由事物或形态间的相似、相近结构关系形成的联想思维模式。相似联想又可以分为形与形的联想、意与意的联想。

1. 形与形的联想

是指两种或两种以上的事物在外形上或结构上有着相似的形态，这种相似的因素有利于引发外形与事物之间的联想，有利于引发想象的延伸和连接，有利于创造出新的形态或者结构，并赋予其新的意蕴。在进行服装设计的过程中，形与形的联想即要抓住事物的共同点——"形似"，利用事物的形似进行创意设计，这种方法对现代服装设计创意与表现具有重要的启示作用和应用价值。

2. 意与意的联想

意与意的联想指两种或两种以上的事物虽然属性不同、结构不同、形态也不同，但却呈现出一定的相似意蕴，通俗来讲叫"神似"，即感觉上是接近的、一致的。这种感觉是多方面的，包括视觉、嗅觉、味觉、触觉所感受到的效果，也可以是综合感觉到的效果。服装设计中，运用意与意的联想来表达创意的方法也是经常用到的，它对揭示设计主题并发掘其内涵具有重要的作用和意义。

（二）造型再创造

民族服饰之美，也充分体现在造型上，传统民族服饰大多保持了款式繁多、色彩夺目、图案古朴、工艺精美的鲜明特点。在现代服装设计中，对民族服饰的造型再创造最能有效地体现民族风格服饰的创新性。造型再创造可以从两方面入手。

1. 轮廓再创造

服装流行的演变最明显的特点就是廓型的演变，服装的廓型是指服装外部造型的大致轮廓，是服装造型的剪影和给人的总体印象，廓型上的改变再造最能给人耳目一新的感觉。常见的服装基本形态有H型、A型、Y型、X型、O型、T型。民族服饰的廓型通常使用多种形态进行搭配组合，式样繁多，借鉴它多变的轮廓外形，可运用空间坐标法进行再创造：在已有的民族服饰廓型中选取一两个符合现代审美的廓型，移动人体各部位所对应的服装坐标点——颈侧点、肩缝点、腰侧点、衣摆侧点、袖肘点、袖口点、脚口点等，通过移动人体关键部位点使原有廓型产生空间上的新变化，得到新的服装廓型。

南方某些少数民族盛装时穿的服饰多为无领大襟衫或对襟衣，着百褶裙，围花腰围裙，腿部扎绑腿，这类民族服饰的服装廓型多为A型和X型。

在移动坐标点时应注意，服装廓型变化可依附人体形态进行变化，比如肩部的坦和耸、平和圆，胸和臀部的松散和收紧，都需要结合人体结构，确保穿着在人体上时舒适。腰的变化比肩部更丰富，可根据服装的风格来设计，腰的松紧与腰带的高低都要符合服装的整体风格。比如，束紧的腰部使身体显得纤细，轻柔、松散的腰部则显得自由休闲；服装腰节线高于人体腰节显得人体修长柔美，与人体腰节持平使人整体看上去自然端庄，而低于人体腰节则给人轻松、随意的感觉。

2. 结构再创造

服装款式由服装轮廓线以及塑形结构线和零部件边缘形状共同组成，因而服装结构设计也称为服装造型设计，包括服装衣领、口袋等零部件以及衣片上的分割线、省道、褶等结构。民族服饰本身造型多样，可以运用结构再创造法，变化原始的服装结构设计中的细节造型位置，以及工艺手段，产生全新的服装效果。具体的方法有两种：变形法、移位法。

变形法是对服装内部结构的形状进行符合设计意图的变化处理，而不改变服装原来的廓型，具体可以用挤压、拉伸、扭转、折叠等方法对服装结构的形状进行改变，如三宅一生（ISSEY MIYAKE）经典褶皱裙，运用挤压折叠面料，抽紧后形成褶皱，用不同的工艺手段表现服装材料的质感。当然，其他方式的运用同样可以产生让人耳目一新的效果。

移位法指把服装局部细节在保留其原有造型的条件下移动到新的位置上，位置的高低、前后、左右、正斜、里外的变化会产生不同的服装效果，使用这种方法重构的服装往往会产生出人意料的效果，显得巧妙而具有独特的风格魅力。人首先要有情调、有气度去承担起衣饰的陪衬，否则就会造成"金玉其外败絮其中"之感，让人反感和讨厌。对服装所蕴含的品位，只能靠自己用心体会和感受。追求什么样的服装品位，心中一定要有数，每套服装的组合与搭配只能突出地表现一种品格、一种情调，要分清主次，不可大杂烩地什么都要、什么都有，以免整体组合后什么也没表达好。

对服装品位的追求，是一个人整体素养的具体反映，是人的修养与审美鉴赏力的综合表现。服装的选择与搭配过程就是训练和提高自己审美鉴赏能力的过程。要善于观察、综合分析，以便更深入地总结审美经验，理解更高审美境界的妙处，从而在整体上进行完美的组合与搭配，随心所欲地驾驭服装配饰，诠释自我。

第三节
中国传统民族服饰的创意设计和创新发展

一、创意设计的概念和特征

在汉语中，"创意"一词有多种含义，有时偏重于指代"意念""想法"，有时则表示创造意念、执行意念以及执行意念的全过程。广义的"创意"，是指前所未有的创造性意念；狭义的"创意"，是指具体设计作品中完成的形象化了的主题意念。创意具有新奇、惊人、震撼、实效四个特点。

"设计"是把一种计划、规划、设想通过视觉的形式传达出来的活动过程。服装设计就是通过设计方案表现、传达作者的创意构思，这种传达方式往往以服装效果图、服装款式图、板型制图和立体裁剪等形式完成。服装设计属于产品设计范畴，作为整个产品创造的设计过程，可被分成"分析、创造、实施"三个阶段。具体来说，包括设计决策阶段、构思创意阶段、设计阶段（款式、结构、色彩、工艺等设计）、选择材料阶段、制作样品阶段等。

可见，"创意"与"设计"的关系密不可分，没有创意的设计很难称为设计，而没经过设计处理的创意只能存在于头脑之中。可以说，创意设计的过程是浑然一体的，就设计者来说是非常感性的。有了好的创意，便需要借助设计者的理性创造，将意念明朗化、具体化，此即创意设计。

运用民族服饰要素进行创意设计有两个基本特征：一是创造艺术特征；二是创造商业特征。前者主要表现在对创意服装的设计上，后者表现在对各类实用服饰的设计上，而创造价值是最终目的。

民族风格服装的创意设计关注的是创意的独特性和形式的独创性（独特的造型、独特的材料运用、独特的工艺技术手段等），其重要的特征是不可重复性。创意设计的基本特性是纯艺术的、非功能化的、标新立异的、实验性的，体现了设计师的设计水平。企业推出艺术服装的潜在商业价值在于展示公司实力，强化品牌印象，引导潮流。

实用性的服装则大大区别于创意服装，它的艺术价值从属于商业价值，受时尚、市场、经济水平、价值规律等的制约。所以，功能化、时尚化、市场化是其设计的出发点，其目的在于满足市场需求，创造利润。

二、民族风格服饰的创意设计

我国是一个多民族国家，各民族呈大杂居、小聚居态势分布于全国各地。由于各个地区的风俗和地理位置不同，各民族的服装也呈现出各种不同的风貌和多样性特征。这种多样性特征主要表现为多样性的款式和造型，形成了各民族独特的穿衣风格和对美的不同追求方式。

（一）借鉴民族服饰文化的表现

对于民族服饰的借鉴，绝不是对该民族传统造型、色彩、式样的表面形式上的模仿，而首先应对该民族服饰文化精神、文化心理、审美趣味、习俗等进行深入的发掘，进行一种文化精神、艺术精神的体现、升华与创造。只有浸润在民族服饰文化中，去感受、体验、把握民族文化的神韵，才能创造出有意味的，包含特定民族生活内容、民族情感和民族文化神韵的服饰形式。

作为一个地大物博、历史悠久的东方古国，中国的民族服饰具有极其深厚的文化底蕴和极其广阔的再创造空间，是设计师们取之不尽、用之不竭的创意源泉。在国外设计大师纷纷于中国文化中汲取营养的同时，中国的设计师更应该去发扬本民族的文化精髓，把真正的中国文化带向世界。甚至可以说，这是我们中国设计师的责任与义务，同时也正是我们设计生命的源泉所在。举一个例子，日本设计师的设计能够为世界所接受，除了其独具匠心的创作外，其设计中的传统元素的魅力更让人不能忘怀，和服的传统造型、精致的刺绣以及包裹造型中蕴含的浓烈的东方风情，在征服了服装界的同时，也征服了世界人民。我国的服装设计师一直在努力走向世界，但是，走向世界绝不是要摒弃自己的东西，而是应该将传统元素与现代元素完美结合，如此才能在国际的设计舞台上占领一席之地。

（二）借鉴民族服饰造型的表现

民族服饰造型艺术既凝聚着本民族人民喜闻乐见的艺术形式，又蕴藏着丰富的创作经验和技能。只有熟悉并掌握民族服饰造型的创作经验和技巧，才能创造出既具时代感又有民族神韵的时装作品。在借鉴和汲取民族服饰造型的过程中，要抓住部分典型特征，并结合时代流行趋势，而不可全盘照搬。例如，借鉴贵州古董苗铠甲的服装造型，设计师进行了不对称式的造型结构设计，将传统的民族服饰造型艺术与现代设计思想、设计法则相糅合，而非单纯模仿民族服饰外观或形式上的单纯复古，更不是直接照搬。

（三）借鉴民族服饰色彩的表现

色彩作为少数民族服饰文化的一种表现方式，具有特殊的地位。历史背景、地域条件、人文气息、风俗习惯和文化传统等因素的不同，使得每个民族都有其独一无二的民族风格，而色彩作为一种视觉传达途径，最为直观地表达了各民族独特的民族风格。

分析民族服饰的配色规律，积累前人的配色经验，理解、感悟民族服饰深厚、博大、凝重的色彩文化，并将之巧妙地运用到现代时装设计之中，是研究民族服饰色彩的意义所在。

民族服饰之所以吸引人，很大一部分在于其颜色。除了本民族的宗教信仰、图腾崇拜所形成的习俗外，少数民族传统服饰在用色上基本没有什么禁忌。许多少数民族的传统服饰在用色上都非常大胆，明亮、艳丽和浓烈，甚至是多个或多组高纯度的组合，这样的组合带给观者独特的视觉冲击力，形成一种别具韵味的美。

云南金平地区的瑶族人喜欢戴红色的头饰，因而被称为"红头瑶"。云南武定地区的彝族妇女和儿童为了辟邪，多在头上和脚上装饰红色的饰物，男子也在民族传统节日中佩戴红色饰物，热烈而又鲜艳。

哈尼族是一个崇尚黑色的民族，男女老幼都穿着黑色衣服，显得非常庄重。此外，苗族人的衣服也以黑色或深蓝色为基调，他们认为黑色易于和其他鲜艳的颜色搭配，就是新买回的面料也要用本民族的传统手法将其染黑，由此可见黑色在他们心目中的重要地位。

景颇族妇女的筒裙通常以黑色为底，上织红色图案，并在红色的基调上运用柠檬黄、橙黄、紫、粉紫、玫瑰红、浅蓝、草绿和白色等颜色，织出色彩对比强烈、异常鲜艳的图案。

色彩是少数民族传统服饰的一大亮点，有淡雅素丽的（多用蓝、青、黑等色），有浓艳热烈的（多用红、橘红、黄等色）；有色彩较少的（只有数种颜色），有色彩较多的（有十多种颜色）。黔东南地区苗族盛装服饰的色彩以红色为主，其主要图案花纹多用朱红色，其他图案多用浅黄、浅蓝、紫红和玫瑰红等色进行点缀。云南陇川县阿昌族分支小阿昌花纹图案是在黑色底布下，以红、绿色为主，配以蓝、黄色，色彩鲜艳。如果细细品味，会发现民族传统服饰中对配色相当讲究，并遵循一定的准则，非常具有视觉冲击力和艺术美感。

在设计中，可以结合当季的流行色，将这些古拙艳美的色彩大面积运用或点缀在服饰的局部上，使服装既有传统的意蕴，又有时尚的感觉。

（四）借鉴民族服饰图案的表现

图案是服装的重要元素之一，民族服装上的图案往往带有浓烈的民族色彩，可以将其称为民族服饰图案。民族服饰图案变化丰富、式样万千，最容易表达出民族服饰的风采，突出民族文化的神韵，体现各民族人民的审美情趣和审美理想。而民族风格中的装饰纹样，一直是现代时装设计师创作的灵感源泉。民族服饰艺术颇具特色的纹样，以不同方式反映着浓郁的风土人情和精神面貌，是设计者不可多得的财富。

设计时常常会选用民族传统图案的一部分进行夸张、放大，作为整件时装的局部装饰，使一些图案和用色被简化、概括，连续纹样的循环单元加大，视觉表达强烈。

同时，在设计中，可以选用富有时代感的面料，配用应季流行的款式。选用具有民族色彩的面料或印花图案时，用西化的裁剪手法，将用于绣花或补贴的民族传统图案尽量抽象化、几何化，使它们更加现代，即用现代的服饰材料改造传统民族服饰的形，用优秀民族服饰的意识来突显现代服饰形所表达的文化特征，使得设计作品充满时尚感。经过设计师提炼后的民族服饰图案，被赋予了现代的意识和色彩。

民族服饰中装饰物的多彩和丰富也是民族服饰图案装饰的又一个亮点，服饰配件也成为时装设计的点睛之笔，影响着整体着装效果。我国各民族服饰的装饰物琳琅满目，有头饰、颈饰、腰饰、臂饰、背饰等，材料也多姿多彩，有金、银、铜、铁、铝，有玉、石、骨、贝，也有珊瑚、珍珠、宝石、羽毛、兽角、花朵、竹圈、木片，甚至昆虫的外壳等，设计师可以从丰富的民族服饰装饰物中收获设计灵感，如将不同材质重组与再造，同样可以提炼应用到现代时装设计之中。

各民族服装差异的表现方式主要是不同的装饰方式。民族服装的装饰方式上各具特色，有的民族服装注重头饰，有的民族服装注重腰饰；在对服装本身的修饰上，有的注重领、袖、门襟、下摆等部位的装饰，有的则注重胸、背、裙身等部位的装饰。

服装的图案与饰品过于繁杂，往往不能成为大众消费品，因此在选择民族图案时，要注重一个"简"字，用民族图案给予现代服装适度的修饰，呈现秀丽、华贵、高雅等特色，以供不同场合使用。将图案用于服装的某些部位，如领部、袖口、门襟、下摆等，整件服装以净地为主，局部用图案点缀，染色或原色面料上仅用少量图案可减少单调感，服装上颜色、图案要有变化但不凌乱，以突出重点，主次分明。

这种装饰方式可以说手法众多，不过在吸纳民族装饰方式的同时，要注重服装纹样的细部构思。服装设计在款式造型上追求简洁明了，可在衣、领、袖、肩部、背部、胸部或裙的边部镶以几何图案。在纹样处理上可采用一些对称、不对称手法，并运用流畅的线条、强烈的色彩对比，或二方连续的几何纹样相拼艺术，使纹样在服装组合中呈现出鲜明的民族特色与特点。

民族服装的装饰图案与其缓慢的生活节奏有关，穿衣服的人和看衣服的人都有足够的工夫领略图案细节的妙处。而现在是讲究效率的时代，大部分人喜欢一目了然，服装的图案越细密，视觉冲击力越差，这不是现代人所欣赏的装饰方法，因此，可以将原有的复杂图案加以简化后再使用。譬如一朵精美的"云肩"，可以将几个简洁的月牙形，一个寓意团圆、圆满、如意的圆，扩大在整个前胸或后背，从而体现出一种博大、豪放的风格。

从图案的使用方法可以看出，借鉴民族服装的图案时，为了避免图案过于复杂，可提取民族服装图案的少量元素来放大使用。为满足一些追求完整、统一美的消费者的需求，在服装设计时可采用一些具有民族特色的图案元素进行上下、左右、前后、内外的整体配合，形成一种整体感。图案可以左右对称，在领口、袖口、下摆、门襟等处重复使用，在上下、前后、内外反复使用，充分体现出统一、和谐之美。

图案与纹样作为少数民族传统服饰的外化语言，在少数民族传统服饰中最为绚烂，在它的身上能够折射出各个民族鲜明的民族风格、迥异的审美定式以及不同的表达美的方式。在它的身上，可以看到一个民族的历史传承、宗教信仰、民风民俗以及对美的感知能力。

图案与纹样是对少数民族传统服饰风格的最佳解读，是各族群众勤劳与智慧的结晶。通过扎染、蜡染、刺绣、镶拼、贴补等工艺手段得到的少数民族图案与纹样，或古朴凝重，或鲜艳热烈，或动感奔放，或宁静内敛，体现了各民族群众不同的生活情趣与韵味。

少数民族传统服饰中的图案与纹样在出现的最初，主要是实用的功能。这些图案纹样大多织绣于服装中最易磨损的部位，如领、袖口、衣襟等处，提升了服装的耐磨性，也起到了保护的作用。后来，这些最初简单的图案与纹样渐渐地复杂和完善起来，变成一种装饰，成了少数民族传统服饰中最为靓丽的一笔。图案与纹样无疑在少数民族服饰中占有重要的地位。少数民族传统服饰在结构上相对简单的特性，决定了它对装饰细节的注重。

少数民族服饰传统图案与纹样作为少数民族服饰的一个符号，由点、线、面、体构成，体现出强烈的装饰与审美效果。它们的构成也遵循一定的形式美法则，如对称、对比、统一、均衡等，具有节奏感与韵律感。设计师在进行现代设计时，可以将其打散，对不同的图案进行重新排列与组合，形成所要达到的样式。这其中牵涉对图案与纹样色彩对比的重组，对不同风格的图案与纹样的打散与重新整合，从而获得节奏与韵律完全不同的视觉效果。

少数民族传统服饰图案与纹样，或热情浓烈，或洒脱奔放，或淡雅秀丽，或古拙质朴，在艺术与审美上都达到了很高的层次。但同时应看到，传统服饰样式与款式是其最佳的载体，如果将其大面积地应用在现代款式的服装上，则会显得不伦不类。因此，局部的应用不失为一种好的设计方法。将图案与纹样用于服装的某些部位，如在领、袖、衣襟、下摆、胸部和腰部等位置，装饰菱形、三角形、曲线造型的纹样，或将经过重新设计的特定图案点缀在纯色的面料上，都能获得良好的效果。

此外，在利用图案与纹样进行局部应用时，还要注意线条的流畅与色彩的对比。

少数民族传统服饰的发展有其特定的时代背景与社会经济文化条件，在这样的背景和条件下，花费几个月或者几年的时间制作一件衣服是正常的事情，也因此很多图案与纹样是非常繁复与精致的，其中很多带给人们外向而直观的视觉冲击。现代服装设计一般较为简洁，更注重含蓄与内敛的韵味。因此，对少数民族传统服饰中的图案与纹样进行一定的简化，给予其适当的修饰，也是设计的一种方法。

（五）借鉴民族服饰工艺的表现

由于少数民族服饰式样和裁剪相对程式化，装饰就成了少数民族服饰艺术的重要表现手段，各式各样的传统工艺，如刺绣、镶边、扎染、蜡染、钉珠等传统装饰手法，再与图案、材料、色彩相结合，成为少数民族服饰装饰表达的重要手段之一。民族服饰传统工艺历史悠久、手法精湛，不仅具有很强的实用性，而且具有较高的艺术价值，这些工艺也被广泛地运用到现代时装设计中。

除此之外，挖掘民族面料技艺也是现代时装设计的一个切入点。被誉为日本纤维艺术界"鬼才"的新井淳一（Junichi Arai）先生，作为国际著名的染织设计大师、英国皇家工艺协会唯一的亚裔会员，他在运用最前沿技术进行创作的同时也注重对传统工艺的研究和继承，坚持传统技法与最新技术相结合的理念。20世纪七八十年代，他为多位日本著名服装设计师设计的诸多新面料在国际上产生了巨大反响。近年来，他开发的阻燃型金属面料、阻电波新型化纤面料以及光触媒金属面料等代表了日本最前沿的技术。

日本著名设计师三宅一生的作品将时尚新型材料和肌理效果与日本民族服饰相结合，形成独特的时装设计风格，向世界展现了民族服饰工艺的魅力。

东北虎（NE·TIGER）品牌首席设计师张志峰一直致力于创建中国的奢侈品品牌，致力于将东北虎打造成为皮草、晚装、婚礼服和高级定制华服的国际顶级时尚品牌。他坚持以文化感、民族感、历史感和时尚感作为追求方向，呈现出全球化与民族性融合的时代特征，反映出中国传统服饰文化和传统绝技的复兴。

类似满族旗袍上中国结的盘扣工艺，也是国内中式服装各大品牌所热衷的民族元素，利用现代设计手段对民族题材和元素进行符合时尚审美理念的再表达，对民族元素进行符合民众心理和设计师审美意趣的再演绎，是对流行文化和民族传统的再发展。在民族主题的设计表现上，需要在表达形式上下足功夫，以准确地表达其内涵，求得"形神兼备"。

民族传统服饰艺术的意境在于朴素而超脱、精致而含蓄。传统民族服饰理念可以作为传统与时尚美学的契合点，在民族主题设计中充分发挥其作用。就一件服装艺术作品而言，设计的成功与否关键是作品的完美程度，设计师需要对服饰诸多要素熟练把握并融会贯通，在创作时既要注意感性运用，又要在胸有成竹的基础上建立自身随心所欲的"知性理解"。因此，要在对民族服饰元素"知性理解"的前提下，通过时尚的设计手法，诠释民族服饰独特的结构以及丰富的色彩、图案、材料及工艺特点。

民族手工艺是展现民族服装特色的重要手段，这些手工艺有的直接用于面料或服装加工，如扎染、蜡染、抽纱、刺绣、雕花等，有的则以面料、服装之外的饰品、配件形式存在，起到展现民族特色、修饰服装的作用。

目前，这些优秀的民族手工艺在一些服装上虽有应用，但用量较少，关键原因在于手工加工分量大，加工成本高，但如果充分开发手工艺精华之作，用于高档服装，则具有独一无二的特点，不仅可以丰富现代服装服饰，而且可以为服装业创造一定的经济效益。另外，可以采用现代高科技手段替代手工加工，如利用电脑绣花进行机械刺绣，在面料上进行仿挑花、打籽等刺绣效果印染等加工方法，可节省时间、降低成本，也可在面料上进行刺绣图案数码印花，便于进行个性化设计。水晶烫片已发展得非常成熟，可以快速地将设计图案呈现在面料上，形成华丽的珠串效果。将这些机械化生产的仿民族手工艺方式用于现代服装，同样能体现民族手工艺对现代服装服饰的贡献。

总体来说，时装的民族主题设计虽经过许多设计师反复争论、切磋，但其发展的总趋势是极度表面化的民族特征的设计越来越少，而体现民族文化内涵以及表现时装中多民族元素的融合更为多见，这使得现代时装艺术最终保持了生命力并实现了存在价值，即继承民族传统，既不能生搬硬套、拘泥成规，又要合理取舍，融入时代气息。在民族主题的时装设计中，诸多元素的整合运用只是流行的异化手段，最基本的设计要求是流行性，而最终的设计目的是商品性。

三、中国传统民族服饰的创新发展

结合前文传统服饰发展中所存在的困境问题，应从两个方面对传统服饰文化进行创新发展，即服饰文化本体、服饰传承与发展主体、服饰发展客体。通过这两个方面对传统服饰文化进行创新发展，达到乡村振兴目标的同时使传统服饰文化的发展贯穿于国家发展理念中，从而达到少数民族服饰的长效发展。

（一）创新发展传统服饰文化本体

传统服饰作为一种世代相传的文化资本，具有双重价值，即文化价值与经济价值，其传承与发展的本质是使其文化价值与经济价值得以永续保存和升值。创新发展传统服饰本体，即对服饰本身进行创新发展。

（二）立足社会需求，拓展服饰文化"深度"

要立足历史文化，深挖其民族服饰文化内涵与精髓，并结合现代社会生活，进一步丰富和发展特有的民族服饰文化在服饰设计中的应用，使其在文化和功能方面取得新的突破。

1. 创新元素搭配

对于非物质文化遗产来说，对其"原真性"的传承与保护是至关重要的，但原真性并不意味着保持原状。创新元素搭配，一方面体现在服饰材质的选用上。裕固族传统服饰是由裕固族妇女手工制作的褐子制作而成的，由于亲肤性差，人们不再使用褐子制作衣服，织褐子这项工艺也随之退出历史舞台，但在过去物质资料匮乏、生产劳动力低下的条件下，织褐子工艺为裕固族先民的生产生活带来了极大便利，是以前劳动人民智慧的结晶。当前人们物质生活水平提高，就丢弃这种粗布的生产，无疑是对文化资源的浪费。当下对褐布的传承与创新，应结合其独特的功能属性进行创新应用，使此项工艺回归人们的生活，如将其制作成挂毯、装饰画等。另一方面体现在服饰纹样、花纹、饰品等方面的搭配上。裕固族传统头面虽做工精致、价值高，但实用性差且分量过重，毫无舒适感。头面上用于装饰的珊瑚珠、玛瑙、银牌价值高昂，若对头面的形制进行创新改良，制成精巧的项链、挂坠，不仅可以增加产品本身实用性，提升装饰效果，还具有一定的收藏价值。

2. 创新制作工艺

裕固族服饰的产生依赖于其所特有的民俗活动、生态环境，裕固族服饰文化的存活同样依赖于其特定的民俗活动、生态环境。退牧还草是历史的必然选择，而服饰文化的传承是文化多样性不可或缺的前提。面对日渐消失的裕固族传统织布工艺、着装文化心理，我们不可能要求现代人脱离现实生活回到草原，更不可能复制一个适宜于裕固族服饰文化存活的生态环境，所以目前唯一的办法就是对传统裕固族服饰进行大胆的改良与创新，让它适应现代生活之风。当下年轻人喜欢新潮、独特的服饰，传统服饰款式单一，不符合人们现在的着装观念，因此裕固族服饰需要在保留民族特色的基础上大胆地进行创新。服饰设计公司需要培养一批敢于探索的民族服饰设计师，探寻如何将传统服饰与现代生活相结合，如运用立体裁剪、拼贴等制作工艺来丰富民族服饰的表现效果。

3. 形态设计因子提取

少数民族服饰色彩往往有其特有的表达方式，反映其民族性格、价值观念。裕固族服饰色彩多采用饱和度较高的原色，因对比强烈、色彩鲜亮、视觉冲击力强，形成了一种文化象征。裕固族人对自然的崇拜、对生活的热爱集中表现在其民族服饰用色理念上，裕固族女性结婚时多穿绿色礼服，在其民族观念里，绿色代表着希望，礼服领口、袖口处常绣以或七色或九色甚至更多颜色的彩色花边，寓意着对美好生活的向往。相较于女性服饰的色彩斑斓，裕固族男性服饰则显得略微古朴单一。裕固族女性服饰独特的用色理念，反映着该民族特有的历史文化、地理环境、社会风俗、宗教信仰，可将其服饰色彩中积极美好的用色理念、配色寓意应用于现代设计之中，以丰富设计语言的多样性。

裕固族服饰文化包含游牧民族古老的手工技艺，蕴含着丰富的文化内涵，既能领略其民族多姿多彩的风俗人情，又能感受到西北民族特有的热情奔放，极具感染力与渗透力，是取之不尽用之不竭文化宝库。通过对以上提炼出的裕固族服饰文化因子进行再设计加工并应用于现代艺术设计中，可以为设计者提供更多的灵感与创作源泉，为各艺术设计领域植入全新的文化与艺术因子，有利于解决设计语言贫乏、设计素材单一的问题。充分挖掘裕固族服饰文化显性文化因子与隐性文化因子，使之与现代设计相结合，既有利于丰富现代设计的多样性内涵，又有利于裕固族服饰文化的传承与发展。对裕固族纹样、形制、色彩进行创新设计，转换载体，应用于包装设计、平面设计、服装设计等现代艺术设计领域中，可在解决艺术设计领域缺乏创新性、缺少文化内涵、民族性淡薄等问题的同时发展裕固族服饰文化，使其与时代接轨，将传统与现代结合，凝结独特的文化价值，从而拓宽裕固族服饰文化广度。

第七章

乡村振兴战略背景下中国
非遗服饰文化的传承与创新

近年来，在社会经济稳步发展的支持下，文化实力成为提升国际社会竞争力的重要因素，传统乡村文化在中国特色社会主义新农村建设中扮演着极为关键的角色。自我国实施乡村振兴发展战略以来，如何立足于乡村文化，并且在结合城市文明与其他外来文化的基础上，更好地传承与发展传统乡村文化和提高文化自信，值得乡村振兴建设和研究人员深入思考和探究。非遗作为各族人民代代相传的宝贵文化遗产，是中华传统文化的象征性代表，有助于树立文明乡风，构建文明乡村，为乡村文化振兴注入强大的支撑力量。

第一节
中国非遗服饰文化面临的境遇与挑战

一、服饰主体层面

（一）传统技艺未融入现代生活

非遗服饰传统手工艺是中华优秀传统文化的重要组成部分，其蕴含的文化、制作的巧思以及材料的生态性、可持续性影响着非遗服饰的传承与创新发展。随着现代化发展进程的加速，传统生活方式已经不适应现在的生活需求，具有民族特色的服饰手工技艺逐渐淡出现代生活。例如，制作传统裕固族褐子面料的工艺——织褐子，被列为甘肃省非物质文化遗产保护项目，褐子是一种裕固族的传统手工艺品，被用于帐篷、褡裢、服饰等生活用品，是一种用牛羊的毛织成的粗布，主要优点是耐磨防刮、防水、保暖。织褐子制作工具及用材简单，材料以木质材料为主，但技艺工序复杂，一般分为捻线、染色、选样、排线、编织等，其制作空间受限，通常以场地大小决定褐子制品的大小。因为过去条件、技术有限，除了有钱的贵族外，平常百姓大多穿着由褐子制作的服装。裕固族先民以游牧为主要生产方式，所需的绝大部分生活资料来源于牲畜和畜产品。

但由于褐子是纯牛羊毛编织而成的，亲肤性差，极易磨损皮肤。随着生活条件的改善、工业技术的不断发展，裕固族人已从过去的游牧生活彻底改变为城镇化生活，人们多选用绸缎、棉布材料对褐子进行替代，其用途愈来愈少，织褐子面临断代、失传、萎缩的现状。此项技艺没有进行技术改良与产品创新，未能适应现代生产生活的需要，使其发展停滞不前。

（二）传承意识薄弱，参与度不高

老一辈非遗传承人往往将其毕生心血都投入自己所热爱及从事的技艺之中，他们尊重传统技艺，不仅表现在肯花费数十年不断精进自身手艺，更加表现为在利益面前毫不犹豫地坚守自己的本心，守护传统文化中蕴含的珍贵情感。近年来，部分高等院校的学生与非遗传承人合作研究传统服饰文化，但取得的成效并不显著，年轻的学子很难静下心来钻研工艺，对于传统文化的热情大多在某一课题结束时随之消退，这些老艺人们所遗憾的是自己所热爱、坚守一生的民族技艺不能得到良好传承。年轻人愿意追求更多、更新的时尚生活，选择在外地发展，他们对传统文化传承观念淡薄，对于保护非遗文化的价值的认识，多侧重于其所带来的经济效益。促进中国传统服饰文化创新性发展和创造性转化需要加强对传统服饰文化和传统制作工艺内涵的理解，使当代创新成为传统的延续，而年轻的手工艺人坐等"投喂式"的学习方式，仅仅从中习得制作传统服饰的"技"而非获得了"艺"，导致传统服饰缺少现代生活气息。

（三）服饰符号转换运用问题突出

当前服饰公司同高校进行合作取得的成绩和反响并不是很好。对于艺术学院服装设计专业的学生而言，设计要不断创新，但传统服饰作为一种非遗产品，其所讲求的创新必然要做到万变不离其宗，否则失去其民族文化特有的民族色彩、文化积淀，非遗服饰将会失真。所以，对于高校学院派的设计师而言，扎根于民族文化并深刻感受其文化内涵是至关重要的，对于此方面，当地非遗传人表示，高校设计团队应当将文化渗透于生活，才能真正感知民族服饰所传达意蕴，鼓励高校设立手工艺工作室，渗透性进行设计传承。

（四）传统服饰价格高昂，穿戴烦琐不实用

在传承和保护民族优秀传统文化和手工艺的时代背景下，传统服饰的制作能否利用现代工业技术的优势提高生产效率和生产成品以增加需求量是发展传统服饰所需考虑的重要问题。针对民族传统服饰在日常生活中逐渐消失的现象，要定制一套全手工的民族服饰通常需要半个月或一个月甚至更久，且耗费巨大的人力、物力、财力，相当于制作一件奢侈品，也因此价格较为高昂。这类定制服饰具有唯一性、个性化、限量的特点，能满足极少数高端人群的特别需求，定制这类服饰的人群大多为本民族人群且对民族服饰有着浓厚的民族情结和服饰文化的热爱。外来游客对民族服饰大多只停留在欣赏的层面，很少有人去购买这类服饰，原因在于此类服饰的市场并未打开、知名度低，大部分人并不了解此类民族服饰文化。对于价格高昂这一问题，笔者认为在民族服饰生产过程中应传承核心技艺，对部分工序以机械生产代替手工生产，从而提高效率、降低价格，以此满足消费者的需求，让民族服饰文化走进更多人的生活。

（五）服饰创新研产政策性资金不足

当前政府在民族服饰传承保护与创新发展中，少有相关发展政策资金的补助，政府对于民族服饰的发展主要起统筹规划的作用，如何利用非遗文化盘活相关产业主要依靠企业和传承人自身的力量。考虑到区域整体发展需要，政府资金难以面面俱到，政府出资建设或者帮扶非遗建设的能力非常有限，但民族服饰成规模的产业化发展以及服饰旅游文创产品的开发都需要一定的基础投资，对于民族服饰非遗建设的资金的缺乏也导致了其发展的整体进程缓慢，难见成效。

（六）民族服饰及相关工艺制品管理不够规范

目前，民族服饰及相关工艺品制作多以师徒式、家族式进行工艺传承，运行方式多为个体作坊。因为没有规范的管理制度，这些个体作坊或多或少都存在以下问题：在师资和资金储备方面较为欠缺，获得可利用资源少；没有准确的传承观念，选用廉价材料替代手工制品，使传统文化失真；设计理

念方面，所生产设计的产品严重偏离现代生活且缺乏审美观念；在制作工艺方面，所制作产品做工不精细、基本功底薄弱，致使商品所呈现的价值低廉，缺乏有力的市场价格优势。现阶段民族服饰及相关工艺制品市场尚待开发，政府应对此类作坊给予正确引导、技术扶持，对其进行规范、系统、有效的管理，使其成为发展民族服饰文化的中坚力量，为乡村产业振兴助力。

二、市场层面

"企业+传习基地"与"非遗+企业+旅游"模式对民族服饰文化的传承虽已初见成效，但目前仍旧面临发展瓶颈。首先，目前在对民族服饰非遗的活化利用上，主要以博物馆的静态陈列和依靠服饰原有的表现方式进行旅游开发利用，无论是国家民族博物馆还是民俗博物馆，对传统服饰的展示方式都很单一，没有利用互联网技术进行多方位展示。其次，传统服饰文化IP不突出，没有对服饰元素进行数字化整合，当下产品中现有纹样元素大多是将传统纹样生搬硬套于产品中，难以满足消费者的审美需求，加上许多产品实用性不强，使得服饰工艺品无人问津。最后，在营销方式、营销手段上，还是采用传统的方式方法，并未结合时代发展进行方式上的创新，使得民族服饰市场狭窄，至今仍只有本民族小部分消费者市场，没有达到服饰文化的有效传播。

第二节
中国非遗服饰文化的传承路径

近年来，我国文化遗产保护工作成效日渐显著，文化遗产数量大幅增长，非遗视角下，传统服饰文化的传承与创新已成为保护文化遗产的重要内容之一。历史发展至今，传统服饰文化的传承保护也随着现代技术的发展而不断变化，非遗视角下传统服饰文化的数字化传播研究已成为探索文化遗产发展新道路的重要方向。

一、乡村振兴背景下中国传统服饰文化发展的必要性

乡村振兴战略是党的十九大提出的七大战略之一，是中央着眼于党和国家事业全局，深刻把握现代化建设规律和城乡关系变化特征所作出的一个重大决策部署，同时它又是解决新时代我国社会主要矛盾、实现"两个一百年"奋斗目标和中华民族伟大复兴中国梦的必然要求，是新时代的历史任务。要把握实施乡村振兴战略的顶层设计，即实施乡村振兴战略的总目标是农业农村现代化；总方针是坚持农业农村优先发展；总要求是产业兴旺、生态宜居、乡风文明、治理有效、生活富裕；中心任务是推进乡村产业、人才、文化、生态、组织"五个振兴"。民族服饰是行走的中华优秀传统文化，是历代人民物质文化与精神文化的积淀，同时具有较高的经济价值，对其进行创造性发展可为新时代实现乡村振兴增添新力量。

（一）发展传统服饰产业助力乡村产业兴旺

在实施乡村振兴战略的中心任务中，产业振兴居于首位，是乡村全面振兴的物质基础，是乡村振兴战略的重要一环。产业兴则百业兴，然产业兴旺并非只某一产业兴旺发达，而是多种产业共同发展。中国传统服饰不仅含有文化属性，而且含有物质属性，发展中国传统服饰文化的当代价值，不仅体现在服饰产品所带来的经济价值上，更加体现在它所隐含的文化价值中，在地区经济发展中，传统服饰制作工艺不仅能带动当地居民创业增收，而且有利于提升民族文化自信。

此外，作为非物质文化遗产，将中国传统服饰优质的文化资源注入建筑、家居、餐饮等行业，在提升自身效用的同时也为其他行业价值赋能，其特有的文化属性能对区域内的民族艺术、民族风情等旅游资源起到整合和提升的作用，成为振兴区域经济的重要抓手。

（二）发展中国传统服饰文化供给乡村文化、增强文化自信

乡风文明是实施乡村振兴的重要保障，传承发展民族优秀传统文化是少数民族地区乡风文明的核心。非遗服饰承载着优秀的思想文化和道德观念，具有广泛而持久的影响。中华优秀传统文化是中华民族在世代延续中逐渐积

累、不断丰富形成的社会规范的总和，在乡村振兴战略时代背景下，中华优秀传统文化有利于增强文化自信。文化是民族生存发展的根基，文化自信作为一种"更基础、更深厚的自信，具有更深沉、更持久的力量"。发展、保护中国传统服饰文化，可以很好地彰显其中包含的科学价值、人文价值、历史价值与经济价值，同时提升群众对其民族文化的认同与自信。从文化人类学的角度而言，传统服饰工艺背后还有一片深广的生活景象和丰富的历史信息，如服饰刺绣、头面、织褐子等工艺彰显着民族个性、承载着民族精神、传递着民族情怀。以非遗服饰文化裕固族服饰为例，裕固族服饰精美绝伦的头面背后是对民族女英雄的赞扬，是已婚女性对自己所向往的勇敢、坚强、睿智的女性角色的认同和她们对所追求的精神境界的物化表现。精美的刺绣图案、多彩的服装颜色在起到装饰性作用的同时更叙述着裕固族人对生活长情的热爱、美好的期许，对自身道德品质的教化、规范，以及对后代子孙行为的规范、幸福生活的祝愿。

二、创建专项研究小组，扎根非遗研究

"非遗"是一项文化事业，需要全社会方方面面的人士共同参与。要使非遗服饰科学发展、有效传承，就必须有专业的科研小组对其服饰图像资料、影音资源、服饰理论、研究方法、路径实施进行实地调查与研究，通过田野调查等研究方法深入挖掘传统服饰文化，为非遗服饰的传承发展制订切实可行的规划方案。引进人类学家、历史学家、具有专业知识的设计师等专项研究人员深入了解、感受当地的风俗人情，与村民共同生活，将所研究的民族服饰以多样化的载体展现，将非遗文化创新设计为既实用美观又包含独特文化价值的文创产品。研究团队应给予有需要的服饰设计团队以设计、理论等方面的指导；对有需求的村民给予有偿的专业知识讲授与教学；定期开展与非遗传承人的文化交流研讨会，使非遗传承人不断提高专业知识，提升文化自信，争做具备深厚文化素养和匠心精神的非遗传承人。

三、传承人着力提升自身素养，提高传承能力

非物质文化遗产传承的师资需要具备人文素养、通识素养和操作素养，同时还要着力把握三者之间的内在逻辑联系。当前非遗服饰传承人的传承能力良

莠不齐，有些传承人局限于眼前的利益，将非遗传承看作盈利手段，而忘记了自己作为传承人所应担负的责任。非遗传承人的人文素养主要表现为民族信仰，物欲与私欲考验着每一位传承人对民族文化的忠诚，能否守住本民族文化血脉、谨记复兴民族文化之使命，是考验传承人是否合格的关键。随着融媒体时代的到来，传统服饰文化发展要跟上时代发展步伐，需要传承人不断精进自身技艺，夯实固有文化，同时还要借鉴当代优秀文化。"一招吃遍天下"的时代早已过去，传承人只有不断提高通识素养，活化服饰文化，才能在当代更好地传承传统服饰。生活环境的改变使得传统服饰的生态环境也随之改变，非遗的工具性作用相较于过去不太显著，当下多表现为其符号作用。

当前要使传统服饰长久发展，各级非遗传承人应集思广益，在立足传统的基础上发挥主观能动性，探寻新的发展模式，重视实践性演进与生产性保护，不断丰富传承内容，改进传承方式方法，利用"互联网+"模式普及和宣传非遗服饰文化，推进非遗服饰及文创产品走向更广阔的舞台。

四、推进"互联网+"模式与非遗服饰文化及相关产业的融合

《关于加强文物保护利用改革的若干意见》明确提出，要用好传统媒体和新兴媒体，广泛传播文物蕴含的文化精神和时代价值。可利用数字影像技术对非遗服饰相关制作工序进行原生态记录和传播。使用数字影像技术记录相较于文字记录更容易直观感知，能够较为完整、真实地记录制作者的全部制作流程，以此方式可打破非遗服饰文化传播的地域限制，拓展非遗服饰文化的传承范围，延伸其传播空间。应邀请非遗传承人应用微信、微博、抖音、快手等有着受众广、传播快、信息量大等特点和优势的新媒体传播平台或短视频社交软件，对非遗服饰文化、服饰工艺制作进行直播讲授，将非遗服饰文化直观感性地表现出来，在传播非遗服饰文化的同时增强文化自信，彰显少数民族服饰文化的价值。

五、"文化创意+"培育服饰文创产业链

党的十九大报告提出"推动中华优秀传统文化创造性转化、创新性发展"，"不忘本来、吸收外来、面向未来，更好构筑中国精神、中国价值、中

国力量，为人民提供精神指引"。"跨界""融合""设计扶贫"等词已成为我国国民经济发展、推动传统产业转型的热词，而文化创意产业已成为新时代最高级别的产业形态，是指将文化产业与第一、二、三产业整体升级和放大，意将文化转化为更高生产力的行业集群。民族服饰是文化资源的一项重要内容，要把民族服饰资源转变为民族文化资本化，必须加大投入力度，要使民族服饰产业做大做强，最重要的是要走规模化、集体化的发展道路。

产业兴旺是乡村振兴的物质基础，乡村振兴的落脚点是乡村人民生活富裕，而生活富裕的关键是产业增效、人民增收。非遗服饰本身所具备的丰富的文化价值和经济价值不可小觑。应以有效传承非遗服饰文化为前提，力求在保护非遗服饰文化原真性的基础上，融合现代审美观，将非遗服饰文化生产性保护中显性的物质形态与隐性的文化内涵完美地融合，借助生产、流通、销售等手段将非遗服饰文化资源转化为文化创意产品。作为非遗服饰文化精神属性的保护策略和进入当代生活的关键方式，文化创意产业是非遗服饰文化实现自我更新、融入当代社会的重要途径。通过"互联网+"模式，创新营销方式、拓宽相关产品的购买渠道，以及借助现代传播手段拓宽公众接触非遗服饰文化的渠道和方式，输出非遗服饰文创产业孵化平台IP，以线上、线下相结合的方式对民族服饰文化进行有效传播与产业推广，借助现代媒体搭建非遗服饰文化创意产品与市场需求的桥梁，使得非遗服饰文化及文创产品不再局限于少部分、本民族狭小区域内，而是让更多的消费者了解并购买产品，以此促进非遗服饰拥有更加广阔的市场和实现新的社会价值，助力乡村产业振兴从而实现人民生活富裕。

总之，非遗服饰色彩缤纷、图案内涵丰富，古老的服饰纹样是民族的文化标识，是民族文化的外显特征，是非物质文化遗产的重要内容。伴随传统服饰日常使用的骤减，需采取的应对措施应是树立文化自信，将非遗服饰文化与文创产业相结合，推动非遗服饰产业与文创产业融合发展。同时，利用网络微电影、动漫等具有视听化、动态化叙事表达方式的传播载体，以大众喜闻乐见的形式推动非遗服饰文化及相关文化衍生品有效地传承与发展服饰文化。深入挖掘非遗服饰文化进行文创产品设计，通过现代化设计手段、设计理念以文创产品的新形式促进非遗服饰文化走进当下市场，同时提升乡村人民日益增长的物质和精神需求。

第三节
中国非遗服饰文化与现代服饰的融合创新

一、非遗服饰文化和现代服饰文化融合的方式

（一）服装造型方面

服装的造型是服饰文化的直接体现，也是影响服装气质和风格的重要因素。在非遗服饰文化和现代服饰文化的融合过程中，服装的造型设计直接影响着服装的整体表现效果。例如，传统的满族服饰融入了萨满文化的元素，在现代服装设计过程中，同样可以借鉴萨满服饰文化。近年来，人们的生活水平不断提高，对文化的追求也越来越迫切。在现代服饰设计的过程中融入非遗服饰文化，能够使现代服饰更有灵动性，更受现代人的喜爱。还可以将传统文化渗透到服饰设计的过程中，如对长袍式的传统服饰进行改造，在保留原有风格特点的基础上满足现代人对服装功能和穿戴方式的追求，使非遗服饰文化通过改良和加工应用于现代服饰设计中，既能体现中华传统文化的多样性，继承非遗服饰文化，又能引领现代服装发展的潮流。

（二）服装材质方面

服装的材质是体现服装风格特点的重要方式，不同的服装材质不仅代表着不同的服装风格，人们的穿戴效果也是不同的。在非遗服饰文化和现代服饰文化的融合过程中，也可以利用不同的服装材质体现和表达不同的文化。随着现代科技的不断提升和发展，服装的面料材质也在不断地发展和创新。很多非遗服饰本身所采用的材质并不能满足现代人对服装的需求，对此可以利用现代服装面料和非遗服装设计制作过程相结合的方式，探索一种符合现代发展需求的新型服装。现代的消费者不仅对服装本身的外观和穿着的舒适度有较高的要求，还要求完善服装的设计细节，需要从服装的整体到局部为消费者带来新鲜感，激发消费者的购买欲望。服装的面料质感能够体现服装

本身的个性，将现代服装材质和非遗服饰文化相结合的设计思路，更能满足人们对时尚的追求。

（三）服装色彩和图案方面

大多数的非遗服饰都是通过相应的色彩和独特的图案来体现文化特色的，色彩是服装风格的重要代表。色彩本身具有一定的情感体现功能，在设计的过程中，通过服装造型和色彩的配合，能使服装的整体表现更富灵动性。大多数少数民族在服装图案的设计过程中会融入传统文化标志，通过"以小见大"的方式来传承和发扬服饰文化。如文字、动物、植物等，都在文化发展的过程中被赋予了新的含义，祥云代表吉祥如意，花朵代表富贵喜庆，动物更是有着丰富的含义。利用这些图案本身的含义和特点，能够实现服装设计本身的功能性，更好地将非遗服饰文化和现代服饰文化相融合。

二、创建民族服装文化品牌，推动乡村振兴

在保护与传承非遗服饰文化的同时，要注重民族服饰产品文化振兴的创新研究，注重服饰开发与产业振兴的创造性路径研究。第一，可提升服饰文化美学高度，打造民族文化知名品牌，使其交叉融合、互促互进。第二，可通过地方旅游业，充分挖掘当地服饰文化的独特性，并以此作为旅游开发的亮点，让外地游客在欣赏当地美景的同时，进一步了解当地少数民族文化，也可增加旅游收入，助推乡村振兴。第三，通过对非遗服饰文化的创意传承，可以把服装和旅游创意结合起来，形成具有鲜明特点的创意品牌，从而带动地方经济。如对服装的传统要素进行提炼，并与动漫等艺术形式融合，制作出具有非遗特色的卡通娃娃、手机壳、电脑包等具有较高实用价值的产品，以满足当代需求，由此提高消费者购买力度。第四，在"互联网+"时代下，选择一个好的线上线下销售方式对于开发非遗服饰文化产品非常重要。在新产品设计开发后，可采用线上线下同步销售的模式，如在网络销售平台上推出自己的网络形象店、在直播平台进行民族文化传播和服饰文化新产品推介等。这样既符合现代大众的生活状态，又能推动服饰产品和文创产品的销售，在促进推广的同时进行非遗传承，走好新时代乡村振兴之路。

参考文献

[1] 黄嘉，向书沁，欧阳宇辰. 服装设计[M]. 北京：中国纺织出版社，2020.

[2] 苏永刚. 服装设计[M]. 北京：中国纺织出版社，2019.

[3] 阿黛尔. 时装设计元素：面料与设计[M]. 北京：中国纺织出版社，2010.

[4] 袁燕，刘驰. 时装设计元素[M]. 北京：中国纺织出版社，2007.

[5] 刘晓刚. 专项服装设计[M]. 上海：东华大学出版社，2008.

[6] 张晓黎. 服装设计创新与实践[M]. 成都：四川大学出版社，2006.

[7] 邓玉萍. 服装设计中的面料再造[M]. 南宁：广西美术出版社，2006.

[8] 梁惠娥，张红宇，王鸿博. 服装面料艺术再造[M]. 北京：中国纺织出版社，2008.

[9] 王庆珍. 纺织品设计的面料再造[M]. 重庆：西南大学出版社，2017.

[10] 高春明. 中国服饰浅话[M]. 北京：中国人民大学出版社，2017.

[11] 张伟. 中国传统服饰文化元素对欧洲品牌服装的影响[J]. 北京印刷学院学报，2018(6).

[12] 何蓓璐. 关于中国传统服饰文化和现代服装设计有效结合的探析[J]. 大众文艺，2018(5).

[13] 余字游，李满宇，张燕红，等. 中国传统服饰文化在服装中的运用研究[J]. 轻纺工业与技术，2018(3).

[14] 王芙蓉. 中国传统礼仪服饰与礼仪服饰制度[J]. 服饰导刊，2018(1).

[15] 刘天元. 后现代主义设计风格在本土化服装设计中的体现[J]. 纺织科技进展，2018(3).

[16] 赖晨英，范思婕. 浅析传统纹样在服装设计上的应用[J]. 化纤与纺织技术，2018(1).

[17] 张茹茵. 吉林省伊通满族博物馆旗袍研究[J]. 中央民族大学，2017(5).

[18] 石业青. 南京六朝墓葬中人物俑的发现与研究[J]. 南京大学，2017(5).

[19] 方雪. 传统服饰设计元素再创新设计研究[J]. 长春大学学报，2017(3).

[20] 徐倩倩. 中国传统服饰文化在现代服饰设计中的运用与创新思考[J]. 西部皮革，2020，42(17):2.

[21] 曾凡清. 基于中国传统服饰的非遗文化传承与保护[J]. 印染，2022，48(2):2.